6G 新技术丛书

预见 6G

王安宇　殷新星　苏吉普　编著

电子工業出版社·

Publishing House of Electronics Industry

北京·BEIJING

内 容 简 介

本书是一部面向普通公众介绍未来通信技术的著作。本书首先介绍了当前的社会、经济、行业、技术、场景的发展趋势，分析了6G发展的必要性和潜在价值，并归纳了6G的关键技术需求与核心架构；随后回顾了移动通信技术从1G到5G的发展历程，为读者理解6G的技术背景奠定基础；接着集中讨论了6G的愿景与驱动力、应用场景与用例、总体架构与网络演进、社会影响与挑战、关键技术、典型行业应用等；最后聚焦全球主要国家和地区在6G领域的战略布局及竞争态势，并展望了未来通信技术的发展方向。

本书具备前瞻性、系统性、全面性的特点，揭示了通信技术未来的无限可能，既可作为科普读物，也可作为学术研究者、行业从业者及政策制定者的参考读本。

图书在版编目（CIP）数据

预见6G / 王安宇，殷新星，苏吉普编著. -- 北京 ：
电子工业出版社，2025. 8. --（6G新技术丛书）.
ISBN 978-7-121-50829-5

Ⅰ. TN929. 59

中国国家版本馆CIP数据核字第2025S5H006号

责任编辑：李树林　　文字编辑：戴　新
印　　刷：北京雁林吉兆印刷有限公司
装　　订：北京雁林吉兆印刷有限公司
出版发行：电子工业出版社
　　　　　北京市海淀区万寿路173信箱　　邮编：100036
开　　本：720×1000　1/16　印张：18　　字数：343千字
版　　次：2025年8月第1版
印　　次：2025年8月第1次印刷
定　　价：88.00元

凡所购买电子工业出版社图书有缺损问题，请向购买书店调换。若书店售缺，请与本社发行部联系，联系及邮购电话：（010）88254888，88258888。

质量投诉请发邮件至zlts@phei.com.cn，盗版侵权举报请发邮件至dbqq@phei.com.cn。

本书咨询和投稿联系方式：（010）88254463，lisl@phei.com.cn。

序

Foreword

当人类文明从蒸汽机的轰鸣迈向量子计算的静默，从电报的嘀嗒声跨越至光速的信息洪流，通信技术始终是推动社会跃迁的核心动力。移动通信时代，从 1G 电磁波调制的语音律动，到 5G 网络编织的万物互联图谱，每一次代际跃迁都在重构人类认知世界的维度。今天，我们凝视地平线上初现的 6G 曙光，这束穿透太赫兹频段的全息之光，将勾勒出一个超越连接、超越智能、超越感知极限的崭新生态。

6G 绝非简单的技术线性迭代，而是一场颠覆性的范式革命。它将探索香农定理划定的频谱效率边界，在量子通信与智能超表面的共振中重构空天地海一体化网络；它将消融数字世界与物理世界的"次元壁"，通过触觉互联网与全息通信构建多模态感知融合的沉浸式场域；更重要的是，6G 将推动通信网络从"管道"向"神经中枢"的质变，借助内生智能架构与分布式认知引擎，使网络具备自动优化、自主演进的特征。这种由通信网络升维而成的大规模神经网络，将在环境感知、资源调度、服务供给等维度实现从"人适应网"到"网适配人"的根本转变。

本书以"人本智联"为核心脉络，系统解构 6G 技术体系。智能超表面赋能的无线环境智能重构电磁传播环境，使基站从信号发射者蜕变为空间电磁场的雕塑家；语义通信驱动的网络突破传统比特传输范式，构建起从数据符号到知识本体的认知跃迁通道；数字孪生的神经脉络则通过时空感知与实时计算，在数字世界镜像出物理世界的完整映射。这些维度的技术聚变，正在孕育着通信史上首个具备自组织能力、自主进化能力的有机网络体。

在行业革新层面，6G 将引发产业链价值的范式重构。当通信时延进入亚毫秒时代，工业元宇宙的闭环控制精度将突破机械传动的物理极限；当通感算一体化网络覆盖深空深海，人类对地外天体与海洋深渊的探索将获得实时在线的感知延伸；当智能超表面将建筑外墙转化为分布式天线阵列，城市本身即成为泛在感知和交互的深度参与者。这些变革不仅重塑技术产业格局，更在重新定义人类文明的时空尺度。

本书的作者团队深耕移动通信和互联网领域十余载，既经历过 2G 移动通信的蓬勃发展，见证过 3G 标准制定的风云激荡，也主导过 4G 网络设备与解决方案的设计，参与过 5G 工业互联网的部署以及 6G 关键技术的原型验证。作者以严谨的学术态度拆解太赫兹通信、超维度 MIMO、原生 AI 等核心技术，更以人文视角审视技术演进对社会伦理、生态可持续、数字平权的深远影响。

值此 6G 标准制定的关键窗口期，本书既是为研究者绘制的技术航海图，也是为产业界准备的思想催化剂。当我们讨论 6G 时，本质上也在探讨人类如何构建数字文明的下一代操作系统——这个系统既需要突破物理定律的创新勇气，也需要守护人文价值的伦理自觉。期待读者在本书中不仅能收获技术洞见，更能感受到科技向善的力量，共同勾勒出以人为本的 6G 蓝图。

加拿大工程院院士

欧洲科学院院士

IEEE 会士

长江学者讲席教授

香港科技大学计算科学与工程系教授

（郭嵩）

前言
Preface

随着信息社会的不断演进，通信技术成为推动全球经济、社会和文化变革的重要引擎。从 1G 的无线电话到 5G 的超高速无线连接，移动通信技术不仅提升了人与人之间的连接能力，更推动了万物互联的新时代的到来。然而，面对未来世界的复杂需求和技术挑战，现有的通信体系仍需代际的演进和增强。6G 应运而生，作为通信技术的新里程碑，6G 不仅将带来更快的速度和更低的时延，还将通过融合人工智能、太赫兹通信、融合计算等技术，开创一个智能、可持续和普适的未来通信体系。

本书的编写正是在这一背景下展开的，旨在为读者提供一幅关于 6G 发展的全景图。书中内容涵盖了 6G 的基础理论、技术细节、应用场景及其社会影响，从多个角度探讨了 6G 发展的核心驱动力和潜在价值。

本书的开篇部分介绍了当前的社会、经济、行业、技术、场景的发展趋势，回顾了移动通信从 1G 到 5G 的发展历程，梳理了每一代通信技术的特点及其对社会的深远影响，为读者理解 6G 的技术背景奠定了基础。随后详细解析了 6G 的愿景与驱动力，阐明了其所需解决的技术难题与挑战。6G 将不只是通信网络的简单升级，而是一个通过人工智能驱动的泛在智能网络，旨在实现通信与计算、感知的深度融合。

为了帮助读者更好地理解 6G 的潜力与意义，书中专设章节讨论了其在多个领域的应用场景，包括沉浸式教育、智慧医疗、智能工业及未来工厂等。这些场景不仅展示了 6G 在技术层面的创新，更揭示了其对社会福祉和经济发展的潜在推动力。同时，书中还分析了 6G 可能面临的社会挑战，如数字鸿沟、隐私与安全问题及环境可持续性等，为行业和政策制定者提供了有价值的参考。

全球竞争是 6G 发展中不可忽视的主题。本书收录了主要国家和地区在 6G 领域的战略布局及其产业链协作模式，并探讨了 6G 标准化的进程。无论是美国、欧盟，还是韩国、日本，不同国家和地区都在 6G 研发和应用上投入了巨大资源，争取在未来通信领域占据主导地位。

此外，作为未来通信的基础，技术始终是推动 6G 发展的核心。本书深入解析了 6G 的关键技术，包括原生人工智能、通信感知一体化、太赫兹通信、边缘智能等，旨在为研究人员和工程师提供技术创新的灵感。同时，我们展望了更远未来的通信演进，描绘了一个超越想象的数字世界。

本书的编著者长期奋战在高科技企业一线，从事与 6G 相关的技术管理和研究工作，个人技术能力全面，对前沿技术及其商业应用有清晰、准确的理解。

我们希望通过本书能向关注移动通信的公众深入浅出地介绍 6G 知识，也能为产业界、学术界，以及政策制定者提供一个全面的视角，帮助大家更好地把握 6G 时代的机遇与挑战。通过 6G 技术的推广与应用，我们期待看到一个更加智能、高效、包容的未来世界。

编著者

目 录
Contents

第 1 章

概　述

根据全球移动通信系统协会（GSMA）发布的《移动经济报告（2024）》[①]，在 2024 年，全球有超过 56 亿的移动用户，移动通信产业对全球经济的贡献为 5.7 万亿美元，在全球国内生产总值（GDP）中的占比约为 5.4%。到 2029 年，预计超过 50%的移动连接将使用第五代移动通信系统（5G）技术。

在中国，5G 的部署和发展如火如荼，惠及各行各业。根据中国信息通信研究院发布的《中国 5G 发展和经济社会影响白皮书》[②]，截至 2024 年 9 月底，中国累计建成 5G 基站总数达 391.7 万个，约占全球 5G 基站总数 594 万个的 66%。5G 用户数超 9.8 亿，占全国移动通信用户数的 50%以上。

回首过往，1987 年中国进入第一代移动通信系统（1G）模拟蜂窝服务时代，经历了第二代移动通信系统（2G）的跟随、第三代移动通信系统（3G）的突破、第四代移动通信系统（4G）的同步发展，直到 2019 年，中国发放 5G 商用牌照，正式迈入 5G 时代，并开始引领行业发展。

5G 的发展，跨越山海，连通着人们可以到达的每个地理空间。在繁华的都市，熙熙攘攘的小城，甚至是莽莽的北国雪原，辽阔的戈壁大漠，绵延的西南群山，碧波荡漾的东海……无处不在的移动网络，已经深刻地改变了人们的工作与生活。2020 年，中国移动在珠峰海拔 6500m 的前进营建设了全球最高的 5G 基站。在新疆塔里木油田，中国第一口万米深井——"深地

---

① GSMA. The mobile economy 2024[R]. 2024.
② 中国信息通信研究院. 中国 5G 发展和经济社会影响白皮书[R]. 2024.

塔科 1 井"实现了 5G 信号全覆盖。2023 年，中国电信首发手机直连卫星业务，用户可以不换手机卡即可接入天通卫星网络，5G 服务插上了卫星通信的翅膀。

在消费领域，5G 提供了更广的覆盖范围，更快的连接速度，短视频、直播、手机游戏等应用飞速普及。QuestMobile（北京贵士信息科技有限公司）发布的《2024 年中国移动互联网半年报告》[①]显示，截至 2024 年 6 月，短视频月活跃用户数达到 9.89 亿，移动互联网月活跃用户数达到 12.35 亿，均保持增长态势。

在工业生产领域，5G 赋能产业数字化和智能化。在国民经济 97 个大类中，七成以上已用上了 5G。在采矿、港口、电力、智能制造等领域，5G 更是得到了广泛应用。

5G+AI，也在迅速发展，助力产业创新。例如，搭载了 5G 网络和人工智能（AI）大模型的汽车，可以通过 5G 网络瞬间上传、下载云端数据，车辆 AI 助手可以更好地了解驾驶人员的需求和习惯，实现更智能的操控。

5G 本身也在迅速演进的进程中。

5G-A（5G-Advanced，俗称 5.5G）是 5G 的演进和增强，是介于 5G 和 6G 之间过渡阶段的移动通信技术，能够在容量、速率、时延、定位能力等方面实现大幅提升，将更好地匹配人联、物联、感知、高端制造等场景。

2024 年 3 月，中国移动在杭州全球首发 5G-A 商用部署，公布首批 100 个 5G-A 网络商用城市名单，计划建成全球最大规模的 5G-A 商用网络。

每一次技术突破，每一次应用创新，都会为未来产业带来更多可能，让人们的智慧生活更加精彩。

---

① QuestMobile. 2024 年中国移动互联网半年报告[EB/OL]. (2024-07-30)[2024-09-12]. QuestMobile 网站.

1.1 发展趋势

自半个世纪前移动电话发明以来，移动通信技术已经改变了地球上数十亿人的日常生活，并深刻地塑造了迄今为止人类社会的一些经济模式。通信和信息获取的移动性、便利性，为人们的工作、学习和生活提供了全新的方式。

当今世界同时面临着复杂多样、前所未有的挑战。从全球气候变化、全球流行病、国家和地区发展不均衡，到地缘争端、虚假信息泛滥、社会群体割裂……面对影响全球经济发展、社会繁荣稳定，甚至是人类长期生存的威胁，故步自封、因噎废食并非解决之道。全球经济、社会的进一步和可持续的数字化，在一定程度上有助于应对上述各项挑战。在全球经济的数字化转型进程中，移动通信产业无论是过去、现在还是未来，都是实现这种转型的基石。

在理想情况下，移动通信产业的发展，有助于保护环境、实现可持续发展，并显著降低部署和运营成本，实现更高的经济和社会价值。

诺贝尔物理学奖获得者丹尼斯·加博尔（Dennis Gabor）于 1963 年撰写的《发明未来》（*Inventing the future*）一书中写道："未来不可预测，但未来可以被发明。"这句格言随后以多种略有区别的表达形式被大量引用，如"预测未来的最好方式是发明未来"。回顾过去几十年的互联网革命和曲折的数字化进程，移动宽带作为一种关键技术，以不可预见的方式，改变了人们的沟通方法、工作模式和生活习惯。

预测 2030 年及之后的 6G 业务场景，网络架构甚至关键应用，都存在高度的不确定性。只能从当前的社会趋势、经济趋势、行业趋势和技术趋势（见图 1-1）入手，描绘出 6G 未来场景和用例的轮廓。

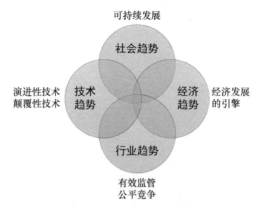

图 1-1　6G 的趋势和演进

1.1.1　社会趋势

在社会趋势上，可持续发展成为世界各国的关注重点。

2015 年，联合国大会确定了"实现所有人更美好和更可持续未来的蓝图"的 17 个可持续发展目标（SDGs）[①]。联合国呼吁各国政府和社会各界在 2030 年之前实现这些目标。截至目前，信息和通信技术（ICT）及移动通信行业为许多目标领域做出了积极贡献，例如，消除贫困和减少二氧化碳排放，而如何发挥更大的潜力，进一步促进和成功实现这些目标，是下一代移动通信系统需要优先考虑的。在开发面向 2030 年的未来网络时，来自世界各地工业界、学术界和政策制定者等达成了共识：网络技术将支持创造一个更美好和可持续的世界，网络行业将增加其对社会的贡献和责任，从而显著提高资源利用率，并在未来几十年促进新的可持续生活方式。

1.1.2　经济趋势

在经济趋势上，移动通信网络作为推动全球经济增长的重要引擎，已经并将持续发挥作用。

全球移动通信系统协会（GSMA）发布的《移动经济报告（2024）》[②]统计

---

① SDG UN. United Nations Sustainable Development Goals[J]. New York, NY: SDG 2015.
② GSMA. The mobile economy 2024[R]. 2024.

数据显示，2023 年，移动通信对 GDP 的贡献值为 5.7 万亿美元（占比约为
5.4%），并直接和间接提供 3500 万个工作岗位。该报告还预测，到 2030 年，移
动通信对 GDP 的贡献值将增加到 6.4 万亿美元。欧盟委员会在 2020 年发布的
《欧洲的新工业战略》（*European industrial strategy*）[①]也认为："双重转型的全球
竞赛将越来越多地基于前沿科学和掌握深度技术。下一个工业时代将是物理、
数字和生物世界融合在一起的时代。"面向 2030 年的未来网络，将凭借先进的
技术能力和以人为本的设计，成为这场革命的关键推动力，不管是基于现有业
务模式提供新的增长点，还是在移动通信生态系统中开发全新的业务模式。

1.1.3　行业趋势

在行业趋势上，通过有效的行业监管，提供公平竞争的环境，确保公众的
知情和利益，是 6G 部署和业务成功的前提。

其一是频谱管理。频谱管理是移动通信技术发展的核心。在频谱管理上，
6G 引入了新的具有不同的传播特征的频段，频谱共享和互操作的复杂度也更
高，对全球漫游能力的要求更是需要全球各国电信监管部门的协同。

其二是公众对于电磁场暴露的担忧。特别是，高速的无线网络传输，以及
物联网等组网场景，需要密集的基站部署，给公众带来更多的疑虑。6G 网络中
使用的高频电磁波，即使是太赫兹电磁波，仍然是非电离辐射。目前的多数研究
认为[②]，没有证据表明，暴露在 6G 电磁环境中，会对人类构成重大健康风险。
在满足监管机构关于非电离辐射的环境安全要求的同时，通过及时有效的科普宣
传，做到更佳的透明度，保障用户的知情权，有助于 6G 的部署和运维。

其他行业趋势还包括：围绕供应链安全风险的担忧和炒作，移动通信赋能
各行业的数字化转型引发的行业监管挑战，各国政府和执法机构对于用户通信
内容的关注度上升等，在 6.4 节"法律与监管挑战"有进一步的描述。

---

① European Commission. European industrial strategy[EB/OL]. [2025-1-10]. European Commission（欧盟委员
会）网站.

② SIMKÓ M, MATTSSON M O. 5G wireless communication and health effects—A pragmatic review based on
available studies regarding 6 to 100 GHz[J]. International journal of environmental research and public health,
2019, 16(18): 3406.

1.1.4 技术趋势

在技术趋势上，以提高性能、提高容量、降低成本为目标的演进性技术和以创造新业务、新场景为目标的颠覆性技术并行发展，共同塑造未来的全连接的世界。

6G 的新场景和业务极为丰富，对网络架构的要求也越来越高，系统部署和管理的复杂性也随之增加。5G 为核心网（CN）引入了动态的扩展能力，6G 将把这种能力延伸到无线接入网（RAN），实现更高效、更灵活、自主化的网络运行。切片能力、子网部署能力和服务开放能力将继续增强。AI 驱动的网络架构也将成为现实，如 AI 自动管理与编排的分布式 RAN。

对网络传输速度的不断增长的需求，促使 6G 网络进一步提升额外的带宽。6G 将利用更高的频段，如亚太赫兹（100～300 GHz）频谱范围。对太赫兹（THz）等更高频段的利用的可行性，仍然在探索过程中，初步得到了比较积极的结果①，然而仍需解决几项关键的技术挑战，如无线传播的显著衰减、遮挡物对信号的阻塞效应、高频功放器件的小型化难度高等。

6G 将带来新的连接类型，如图 1-2 所示。新型的低成本、低算力、零能耗设备可以海量部署、长期使用，其从环境中获取能量（如振动能、热能、光伏能、射频能），并通过无线网络实时传输收集到的数据。高达数万亿个零能耗传感器的部署，可能为社会的运行、经济的发展带来巨大的价值。

在现有的 5G 场景中，新空口（NR）支持最高的设备能力，同时设备能耗也最高。5G 中的增强型移动宽带（eMBB）场景，就是 NR 的典型应用之一。5G 轻量化（RedCap，降低能力）技术在第三代合作伙伴计划（3GPP）Rel-17 标准中定义，可以理解为 5G NR 的"轻量化"或"裁减"版本。其通过适配不同的物联网场景和需求，降低终端和模组的复杂度、尺寸和功耗，兼顾了物联网的部署成本、通信性能、运行可靠性等，是 5G 实现人、机、物互

---

① SHAFIE A, YANG N, HAN C, et al. Terahertz communications for 6G and beyond wireless networks: challenges, key advancements, and opportunities[J]. IEEE Network, 2022, 37(3): 162-169.

联，构建物联网新型基础设施的基石。LTE-M[①]和窄带物联网（NB-IoT）最早在 3GPP Rel-13 标准（4G LTE 网络）中定义，提供了对广域覆盖、大量终端连接和低成本、低功耗设备的支持。零能耗设备的设计有根本性的不同。由于能量有限，这些设备大部分时间都处于深度睡眠状态，只有在收集到足够的能量后，才能短暂地激活并发送数据。

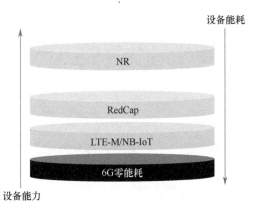

图 1-2　6G 零能耗设备

零能耗设备并非现有物联网设备的平滑演进，和智能手机等个人设备以及智能燃气表等物联网设备均不同，其性能较低，成本较低，能耗也低很多。零能耗设备可持续地大规模部署，需要 6G 网络支持连接和通信。

6G 也将支持新型的人机、机机的交互方式，使人机、机机之间更好地互相理解和沟通。可穿戴设备将更普及，一些新型的可穿戴设备，如智能服装、皮肤贴片传感器，甚至是方便特定患者的植入设备将可能得到更广泛的应用。比触摸屏点击和键盘打字更流畅、更自然的人机交互方式，如手势操作、语音输入的应用场景也会进一步丰富。设备也将具备理解环境的能力，网络也能预测用户的需求。这种情景感知能力与新的人机交互方式相结合，将使人们与物理世界和数字世界的互动更加直观和高效。

6G 网络将满足具备显著差异性的需求。其中的专用网络和非公共网络的

---

① LTE-M（Long Term Evolution for Machines）是一种应用于物联网（IoT）的 LTE 技术，是一种无线通信标准，旨在为物联网设备提供更高效、更低功耗和更低成本的通信方式。

演进，将涵盖对服务质量和连接性有严格要求的业务范畴，并且一定程度的边缘计算成为必要，以进一步实现自动化、智能化。在数字孪生场景中，从本地传感器收集的大量数据可能会由极大数量的"毛细血管"子网处理，而 6G "主动脉"网络主要解决移动性和广覆盖的问题。

随着我们的生活、社会和各行各业越来越多地依赖移动连接，确保网络的性能、可靠性和安全性变得至关重要。这样才能确保服务在需要时按预期使用，不会出现过度的干扰或访问私人数据的现象。按照安全设计的基本原则，要求网络架构设计在每一步都考虑安全影响，以避免拼凑的安全解决方案。

1.1.5　场景趋势

从 5G 到 6G 的演进过程中，一系列颠覆性技术，有潜力塑造未来的连接和交互场景，如图 1-3 所示。

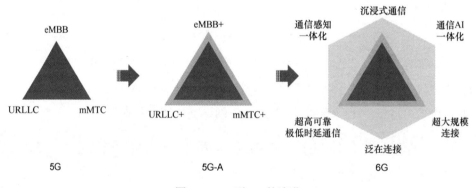

图 1-3　5G 到 6G 的演进

其一是**通信感知一体化**。6G 网络有潜力集成高精度定位（厘米级）、传感（类似雷达和非雷达）和成像（毫米级）功能，从而实现通信、定位、成像和传感功能的融合。其实现路径可能是宽带信号与高频段频谱（>100 GHz）相结合，以及将即时定位和地图构建（SLAM）与较低频率通信相结合。在实现层面上，还需要研发出一系列新颖的算法，更好地联合优化通信、传感和定位。

其二是**通信 AI 一体化**，可以分为"6G 促进 AI"和"AI 促进 6G"两个维度。在"6G 促进 AI"维度，AI 的大量应用场景需要高算力、低时延，6G

为此提供充分的保障。6G 还可能支持智能体（AI Agent）以分布式的形式运行，在更大的时间和空间范围内收集和处理可用的数据。在"AI 促进 6G"维度，AI 功能可用于优化空中接口、数据处理、网络架构和网络管理的设计，以实现更佳的网络性能，并参与网络优化、网络运营环节，降低总体运营成本。AI 和 6G 的进一步融合，甚至可能给移动网络的运行方式带来根本性的变化。例如，在 AI 同时感知和编排网络，并且处理网络中的数据时，AI 可能提供近乎实时的管理与编排（M&O）网络功能，优化网络服务质量，而且存在不需要软件升级直接提供新功能的潜力。

其三是**泛在连接**，也称无所不在的连接。6G 有望集成非地面网络（近地空间和深空），实现全地形全空间立体覆盖的随时的网络连接，即"空天地海"的一体化通信。泛在连接在工业领域和农业领域中也有潜在的用途。在工业领域，泛在连接可支持智能化制造、预测维护时间、改进生产流程等。在农业领域，泛在连接可以通过传感器和设备的无缝连接，提供精准农业技术。在社会层面，广域的覆盖和泛在的连接，有助于进一步缩小地区间发展不平衡，弥合数字鸿沟。

1.2 为什么要发展 6G

在移动通信行业的飞速发展过程中，一系列的技术进步、业务场景和商业创新，现有的移动通信网络架构中无法实现或者无法兼容，由此引发对于新一代移动通信系统的诉求。

大型的解决方案，如 5G/6G，其实施和推广存在技术、社会和经济等多方面的驱动力，如图 1-4 所示。这些驱动力之间并非完全割裂，某一驱动力的突然加速，有助于整体解决方案的实施和推广进程。

图 1-4 移动通信系统发展的驱动力

6G 的驱动力来自技术、社会和经济三方面，如表 1-1 所示。

表 1-1　新一代移动通信系统的驱动力

技术驱动力	• 移动数据速率的提升 • 无线连接设备的迅速增长 • 多种需求引发差异化的服务（如工业互联网领域的海量设备连接、极低时延和消费领域的在线游戏）
社会驱动力	• 随时随地的无缝连接的诉求 • 可负担的宽带连接的诉求 • 可持续接入的诉求
经济驱动力	• 对成本敏感的蜂窝通信的需求 • 对节能的蜂窝通信的需求 • 对新业务领域的需求

这些驱动力也可能相互融合，产生合力，支撑全新的场景和需求。如图 1-5 所示，5G 时代，高质量视频的播放，已经是普遍的业务；5G-A 时代，使具备沉浸式体验的扩展现实（XR）成为可能；6G 时代，更会带来全息通信的全新体验。数字孪生的演进如图 1-6 所示，对于数字孪生场景，5G 时代已经支持对于具体对象的建模，5G-A 时代支持对于大规模场景的数字化重建，而 6G 时代的潜在用例包括广域同步的数字孪生，如"数字城市"甚至充满想象力的"数字地球"。

6G：全息通信

5G-A：XR（沉浸式体验）

5G：高质量视频（4K/8K）

6G：广域同步的数字孪生（如数字城市）

5G-A：大规模场景的数字化重建（如农场）

5G：基于具体对象的建模（如汽车发动机）

图 1-5　多媒体体验升级　　　　图 1-6　数字孪生的演进

在物理世界、数字世界、生物世界的融合进程中（见图 1-7），6G 代表人类迈出的重要一步。这将在很大程度上改变世界的运作方式，以及人和人、人和世界的交互方式，同时能够充分发挥人类改造世界的潜力。

回顾以往的各代移动通信系统的演进，在探索性研究阶段、标准化阶段甚至商业化阶段设定

图 1-7　物理世界、数字世界、生物世界的融合

的业务场景或者目标用例，未必是最成功最有效的场景或用例。例如，在 3G 的标准化阶段，设想的主要用例之一是视频通话。3GPP 定义的 3G 标准中有大量描述视频通话场景、业务、服务质量甚至计费的标准。然而，待 3G 网络部署后，用户使用频率和接受程度最高的是高速上网。此外，在 3G 网络的成熟期，伴随着 iPhone 的推出，引领了一轮新的智能手机的热潮，移动互联网应用程序（App）和移动游戏生态得到了迅速的普及。这又是移动通信发展进程中，"无心插柳柳成荫"的案例。所以，6G 的无线网络设计，应该尽量灵活，以满足现在尚无法准确预测的新型用例的需求。

1.3　6G 的核心用例和价值

欧盟委员会（EC）于 2023 年 1 月创建并资助 Hexa-X-Ⅱ项目，即欧盟委员会 6G 旗舰项目第二阶段。Hexa-X-Ⅱ成员包括网络设备供应商、运营商、垂直领域和技术供应商，以及欧洲的知名通信研究机构，目标是将欧洲打造成"6G 领域的领导者"。

Hexa-X-Ⅱ项目认为，必须充分考虑 6G 的社会责任。也就是说，6G 既可以为用户创造价值，也可以为社会做出更广泛的贡献。因此，6G 的价值主张需要包含对环境可持续性、经济可持续性以及社会可持续性（涵盖可信度与包容性）的贡献。

6G 的价值主张将影响 6G 驱动力，进而传递到相应的用例。从用例中可以定义出 6G 需求，继而通过 6G 技术解决方案来实现。6G 的价值主张传递关系如图 1-8 所示。

例如，为了提供"环境可持续性"（价值主张），需要保护物种多样性的手段（驱动力），用例之一是在国家公园中部署对野生动物的监测网络。其场景、需求和关键技术相对清晰，本书不展开讨论。

并非所有用例的驱动力都来自可持续发展。例如，通过虚拟现实（VR）设备，提供第一人称视角的射击游戏或者即时战略游戏。其需求将包括对网络传输的低时延和高带宽的要求。

在 Hexa-X-Ⅱ项目发布的一系列文档中，基于最终用户视角，定义了 6G的 27 个用例，分为 6 个系列，如图 1-9 所示。

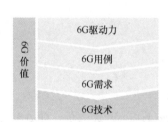

图 1-8　6G 的价值主张传递关系

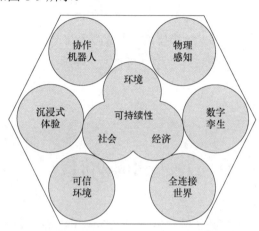

图 1-9　6G 的 6 个系列

下面分别对 6 个用例系列进行介绍。

- **沉浸式体验**：沉浸式体验用例基于不断发展的扩展现实（XR）技术，目标是满足人类的基本需求，即"体验"数字化扩展的现实世界或虚拟的世界，以更好地理解和行动。"沉浸式"体验依赖于刺激 3D 视觉感知、空间听觉和触觉的 XR 设备，也依赖于数据流及时准确的传输，以便于多个参与者获得一致的沉浸式感受。潜在的用例包括沉浸式远程呈现、沉浸式协作、沉浸式教育、实时游戏和沉浸式创意内容。

- **协作机器人**：协作机器人是指能够移动、感知环境、执行任务以及与人类或彼此合作以实现目标的机器人。潜在的用例包括家用机器人、园区设施管理机器人、医院或者陪护机器人，以及智能工厂中的机器人。

- **物理感知**：物理感知是指将传感和定位与通信和网络智能结合使用，以实现物理场景分析、物体跟踪、环境上下文感知、轨迹预测、导航支持和避免碰撞等用例。"网络传感"不仅仅通过嵌入式传感器获取环境信息，还可以获取关联的网络节点、周围设备提供的衍生信息。示例场景包括汽车、自动导引车（AGV）和无人机，以及行人和自行车。

- **数字孪生**：数字孪生是指创建和显示现实世界的数字等价物，用于交互、控制、维护以及生命周期流程和组件管理。数字孪生可以成为管理制造工厂、建筑工地、城市基础设施或通信网络的一种合适手段。

- **全连接世界**：全连接世界的目标是实现地球上无处不在的网络接入和服务覆盖。泛在的移动宽带服务不仅限于高质量的语音和视频通信，还包括数字健康服务、应急通信（如地震救援）等场景。一种实现路径是通过地面网络（TN）和非地面网络（NTN）结合，以实现无处不在的接入。全连接世界还可能通过将无基础设施网络的部署方案扩展到广域网，实现一定程度的分布式、自组织网络。

- **可信环境**：可信环境的目标是提供以人为本的服务，并提高生活质量，包括日常生活中的健康、福祉、安全、包容和自主性。特别是对于需要额外关心或者照顾的群体所处的环境，如医院、中小学或敬老院，更为重要。可信环境的关键功能基于传感技术、人工智能和计算服务提供，通过空间感知和态势感知，实现环境驱动的主动介入。可信环境将在 6G 广域网中内嵌，因此，需保证对隐私数据的严格保护。

1.4　6G 的新架构

对于新一代的蜂窝网络，架构决定了提供网络服务的方式、关键业务的能力、整体的效率、可扩展性和安全性的上限，因此其至关重要。

基于当前的 5G 架构，考虑到 6G 丰富多样的应用场景、新的 6G 终端类型、新的频段的引入，6G RAN 可能采用新建的网络，其网络管理系统将在服务与分析能力开放功能方面显著增强，而核心网（CN）将在 5G CN 的基础上平滑演进。6G 架构演进如图 1-10 所示。

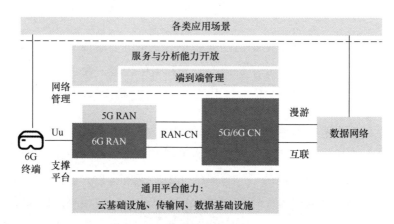

图 1-10　6G 架构演进

本章重点描述在 6G 中新增和加强的部分。

1.4.1　6G 架构原则

为了适应新的业务趋势和技术发展，特别是为了使 6G 的核心用例满足其关键绩效指标（KPI）要求，6G 提出了一系列新的架构，并定义了 6G 架构的八项基本原则[①]，如图 1-11 所示。

原则一：能力开放

6G 的架构应向上层的网络服务和应用程序更多地开放现有能力以及 6G 的新增能力。例如，预测网络吞吐量的能力，定位和传感的能力，以支持创新的应用场景。

原则二：全自动化

网络的闭环管理和优化，应通过 AI 的使用，做到全自动化，无须或仅需最少量的人工干预。

---

① BULAKCI O, LI X, GRAMAGLIA M, et al. Towards sustainable and trustworthy 6G: challenges, enablers, and architectural design[M]. Now Publishers, 2023.

图 1-11　6G 架构原则

原则三：扩展性和灵活性

网络能够适应各种拓扑，实现轻松部署，并且不损失性能。例如，适应新流量需求、适应频谱条件、适应专用网络和自组网网络的能力。

原则四：可伸缩性

网络架构需要具有可伸缩性，以支持从非常小规模到超大规模的差异化部署，并根据需要扩展和缩减网络资源。

原则五：韧性和可用性

6G 架构应使用多点连接和消除单点故障等功能，以使服务和基础设施配置具有韧性和可用性。

原则六：基于服务的开放接口

网络接口应设计为云原生接口，以连贯一致的方式，利用先进的云平台和信息技术（IT）工具。

原则七：网络功能分离

网络功能需要有清晰的边界，最小化其依赖关系，服务之间的依赖通

过其应用程序接口（API）进行，以便独立地开发、部署、升级和替换网络功能。

原则八：网络架构简化

长期以来，网络架构的简化，有助于降低复杂度、降低部署和维护成本、提升性能，是网络架构的显著演进方向。利用云原生的无线接入网（RAN）和核心网（CN）功能，配置较少的参数和较少的外部接口，可以降低复杂性。

1.4.2　6G 端到端架构

基于上述的原则，6G 设想了端到端的整体架构。6G 端到端架构分为三层：基础设施层、网络服务层和应用层，如图 1-12 所示。

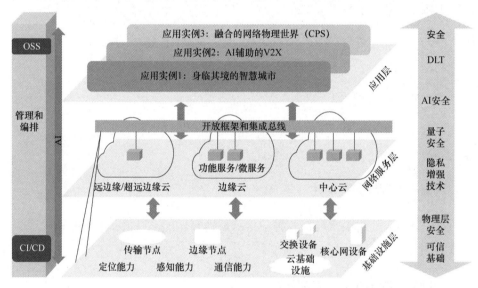

图 1-12　6G 端到端架构

1. 基础设施层

基础设施层包括无线接入网（RAN）、核心网（CN）设备和传输网络，如交换设备、路由器、通信链路、数据中心、云基础设施等。基础设施层提供网络服务层和应用层所依赖的物理资源。

在现有的 5G 基础设施的基础上，6G 基础设施层还应包含 RAN 改进，如极低时延、高可靠性、高可用性、高数据速率、高容量、高能效和较低成本的广覆盖。例如，全息通信和数字孪生预计需要极高的数据速率（>100 Gbit/s）。架构上还需要支持在距离最终用户比较近的基站中提供这种速率。

6G 基础设施层还需要支持新的场景。通信感知一体化（JCAS）也称联合通信与传感（ISAC），将成为 6G 架构愿景相对于 5G 通信系统的主要差异化因素之一。传感是指对于传感器的操作；传感器是检测其所处的环境中，事件或变化的设备、模块或子系统。6G 传感不仅仅包括定位，还包括一些 5G 中尚不存在的创新功能，如主动型传感（定位无源目标）、被动型传感（如提取物体特征的材料感知）甚至传感即服务等。如果移动设备具备了主动型传感的功能，就变成了即时定位和地图构建（SLAM）的典型场景。

6G 基础设施层需要提供灵活的拓扑结构，以满足极致性能和全球服务覆盖的要求。4G 网络中的异构网络（HetNet）解决方案提供了广域宏蜂窝基站和小蜂窝微型基站的网络协作能力。5G 中增加了毫米波无线电频谱，其灵活部署要求相应提高。6G 的部署要求更为复杂，包括使用更高频谱（sub-THz 或 THz）、覆盖范围更广泛、网络种类更多等。潜在的网络类型包括分布式多输入多输出（D-MIMO）网络、非地面网络（NTN）、园区网络、网状（Mesh）网络和网元云化等。6G 需要整合这些子网，形成"网络的网络（网中之网）"。

2. 网络服务层

在网络服务层，目前的设想是通过云服务和微服务提供。在 5G 中，能观察到提供者从传统的中心化的云服务（"中心云"）逐步扩展到边缘云。

在 6G 网络服务层，关键技术特征将包括超远边缘云，如图 1-12 所示。超远边缘云使用大量的异构（采用不同的硬件和软件）的设备，提供超远边缘计算能力，扩展 6G 网络的覆盖。这些设备可以是个人设备（智能手机、笔记本电脑等）和各种物联网设备（可穿戴设备、传感器网络、联网汽车、工业设备、联网家用电器等）。网络服务层基于微服务的实施可以改进软件化、智能

和高效的 6G 架构。

6G 架构的最终目标是利用可按需实例化（甚至跨越网络域边界）的认知功能和闭环控制网络功能，在没有（或极少）人工干预的情况下，实现自主和自适应的网络。从这个意义上说，智能 6G 架构应能支持 6G 嵌入式人工智能，并确保网络架构对新用例的动态适应性，同时将基础设施和能源成本保持在可接受和可持续的水平。

3. 应用层

更灵活、更智能的网络的另一个重要方面是可编程性。可编程性使引入新功能更容易，特别是对由于硬件类型和特定要求而占用空间有限的部署场景。在过去的十到二十年中，由于软件定义网络（SDN）范式以及软件化和云化的趋势，可编程性得到了显著增强。对于 6G 架构，预计这一趋势将持续，允许第三方开发人员以新的方式与网络交互，而 6G 架构有望确保可重用性和灵活性。

此外，通过云原生方法，可以简化 RAN 和核心网架构，例如，通过识别某个消息的多个处理点并删除冗余环节，或者识别和消除功能之间的重复来降低一些复杂性。

云原生技术可以在网络边缘创建一系列微云（Cloudlet[①]，尚无正式译名，意译为"微云"或"朵云"），实现应用程序到应用程序和功能到功能的通信，从而能够通过灵活的网状拓扑，互联相关的设备。网络服务层还包括开放框架和集成总线。它建立了一个统一的通信通道，可实现跨不同域的无缝互操作和联网。

6G 架构将支持为下一代移动网络设想的各种用例的严格 KPI 要求。其中，总体要求最高的预计是大规模数字孪生和远程呈现系列用例。例如，身临其境的智慧城市，以数字形式复现城市的各种真实场景，如交通场景。自动化

---

① BABAR M, KHAN M S, ALI F, et al. Cloudlet computing: recent advances, taxonomy, and challenges[J]. IEEE access, 2021, 9: 29609-29622.

列车运行、公用事业（能源、水、天然气等）和空气质量控制是实现城市环境大规模数字孪生的潜在用例。交互式 4D 地图可用于规划公共交通、垃圾、管道、布线、供暖等公共设施的管理，或者连接工厂中海量的检查和控制节点。同样，AI 辅助的车联网（V2X）是另一个用例，它在交通系统中提供更高水平的安全保障，特别是道路运输场景，技术上可能会实现无人卡车、远程送货。这不仅需要改善现有的 AI 算法，探索未来 6G 网络提供的汽车服务用例，并且需要以坚实的 6G 网络架构作为基础。

相对于各种潜在价值并不明确，尚在深入评估中的场景，网络运维和编排的趋势一直非常清晰。越来越多的自动化，甚至是闭环网络控制的实现，可以更高地提升效率。人工智能（AI）和机器学习（ML）的飞速发展和演进，支持了这种趋势。从总体目标上看，网络运维和编排一直未变，即始终满足网络需求，应对设备或网络故障，并更好地支持可靠性、灵活性、韧性和可用性。

1.4.3　6G 分层参考架构

6G 分层参考架构如图 1-13 所示。在 6G 端到端架构的基础上，设想了 6G 架构的一种功能视图。该架构扩展了 3GPP 标准中对于移动通信网络架构的定义，引入和增强了一系列平面分层。层是指在网络的不同平面或域中运行的一组协同功能。在拟议的功能架构中，引入了网络层、智能层、传感层、安全与隐私层。

1．网络层

网络层由控制平面（CP）和用户平面（UP）中的网络功能组成，允许用户设备（UE）与网络有效地交换数据，并提供符合用户预期的服务质量（QoS）。在 6G 的控制平面和用户平面存在新型的接入技术，如利用亚太赫兹波段和可见光通信的技术；新颖的 AI 原生空中接口（如无蜂窝网络），甚至包括超远边缘功能，如管理和重新配置智能超表面的功能。

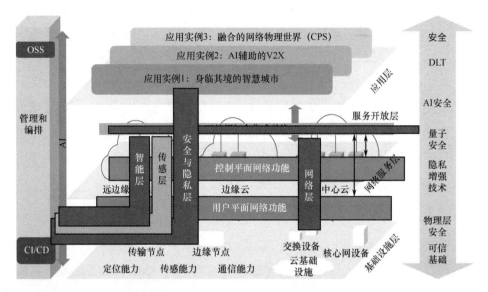

图 1-13　6G 分层参考架构（功能视图）

2. 智能层

传统上，非接入层（NAS）包括来自 UE、UP 和 CP 的功能。网络的智能层包容并协调网络中的所有功能，从网络功能的智能运行到其自主管理和编排。智能层从基础设施层收集数据并进行分析。

3. 传感层

在 6G 网络中，基础设施扩展到环境方面（部署基础设施和执行功能的环境），以实现网络与其周围的空间环境之间的紧密交互。以非常高的频率准确地控制波束，或者使用无人机（UAV）来扩展网络覆盖范围，需要一个能够有效协调各功能的传感层。它能从固定地标、动态激光/光成像、光探测和测距（LiDAR，中文也称为激光雷达）扫描中获取数据，甚至可以使用用户平面无线技术作为额外的传感源（可能以能量收集方式）。

4. 安全与隐私层

最后一个层是安全与隐私层，它管理整个网络的安全和数据隐私。该层协调网络所有平面和域中的功能，甚至延伸至应用层中的垂直服务提供商。应用层也受益于增强的 6G 安全性，并与之合作，以最大限度地减少攻击面，同时允许服务的客户完全控制数据（包括网络数据）。

显然，可用网络功能越来越丰富，且必须根据它们所属的网络切片进行编排和正确配置，这给网络的管理平面带来了新的挑战。这种交互依赖于网络和垂直服务提供商之间增强型开放接口（"服务开放层"），这些接口使网络应用程序可以利用网络提供的数据、功能和程序来支持和增强用户体验。通过增强型开放接口，还可以消除运营商和服务提供商之间的传统壁垒，实现垂直业务的白盒定制。

1.4.4 6G 安全架构

安全与隐私机制是网络架构中不可或缺的部分，影响所有网络层以及网络管理和编排域。6G 安全架构如图 1-14 所示，基于 6G 端到端架构，可视化了安全和隐私组件，并突出了特定的 6G 安全技术。

隐私增强技术（PET 或 PETs）在收集或处理敏感数据的所有层都很重要，显然在管理和编排域中也很重要。同样，AI 安全分为多种不同维度。其一是指"AI 的安全"，与使用 AI 的所有功能相关，需要保护使用 AI 的安全性。其二是指"AI 用于安全"，如在管理与编排域中的 AI 驱动的自动化闭环安全机制。分布式账本技术是潜在的建立"分布式信任"的候选技术，也就是不依赖中心化的权威机构的信任。

图 1-14 中，针对架构中的非虚拟化设备（用于无线接入和光传输）、云基础设施和在其上运行的软件，包括虚拟化层、逻辑网络层以及管理和编排功能（含安全和风险管理以及跨域管理）等，列出了最相关的安全与隐私构建块。

许多构建块适用于多个领域。例如，"安全的软件"适用于所有类型的非虚拟化设备（只要该设备包含软件）、虚拟化层以及在其上运行的所有软件，包括管理和编排功能。同样，"信任基础"适用于所有硬件，即无线电和光传输设备以及云基础设施。注意这些对应关系并非完备或独有的。当构建块出现在某个域中时，并不意味着该构建块始终适用。例如，某些非虚拟化无线接入设备可能不涉及敏感数据的处理，因此不需要隐私增强技术。再举一个例子，显然并非所有光传输设备都需要支持量子密钥分发。一些构建块只出现在专门的位置，如"分布式账本技术"只出现在跨域管理中，但这并不排除该构建块在其他域中的潜在适用性。

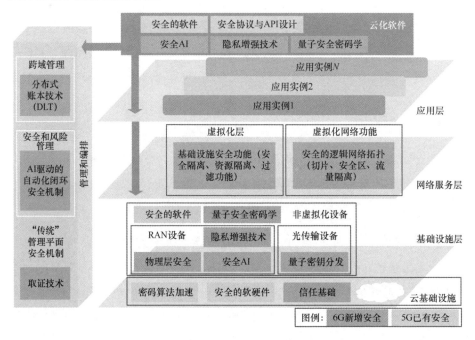

图 1-14　6G 安全架构

传统安全构建块（图 1-14 中的"5G 已有安全"）的很多安全需求和安全实践已有业界共识。额外说明如下。

- **安全的软件**，是指漏洞较少（接近零）的软件。"安全的软硬件"具有相同的含义，推广到硬件和固件。例如，处理器的健壮性在某些场景需要关注，特别是防止并行执行的不同进程之间泄露信息。

- **安全协议与 API 设计**，不仅指针对外部攻击者（通常通过破解加密技术实现攻击）而言的稳健性，还针对各参与方的误操作或恶意行为的稳健性。

- **"传统"管理平面安全机制**，包括现有的系统性的安全机制，如访问控制、基于角色的访问控制、安全日志记录、将管理流量与所有其他流量隔离等。

- **管理和编排**，是指移动网络运营商按照服务合同 KPI 的约定，向客户提供的网络服务部署和运营。它涉及服务供应、满足服务质量（QoS）和体验质量（QoE）、故障报告等要求。在前几代移动通信系统中，移动网络运营商的客户主要是使用语音和消息服务的个人。然而，移动通信的代际演进带来了新的市场空间和商业模式，例如，崭新的数据服务类型和企业客户的增加，包括银行等垂直行业客户、垂直行业运营商、大型互联网企业等。随着 5G 和 6G 移动网络的服务种类越来越丰富、应用场景越来越广泛，客户的数量和种类在未来几年内将持续增长。

为了应对这种复杂性，管理和编排系统需要具备对资源的广泛控制和编排能力。6G 管理和编排系统应满足以下主要功能。

一是云原生原则。从管理和编排的角度，主要涉及三个方面。

- 优先使用微服务，即来自不同供应商的轻量级、自包含、独立和可重用组件。

- 通过服务网格，使微服务网络组件的管理和编排更容易。

- 能够以类似 DevOps（研发和运营的结合）的"持续"实践来部署和更新网络服务。例如，在管理和编排流程中集成和实施自动化的持续集成和部署工作流。

二是跨多个域的统一管理和编排。这些域可能由多个利益相关者拥有或管理，并具有异构技术资源。这需要定义聚合接口，即动态检查并开放每个域中的不同资源和功能，以及使用各种 API 和服务的访问控制过程。

三是提高自动化程度。利用自闭环能力和零配置的自动响应，大大减少对网络服务以及网络规划、设计、配置、优化和运营/控制功能的人工干预。管理和编排系统需要能够识别、检测或预测潜在问题，从而触发自动反应。

四是在管理和编排系统中采用数据驱动和 AI 技术。AI 技术可应用于大量与管理和编排相关的优化和生命周期操作，包括配置时的资源分配和切片共享、服务组合、扩展、迁移、重新配置和网络服务的优化等。

五是基于意图的服务规划和定义方法。为了解决高度复杂性，管理和编排系统将实施更多的自动化机制，甚至是根据高级意图，解析并执行服务规范和命令。这些意图甚至可以用自然语言表达。大语言模型（LLM）和生成式人工智能（GAI）技术的蓬勃发展，为这项功能提供了更多的可能性与想象空间。

1.5　需求与关键技术

伴随着以指数级增长[①]的无线电设备的数量和对无线数据速率的追求，技术创新一直在进行中。来自各个国家和地区的科学家、研究者和工程人员，从网络架构、通信协议、频谱利用、信号改进等维度，探索满足更快速度、更低时延和更好覆盖范围的多种可能性。

创新的技术，除满足其主要目标以外，还需要考虑对下述四个维度（见图 1-15）的影响，以体现更高的社会价值。

- 可扩展性：设备消耗的数据量和设备的数量呈指数级增长，设备的异构性质也在增长。6G 有潜力成为数字世界的基础，作为一种技术解决方案，具备可扩展性，对于适应尚不明确的无线需求是必要的。

- 可持续性：由于材料科学的发展，电池的能量密度已经有了较大的提升，但是仍然难以满足现在和未来的无线需求，且从中长期还需要关注电池原材料潜在短缺以及电池对于环境的影响。不管是移动设备还

---

① CISCO U. Cisco annual internet report (2018–2023) white paper[R]. San Jose, CA: Cisco, 2020, 10(1): 1-35.

是网络设备，能源的应用效率需要进一步提升。设备可能需要在空闲条件下低功耗运行，以节约能源，提升效率，保护环境。

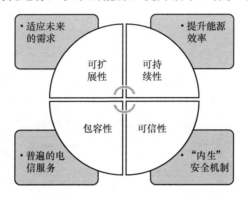

图 1-15　创新技术的影响

- 可信性：各类通信和计算设备的成本不断降低，应用越来越广泛，已经彻底改变了世界。然而，随之而来的多样的参与方，以及各参与方之间的信任程度不一，引发了比前几代移动通信网络更复杂的安全问题。6G 网络需要实现"内生"安全机制，提供默认安全能力，以符合各利益相关者的诉求。

- 包容性：互联网的普及，促进了数字经济和实体经济的发展，在全世界范围内推动了社会进步。尽管如此，世界上仍有很大一部分地区，甚至在发达国家，仍然无法获得宽带无线网络。通过创新的移动网络来"连接尚未连接的（人/事/物）"，是 6G 的责任与使命。

潜在成为 6G 驱动力的候选技术非常多样。来自普渡大学（Purdue University）以及爱立信、诺基亚、思科等 6 家电信设备供应商的专家提出了一种 6G 技术分类法[①]，如图 1-16 所示，它具备一定的前瞻性、系统性和广泛性，产生了广泛的影响。

该分类法（见图 1-16）首先按照通信协议栈，将移动通信的关键技术分配到不同层，也就是从低到高：射频/物理层、介质访问控制（MAC）层、网络/传输层、应用程序（App）层。针对每种技术的成熟度，其关键技术又划分

---

① Purdue University. 6G Global Roadmap: A Taxonomy[EB/OL]. [2024-12-09]. Purdue University 官网.

到不同的级别。其中，成熟度高的技术，可能在一两年内成熟。成熟度低的技术，可能需要 5 年以上才成熟。部分技术介于二者之间。

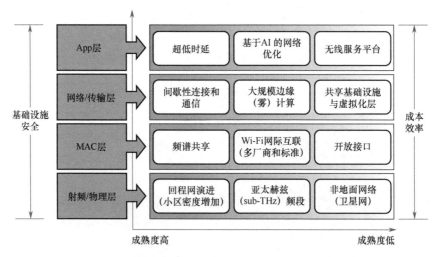

图 1-16　6G 技术分类法

显然，对于所有技术，基础设施的安全性和成本效率都是关键的衡量因素，以更好地满足上文提及的"可持续性"等四个维度的目标。

按照从室内、热点覆盖到市区，再到郊区农村广覆盖的部署环境划分，这些技术也有不同的重点场景和目标，如图 1-17 所示。

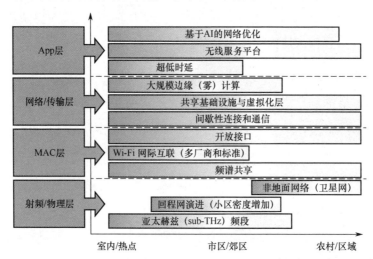

图 1-17　6G 技术重点领域与主要目标部署环境

1.5.1 超低时延与时延容忍

对于增强现实（AR）/虚拟现实（VR）、自动驾驶汽车、实时人机协作、触觉反馈、机器人以及工业流程控制等应用，超低时延和超高可靠性的支持非常重要。这些场景一般归类为超可靠低时延通信（URLLC）。

当前的 5G 技术，如 5G 新空口（NR），使用灵活的帧结构、微时隙、信道复用等多种方法实现了对无线接口上的超低时延支持。

5G 新空口（NR）支持 15 kHz 的 LTE 子载波间隔以及 30 kHz、60 kHz、120 kHz、240 kHz 子载波间隔。子载波间隔越宽，发送包含信息的传输块的传输时间间隔越短，时延越低。同时，5G NR 支持帧结构的调整，相比 LTE（4G）每个子帧固定 2 个时隙，NR 每个子帧可以有 1、2 或 4 个时隙，并且上下行配比可以灵活配置，大大降低了时延。

5G NR 支持更小的调度周期（微时隙）。时隙是最小调度单位，LTE 一个时隙由 14 个符号组成，而 5G NR 一个微时隙可以包含 2、4 或 7 个符号，更短的时隙可以减少反馈时延。

5G NR 还支持 URLLC 与增强型移动宽带（eMBB）复用。低时延场景下数据具有突发性强但数据量小的特点，因此 NR 引入了基于抢占的机制，基站将 eMBB 的物理资源分配给 URLLC 业务，并将抢占结果告知 eMBB 终端设备，保证 URLLC 业务的低时延。

一些学术研究也正在进行中，目的是基于信息论等基础科学理论，确定时延有哪些极限，如何逼近这些极限。例如，对于有限块长通信①的研究，其时延、吞吐率和可靠性的计算方式和权衡机制，将潜在应用于 6G 的超低时延技术实现。

与超低时延相对应，在部分特殊场景下，对超高时延的容忍能力，或者说容迟网络（DTN）也属于 5G 的关键能力之一，其技术将在 6G 中继续演进。

---

① MARY P, GORCE J M, UNSAL A, et al. Finite blocklength information theory: what is the practical impact on wireless communications[C]//2016 IEEE Globecom Workshops (GC Wkshps). IEEE, 2016: 1-6.

物联网场景的时延容忍技术在 4G 中就已经出现，并在现有的网络中进行商用部署。5G 标准中已经包括对于非地面网络的支持，并发展出一些能够容忍卫星通信固有时延并实现业务功能的技术。

时延容忍技术对于机器对机器（M2M）通信更有用。设备数量的增加和应用场景的创新会导致能耗的整体增加，时延容忍以及相关技术能提高能源效率。例如，通过支持超低时延和时延容忍技术，可以通过更敏捷地打开或关闭网元来管理能源使用。

1.5.2 基于 AI 的网络优化

在 6G 中，将支持一系列新场景，很多新技术会引入，也有很多技术会在现有的基础上增强，如网络切片、网络致密化、波束赋形、增强型大规模多输入多输出（MIMO）、频谱共享以及通信感知一体化（JCAS）等。这些技术导致了网络复杂性的不断增加。传统的网络优化方法，很难应对网络规模和复杂度的巨大挑战。

在人工智能（AI）领域，深度学习架构，特别是生成式人工智能的兴起和蓬勃发展，证明了其在自然语言处理、计算机视觉等领域的应用可行性。AI 的相关技术能否应用于网络优化，是 5G 系统和下一代 6G 系统的研究热点。

3GPP 的几乎所有工作组都在积极参与人工智能/机器学习（AI/ML）能力的标准化，并定义了相应的架构、网元、功能，如图 1-18 所示。例如，管理域的管理数据分析功能（MDAF）、5G 核心网中的网络数据分析功能（NWDAF）、下一代无线接入网络（NG-RAN）中的 RAN 智能（功能）。

网络数据分析功能（NWDAF）在 Rel-15 中引入，定义了核心网中的网络节点数据采集、预定义的分析洞察和消费者接口的标准化机制，简化了核心网数据的生成和使用，避免了网络分析领域的进一步碎片化。MDAF 在 3GPP Rel-17 TS 28.104 "管理与编排：人工智能/机器学习管理"规范及 TS 28.105 "管理与编排：管理数据分析（MDA）"规范中定义。其利用当前和历史的管理和网络数据（如通信服务、切片、管理和网络功能相关数据）来进行分析，进一步丰富和增强管理能力，以实现更好的网络性能和服务质量保证。NG-RAN 中的 RAN 智能，以负载均衡、移动性优化和网络节能为当前阶段的关键目标，研究了 5G RAN 系统中 AI/ML 的应用场景。

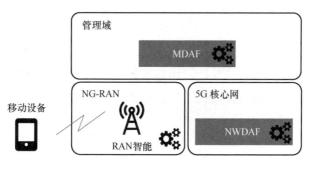

图 1-18　3GPP AI 网络架构

预计在 6G 中，上述的架构、网元、能力会进一步增强，并提供更加开放的标准，更易于获取的开放数据集，更多样化的测量指标，以提高通信质量、保障网络韧性、提升能源效率并维护信息安全。

AI/ML 的关键技术，用于移动通信网络的可行性和价值，目前正处于深入研究阶段。用于无线测量时间序列处理的循环神经网络（RNN）架构在信号检测/分类、传输编码设计、流量异常检测等任务方面有应用价值。深度强化学习技术可以作为"智能控制器"，应用于智能超表面的编程、主动式文件缓存和流量路由选择。然而，这种 AI/ML 驱动的网络优化应用程序的开发仍处于相对早期的阶段。此类技术对网络和业务的稳健性、有效性和安全性的影响仍需要充分研究。

AI/ML 驱动的网络优化的主要优势是它能够处理复杂的网络规划、配置、运行维护、近乎实时或非实时的网络优化，以及以更低的复杂性和成本进行自我修复。随着 AI/ML 技术的实施，网络有望能够根据不同用例的性能要求进行自主配置，以适应不同的网络拓扑和设备移动性，并通过网络异常检测来抵御网络安全攻击，以实现韧性网络运行。

通过 AI/ML 驱动的动态网络配置和优化，可以更经济高效地实现对极高数据速率、低时延和可靠无线传输的支持，以实现身临其境的用户体验或实时机器人控制。最后，随着网络更智能化并具备方便、安全的重新配置能力，面向用户的网络安全将成为可能。

1.5.3 无线服务平台

计算基础设施的技术进步使以前在专用硬件上开发的解决方案能够转移到在通用计算平台上运行的软件。云计算的普及，加速了这一趋势，服务的开发和部署也更为灵活。自 4G 时代开始，移动网络系统中大量工作负载的处理方式也逐步向基于软件的解决方案和服务转变，6G 显然将延续这一点。

随着传输技术的进步和云转型的成功，移动通信网络架构更加开放，网络中的各种设备也更多地采用通用计算平台和商用硬件实现。例如，很多核心网设备已经采用商用硬件服务器完成工作任务。RAN 具备一定的特殊性，必须满足严格的低时延和高可靠性要求，某些关键功能需要定制加速硬件，如信道编码解码器、均衡器和多天线 MIMO 系统。

移动网络的可编程性和可配置性，使运营商除了传统的语音和移动宽带外，还可以服务于垂直行业的各种用例。

AI/ML 技术和开放式服务平台互相包容，互相促进。AI/ML 技术支撑了更智能、适应性更强的网络平台，通过 AI/ML 增强的网络平台可以反过来为平台上运行的 AI/ML 的应用程序提供分布式智能即服务。

现有的移动网络的应用程序接口（API）示例包括服务质量（QoS）、安全性、位置、身份、计费和移动支付的 API，以及消息传递等服务。随着移动网络支持更多的商业和社会领域，包括企业、公共安全、教育和健康等，API 的范围将进一步扩展。6G 的无线服务平台还将开放 6G 的关键功能，如通信感知一体化，甚至是沉浸式通信功能。

1.5.4 间歇性连接和通信

甚至早于移动通信的时代，仅在数据传输期间才占用通信资源的"分组交换”的概念和设计已经提出①，并在 20 世纪 70 年代，促使了互联网网络流量从电路交换网络到分组交换网络的演进。

移动终端设备的“移动性”带来了更多与间歇性连接和通信相关的挑战。一个形象的例子是，网络需要近乎实时地知道每台终端的位置，才能在终端有“被动的”业务连接时（如被叫、短消息接收、消息推送）及时将信息发送到对应的终端。正因如此，在现代的智能手机等移动终端中，蜂窝无线电是电池能耗的关键因素。

在网络协议栈的较高层级，由于具备模式简单、资源需求低等优点，间歇性连接和通信也是一个重点考虑的因素。用户数据报协议（UDP）使用简单的无连接的通信模型，协议机制简单，是间歇性协议的优选传输方式，如面向事务的协议［如域名系统（DNS）和网络时间协议（NTP）］、隧道协议、流处理协议等。消息队列遥测传输（MQTT）是另一种间歇性连接和通信的协议，它在面向连接的 TCP/IP 协议上运行。作为一种轻量级传输“发布/订阅”消息协议，它可以最大限度地减少网络和设备的资源需求，是物联网通信的主流标准之一。

许多支持间歇性连接和通信的网络和传输技术在当前的无线网络中已经达到了很高的成熟度。例如，2G 时代，用于空闲和连接状态的蜂窝非连续接收（DRX）技术就已经存在，并在后续的各代移动网络中不断优化，以进一步提高网络资源和能源效率。这些优化包括空闲和连接之间的过渡状态、唤醒信号（WUS）以及支持更多流量和设备类型的额外配置。

6G 网络的目标是提供下一代宽带无线服务，提供机器（如传感器、执行器、车辆和机器人）之间的交互式、协作和自主通信的统一平台，并解决当今世界面临的一些环境可持续性挑战。

为了实现这些理想的目标，间歇性连接和通信的技术需要进一步优化，以确保满足这些新兴用例的性能要求，如图 1-19 所示。

第一个用例是机器对机器（M2M）通信的演进。到 2030 年，物联网设备

---

① ROBERTS L G. The evolution of packet switching[J]. Proceedings of the IEEE, 1978, 66(11): 1307-1313.

数预计将增加到约 321 亿[①]。这会增加流量类型、设备类型和设备密度的异构性，潜在地驱动新的性能要求。例如，较高的设备密度意味着并发连接密度增加。虽然可以利用现有的网络和传输层技术（如 UDP、MQTT 协议等）来支持与 M2M 通信相关的间歇性通信，但还需要计算、无线电和能源资源的高效利用（如减少数据包开销、减少握手等）、减少时延并提高可靠性。此外，还需要新增对新型流量的支持，如低占空比且低时延的流量。

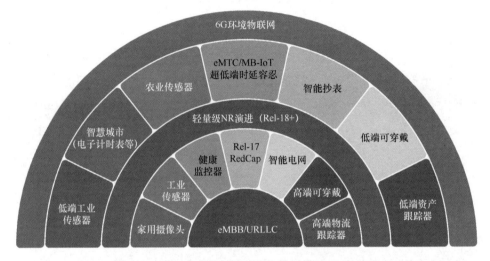

图 1-19　5G NR 中的间歇性物与物通信到 6G 的演进

第二个用例是对超低时延的支持。超低时延对于 AR/VR、自动驾驶汽车、实时人机协作、触觉反馈、机器人技术以及机器和流程控制等应用非常重要。元宇宙（Metaverse）等创新场景也需要 AR/VR，而触觉反馈是向触觉互联网发展的核心。对于许多用例，需要将大量任务处理从用户设备转移到网络边缘。超低时延有助于实现这种转移，同时保持真正的沉浸式体验。

能够支持大量的物联网设备的时延容忍技术对于许多 M2M 应用非常有用。该技术对于提供泛在的服务连续性也是必要的，特别是在需要非地面通信网络来维持覆盖的偏远地区。显然，泛在的服务连续性可能引入大量设备，导致能耗的整体增加。时延容忍技术可以提高能效。

[①] VAILSHERY L S. Number of Internet of Things (IoT) connections worldwide from 2022 to 2023, with forecasts from 2024 to 2033 [R/OL]. (2024-09-11)[2024-12-09].Statista 网站.

第三个用例是可持续性和提高能源效率。如上所述，环境可持续性是 6G 网络设想的重要场景。这不仅是 6G 网络本身的能效提升，而且是 6G 使能的各行业能效提升。设想的用例包括使用环境物联网或者零能耗设备在食品、物流、运输、智慧城市等垂直行业进行跟踪和监控，可以提高能源效率并减少碳足迹。这些设备可能使用从太阳能、热能、风能、光能甚至射频（RF）等环境能源转换的电能供电，这些能源可能是间歇性的，现有的物联网设备通常不支持这种供电方式。因此，即使可以利用现有的 5G 网络来支持这些环境物联网设备，也需要进一步地扩展，以支持能源可用性而导致的间歇性连接。

第四个用例是数字包容性。间歇性连接的技术，如果成功，则将不局限于移动宽带服务。它还可以将健康监测、环境传感、电子支付和人身安全等服务覆盖到更广泛的社区。

1.5.5 雾计算

在 21 世纪初期，云计算兴起。相比传统的企业 IT 基础架构，其具备更好的灵活性、更高的效率、更新的技术，从而开始爆发式流行。然而，随着无线电设备的数量持续呈指数级增长，以及很多新业务需要数据密集型计算，将所有这些计算集中在数据中心，同时快速将结果返回给设备，在某些场景中已不再可行。此外，基于 AI 的服务导致通过网络处理的数据量显著增加。数据的集中化还带来了隐私和安全问题，因为它需要通过互联网等网络基础设施传输大量用户数据，而这些数据不断受到各种网络的攻击和威胁。

为了应对这些挑战，边缘计算在 21 世纪初期出现，作为一种范式，利用网络"边缘"的机器（如智能手机、平板电脑和智能物联网传感器）日益强大的处理能力，在更接近计算请求发起者的位置提供计算服务。与中心化的云服务不同，边缘设备的通信和计算能力往往是异构的，这是边缘计算优化的关键考虑因素。

云更适用于处理大型数据集和涉及广泛地理位置的任务，这些任务一般可以容忍一定的时延（如基于城市级或者地区级部署的大量传感器，提供天气预报），边缘计算更适用于具有更严格的时延和/或隐私要求的更本地化的任务（如基于可穿戴健康监测器的实时数据的医疗诊断）。

基于存储和计算的不同场景和要求（超低时延和时延容忍），边缘计算和云计算可以看作是"两极"。自 2010 年以来，一个关键技术方向是如何在它们之间构建混合架构，同时利用连接边缘和云的中间网络节点（如路由器、基站、中间服务器）来优化计算模式。这就产生了"雾计算"①（Fog Computing）的概念，它旨在智能地编排终端设备和云计算数据中心之间的计算、存储和网络服务。雾计算示意图如图 1-20 所示。

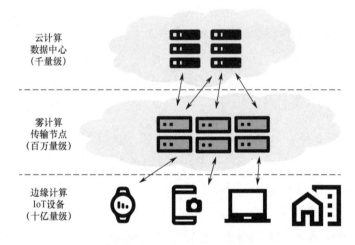

图 1-20　雾计算示意图

雾计算的一个重要研究方向是，在各个节点都有自己的计算任务和服务指标的前提下，如何确定"云到物联网"中，哪些节点适合完成特定的计算任务。

6G 潜在具有提供雾计算的关键能力，因为它可以决定计算任务从边缘设备（来源）路由到网络和计算基础设施的机制。设备到设备（D2D）和机器对机器（M2M）通信的持续普及，将为边缘设备和雾节点提供更多机会，汇集其本地资源，以完成任务，而不会给上下层的通信基础设施带来额外的负担。雾计算和 AI 的结合，在服务质量和能耗上有哪些收益，还在深入的研究和探

---

① BONOMI F, MILITO R, ZHU J, et al. Fog computing and its role in the internet of things[C]//Proceedings of the first edition of the MCC workshop on Mobile cloud computing, 2012: 13-16.

索中。对新兴的"雾学习"[①]（针对在雾网络上编排 AI/ML 任务）的初步研究表明，雾学习作为一种多层协作、分层学习框架，通过无线边缘设备和雾节点之间的协同，以及不同层的模型聚合，可以显著降低网络资源成本和模型训练时间。

向元宇宙或沉浸式体验的转型，需要处理规模越来越复杂、时延要求越来越低的计算任务。6G 雾计算的主要目标之一是通过智能编排"云到物联网"的网络资源，满足沉浸式体验的要求。通过这种范式，还可以支持更多的物联网服务，D2D 和 M2M 通信将补充 6G 中的上行/下行无线传输场景。

能源效率也是雾计算编排中考虑的关键指标之一。一般而言，资源效率和服务质量之间需要权衡，因此需要根据最终用户的要求和雾网络的限制来编排。面向用户的网络安全也将成为雾计算中的高优先级的服务类型，"云到物联网"的编排提供了一种协作检测和缓解 6G 出现的新型空中接口攻击的方法。

1.5.6 具有虚拟化层的共享基础设施

端到端虚拟化是支持多运营商、多租户共享基础设施的关键功能。第三代合作伙伴计划（3GPP）和开放式无线接入网络（O-RAN）联盟等国际标准与行业组织积极引导电信行业向软件定义的云原生架构范式发展，在相关标准中引入了移动通信网络的虚拟化功能，并将 RAN 功能分离定义为 5G 中的关键架构。

RAN 功能分离包括垂直分离和水平分离。

RAN 垂直分离示意图如图 1-21 所示，垂直分离是指 RAN 的中央单元（CU）、分布式单元（DU）和射频单元（RU）的协议栈功能垂直拆分，使这些网元可以位于不同的部署区域；水平分离是指控制平面和用户平面的拆分。RAN 功能分离为进一步共享 RAN 奠定了基础。不同的电信运营商可以自行建

---

① HOSSEINALIPOUR S, BRINTON C G, AGGARWAL V, et al. From federated to fog learning: distributed machine learning over heterogeneous wireless networks[J]. IEEE Communications Magazine, 2020, 58(12): 41-47.

设 CU 和 DU，但是共享 RU。

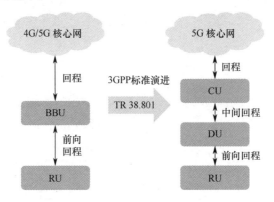

图 1-21　RAN 垂直分离示意图

通过这些方式，5G 逐步向服务化架构（SBA）转型，传统上由各电信设备制造商提供的专有硬件网络设备可以由采用通用中央处理器（CPU）的商用硬件服务器提供支持。受益于虚拟化和微服务架构，5G 和 6G 的网络功能可以更加灵活，租户也可以快速构建、部署和执行服务器端应用程序，从而显著提高运营商的灵活性、可扩展性和成本效益。

虽然虚拟化、微服务化、功能分离是明确的电信网络的演进方向，且部分实验环境以及现场试点也取得了良好的效果，但是距离理想的成功效果，差距仍然比较远。硬件上的定制化实现、供应商专有的软件实现、网络功能的相互依赖，是在移动通信网络架构中实现完全云原生的障碍。

6G 有希望部署新的开放式 RAN，促进运营商共享基础设施，并支持 6G 无线愿景。其优势如下。

- 提高硬件能效，实现可持续性：运营商可以在具有虚拟化层的共享基础设施上收集用于跟踪 CPU、内存和 I/O（输入/输出）消耗的遥测数据。收集的数据可用于调节网络中硬件资源的数量和功耗。开放式接口允许将不同的逻辑功能灵活地托管在计算资源上，从而更好地提供所需的性能-能源权衡。

- 扩展满足元宇宙/沉浸式/触觉互联网需求：开放式 RAN（O-RAN）联

盟在其制定的一系列标准中提出[①]，非实时和近实时的 RAN 智能控制器（RIC），作为服务管理与编排（SMO）平台的重要组成部分，可以应用于具有虚拟化层的共享基础设施，以提升频谱效率和已部署的无线资源的利用率，并通过主动天线管理和编排功能，在网络条件变化时，动态分配网络功能资源来提高实时响应能力。

- 可信任和面向用户的设备级安全性：借助完全虚拟化的平台，安全功能可以通过嵌入式智能进行"软件化"和虚拟化。在容器化虚拟网络功能中，智能安全功能可监控流量（如在网关处），以实施安全策略并检测、遏制、缓解和防止威胁或攻击。这些功能与实时、详细的平台遥测信息协同工作。

- 数字包容性：开放式接口允许实施定制的网络，以服务于不同的用例和地理规模，包括农村地区和电信服务不足的城市地区。这为改善数字包容性提供了重要机会。

1.5.7　频谱共享

在无线通信中，无线电频谱是极为有限的自然资源，一般由各个国家和地区的政府和监管机构负责分配。随着移动通信用户量的飞速增长，智能终端的进一步普及，数据业务爆炸式增长，频谱资源的有限性日益凸显。频谱共享是达成频谱的有效规划、充分利用，支撑多样业务场景的合适机制。

从历史上看，频谱共享主要存在静态、半动态或自主的尽力而为等机制。

静态频谱共享的一个案例，也称作"频谱重耕"，是指运营商将其拥有的无线电载波频段从较旧的网络制式如 4G 迁移到 5G，来重新利用同一频谱。这个过程可以形象地比喻为将原来的泥泞土路升级到柏油路，可以更好地利用道路资源，提升车速。

---

① WANI M S, KRETSCHMER M, SCHRÖDER B, et al. Open RAN: A concise overview[J]. IEEE Open Journal of the Communications Society, 2024.

半动态频谱共享有典型的地域特征。以美国公民宽带无线电服务（CBRS，运行在 3.55～3.7 GHz 频段）为例，该服务通过频谱接入系统在联邦现有用户、优先接入被授权方和一般授权接入用户之间共享。Wi-Fi 的"先听后说"（LBT）方案代表了一种自主的尽力而为的频谱共享方法。

3GPP 最近的标准演进为 5G NR 引入了动态频谱共享（DSS）功能。这使得 4G LTE 和 5G NR 能够同时在同一载波的同一频段内运行。根据 3GPP 标准中的定义，DSS 的演进包含更多的维度，包括跨位置、频率、时间、用户和应用程序的动态频谱共享。下一代 DSS 设计还有一系列候选的新技术，如高级频谱传感、干扰分析和避免、基于 AI/ML 的共享控制、用于频谱共享的系统间/用户间直接信令以及用于 DSS 的分层频谱管理系统等。

然而，在开发下一代 DSS 技术时，仍然存在一些设计和实现层面的挑战。例如，在某些无线环境中，两个系统之间协调的难度或者复杂性挑战。此外，有些传统设备和网络无法支持 DSS 升级，这在物联网环境中尤为普遍。因此，需要监管机构、基础设施运营商、设备用户和学术界的全面参与和共同努力，以推进 DSS 在下一代无线标准中的实施。

频谱共享使运营商利用频谱的方式更积极，更高效。中频段（1～6 GHz）在移动通信领域已经成功部署，并带来良好的经济和社会效益。该频段资源珍贵，频谱共享更加重要。在可持续发展层面，DSS 预计会支持多种无线接入方式，提高系统的整体能效。下一代元宇宙和触觉互联网用例具备流量负载高且突发的特征，DSS 是潜在的应对方案。

DSS 支持多个系统共享相同的频段，有助于实现使用 3GPP 技术为所有用户和应用程序实现泛在连接的目标。对于 M2M 通信，可能没有专用频谱，DSS 可以成为支持这些垂直市场的关键技术。

电信运营商开发和部署 DSS 涉及许多方面，包括监管框架、商业模式和技术可行性。DSS 还可能会影响系统的业务指标。因此，对时延和可靠性有严格要求的应用程序，需要仔细设计。

1.5.8　跨供应商和标准的 Wi-Fi 互联

6G 蜂窝通信时代的很多业务，需要增强安全性，以及更高带宽、更经济和更可持续的基础设施、更低时延、更高可靠性。更重要的是，要在不同环境中实现更好、无缝的覆盖。单纯依靠蜂窝通信可能很难满足这些要求。在理想情况下，室内和室外的不同场景中，蜂窝网络和 Wi-Fi 协同工作，以满足更好的用户体验要求。为此，相关的标准机构和行业联盟也需要协作，共同制定和改进标准规范、技术架构和运营体系，以促进 6G 和 Wi-Fi 之间的高度互通和用户体验兼容性。

要实现 6G 和 Wi-Fi 的互联，需要提供以下关键功能。

- 身份认证功能：对跨网络的用户或者设备，需要有一种统一的可识别的身份，并且携带其关键特征，如带宽和时延策略、安全机制、网络漫游权限等属性。

- 安全策略：拥有与用户、设备或物联网（IoT）的"物"相关的一致且统一的安全策略。无论采用何种接入方法（Wi-Fi 或 6G），都需要保障通信安全，并且生成的安全分析报告和告警需要具备通用性。

- 开放漫游：促进 6G 和 Wi-Fi 网络之间无缝、零接触的漫游，确保用户或设备可以"始终在线"连接，而无须任何用户干预或用户手动操作更改配置。

- 功耗和体验优化：在通过 Wi-Fi 和 6G 网络同时提供连接的环境中，终端设备应该能够根据功耗、成本选择更合适的网络，同时考虑带宽、时延和可靠性等因素。

- 多路径连接：考虑到极高带宽和可能非常低的时延的潜在用例，设备应该能够同时使用所有可用的频谱和无线资源，以便绑定 Wi-Fi 和 6G 网络，并行通信。

Wi-Fi 和 6G 之间的更高互操作性，依赖于 3GPP、（美国）电气电子工程师学会（IEEE）、Wi-Fi 联盟等标准机构的共同努力，也需要各种利益相关者的积极参与，如用户社区、设备制造商、芯片和组件供应商、网络技术供应商、通信服务提供商和监管机构等。

Wi-Fi 和 6G 的互通，通过有效地将 5G/6G 的授权频谱与免授权 Wi-Fi 频谱相结合，可以更好地满足未来用例所需的可扩展性和带宽要求，甚至可以产生积极的社会影响。鉴于 Wi-Fi 的功耗较低，连接所需的能源足迹有望降低。需要高度可靠、始终在线的用例也容易通过这种异构网络模式提供服务，尤其是需要连接跨越室内和室外的用例。此外，对部分接触网络较少的用户，能够使用设备中的所有无线资源，以经济的方式提供通信服务，还可以促进全面的数字包容性。

1.5.9　开放接口

传统上，移动通信生态系统以开放的接口著称。以空中接口为例（移动设备和运营商网络之间的接口），几十年来，移动通信终端设备和运营商网络设备呈现百花齐放的局面，这在很大程度上丰富了用户的体验，驱动了移动互联网的快速成熟。

开放接口还通过为移动网络中的网元之间提供标准化的互操作机制，在移动网络中发挥重要作用。自 3G 以来，RAN 和核心网（CN）之间的接口具备高度的开放性。这使得不具备高度的射频专业知识的公司，甚至是互联网领域的传统软硬件企业，如微软、戴尔（Dell）等，也能够进入核心网市场，从而增强市场竞争，促进技术创新。RAN 在 5G 中进一步分离为专门的组件功能，开放接口的趋势仍在继续，并且有望在 6G 中发挥更重要的作用。

特别是，6G 网络既需要强大的通用计算能力，也需要特定领域的专业处理能力。在 5G 中，已经能看到 RAN 各个部件的不同需求。CU 依赖于通用计算，DU 依赖于信号处理和硬件加速器，而 RU 则主要是功率放大器（"功放"）和无线天线。部件的内部也会拆分。例如，在 CU 中，数据包处理功能、用户平面（CU-UP）和控制平面（CU-CP）功能还可以进一步分离。通过这些功能之间的开放接口，特定技术领域的提供商，如用于 RU 的功率放大器或用于 DU 的信号处理器厂商，可以努力开发更好的解决方案。然后，设计良好的开放接口可以将功能整合在一起，以构建更高性能的网络解决方案。3GPP、O-RAN 联盟和小基站论坛（SCF）正在制定 RAN 环境中的开放接口标准。该技术截至 2024 年年底仍处于商用 5G 网络部署的早期阶段。图 1-22 显示了 O-RAN 联盟在 5G RAN 最近引入的 DU 和 CU 之间的开放接口：F1 接口。此外，O-RAN 联盟标准中还在 DU 和 RU 之间引入了前向回程能力。

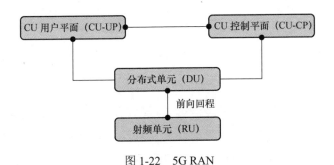

图 1-22　5G RAN

针对人工智能等新技术，3GPP 和 O-RAN 联盟也在努力定义开放接口。3GPP 现有标准将逐步演进，以支持 5G 系统的 AI/ML 网络优化，包括网络数据分析功能（NWDAF）和管理数据分析（MDA）功能。在 O-RAN 联盟，RAN 智能控制器（RIC）的工作一直在进行中，以便为近实时和非实时控制回路提供 AI/ML 功能。

为适应不断发展的技术和部署场景，6G RAN 中的开放接口可能与 5G RAN 有差异。提供测试方法以证明基于开放接口的解决方案能力会很重要。一些组织致力于该测试方法和能力的建设，包括电信基础设施项目（TIP）、英国的 SONIC 实验室以及美国的国家科学基金会（NSF），其资助了相关项目，如 Colosseum 项目（由美国东北大学开发的无线网络仿真项目）①。

除了逻辑功能的互通外，软件和硬件的互通也是一个重要的技术领域。使用通用硬件的软件驱动方法已经在云计算和数据中心技术中发挥了重要作用，

---

① MELODIA T, BASAGNI S, CHOWDHURY K R, et al. Colosseum, the world's largest wireless network emulator[C]//Proceedings of the 27th Annual International Conference on Mobile Computing and Networking. 2021: 860-861.

并且可以为下一代无线平台提供许多优势。

- 提高网络能效：软件驱动技术不仅可以更有效地利用硬件，还可以改变网络设备运行的方式。开放接口使每个节点的供应商能够专注于提高其领域内的能源效率。此外，精心设计的开放接口允许每个节点中的能源优化功能交换信息并协同工作，以实现整体的节能减排。

- 元宇宙/沉浸式/触觉互联网用例：为了提供身临其境的体验，下一代网络必须针对不同的场景进行定制。体育场、企业、市中心和农村地区显然有差异化的通信需求。开放接口允许在不同的部署中更灵活地将组件拼接在一起。

- 泛在的用户服务连接：经济因素通常会是偏远、农村或低收入地区的移动互联网连接的障碍，而在这些地区，教育和医疗保健的服务通常更为重要。借助开放接口，建设网络的成本可能会降低，例如，设备供应商多样化，使电信运营商可能以较低的成本采购设备，有利于服务更多的用户。

- 机器对机器（M2M）通信：M2M 通信的范围从高带宽和低时延应用（如精密机器人）到低带宽时延容忍通信（如基于太阳能的小型传感器）。开放接口增加了网络设计的灵活性，可以根据用例和需求，自定义网络。

- 面向用户的网络安全：开放接口允许研究人员和白帽黑客进行深入的审查，以快速识别漏洞，有利于网络安全的提升。开放接口还可以嵌入更广泛的网络和通信生态系统，复用互联网安全技术能力，提供完善的加密和身份验证。总之，开放接口相较于封闭接口更安全。

1.5.10 亚太赫兹频段

6G 时代会使用新的频段，用于新的业务场景，或者提升已有场景的能力。第一阶段预计会利用亚太赫兹（sub-THz）频段（100～300 GHz，或 0.1～0.3 THz）。该频段可以支持高速的上下行速率，主要满足蜂窝无线网络中的局部峰值容量、回程网络的需求。诺基亚贝尔实验室的专家们认为，亚太赫兹频段也可以用于满足高精度传感的需求①。6G 亚太赫兹通信及其场景如图 1-23 所示，它描述了太赫兹通信的典型指标、关键功能、支持的业务用例和目标行业。

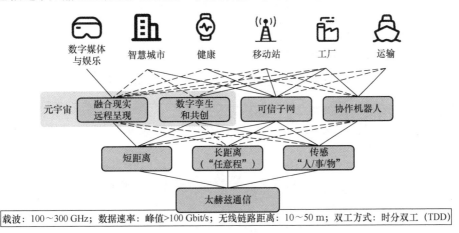

图 1-23　6G 亚太赫兹通信及其场景

6G sub-THz 通信采用 100～300 GHz 载波频段，可能会使用时分双工方式，提供峰值大于 100 Gbit/s 的数据速率，但传输距离相对有限，仅为 10～50 m。其关键功能可以大致归纳为接入（短距离）、回程（长距离）、传感几个方面。这些关键功能用于支撑 6G 时代的关键用例，如融合现实远程呈现、数字孪生和共创、可信子网以及协作机器人（图中相关度高的用实线表示，相关度低的用虚线表示）。这些用例映射到数字媒体与娱乐、智慧城市、健康、移动站、工厂以及运输等相关行业，进一步创造市场价值和社会价值。

传统的回程网络采用铜线、光纤或者微波传输。在回程解决方案领域，sub-THz 解决方案已经具备一定的技术成熟度，后续将支持 6G 的接入网络和回程网络的"统一化"。sub-THz 频段具备笔形波束的无线传播特征，可以构建点对点链路，用于回程传输，而将更珍贵的较低的毫米波频段释放出来，用于接入网络。sub-THz 回程技术的应用还可能包括短距离连接选项，如用于数据

① VISWANATHAN H, MOGENSEN P. Communications in the 6G era[J].IEEE Access, 2020, (99):1-1.DOI:10.1109/ACCESS.2020.2981745.

中心的服务器无线互联以及显示器和计算设备之间的连接。媒体报道显示[①]，微软正在研究其数据中心是否可以采用 sub-THz 连接方案。

sub-THz 技术有助于支持 6G 的各个场景和用例。sub-THz 技术具备超高吞吐量和传感能力，可以增强覆盖范围和通信可靠性，使能沉浸式远程呈现、数字孪生等用例，从而促进数字化转型和数字包容性的提升。通过 sub-THz 频段来实现回程，在密集和超密集环境中，泛在的用户服务连接将变得可行。在工业环境中，sub-THz 技术将主要用于传感和定位目的。在网络连接的场景，与 M2M 通信和传感器网络相比较，sub-THz 技术更适用于工业元宇宙用例。

100 GHz 以上频段的无线传播，存在较大的特殊性，如路径损耗、相位噪声和峰值平均功率比（PAPR）。因此，正在进行的研究集中在设计新颖的架构和系统，以及定义无线电层设计的关键参数上。相关技术包括波束赋形和 MIMO 相位阵列、波形、模数转换器优化。目标是在能源效率和频谱效率方面提供更优的性能。

sub-THz 频段的通信，存在很多硬件约束和限制条件。除了频谱效率外，信道特性和覆盖分析也是相关的考虑因素。6G 设备的前提是能够量化生产良好的硬件收发器和相控阵器件（如射频集成电路，RFIC）。预计高端 RFIC 将在芯片内或者主板上集成天线阵列和集成移相器，以提供窄波束。一些有助于硬件大规模生产或者大量部署的潜在技术也在分析中，例如，在玻璃平面上布置天线。

目前，用于通信感知一体化（JCAS）的 sub-THz 解决方案仍处于研究阶段，技术成熟度仍然相对较低。

1.5.11　回程网络演进

移动通信网络并非仅仅是提供无线连接的基站和天线（"接入网"），将接入网连接到核心网的回程网络也是其关键组成部分。事实上，除了连接移动终

---

① KELLY H. Microsoft to test sub-THz for wireless data center links[EB/OL]. (2024-02-12)[2024-12-30].RCRWirelessNews 官网.

端设备与基站天线的空中接口外，移动通信网络的其他网元之间多数是有线连接，且以光纤为主。

伴随着对覆盖、容量和时延的更高要求，回程网络带宽需要增加，灵活性也要增强（如不依赖于光纤连接），才能实现每一代网络性能的质变。伴随着 5G 和 6G 无线接入网络架构的进一步开放，前向回程网络，也就是将 RAN 的各个部分连接到射频单元和天线的网络，也需要考虑。

回程连接可以通过多种技术实现。早期的部分有线回程连接基于铜电缆，现代的有线回程连接通常基于光纤，能够支持每秒 TB 级[①]的数据速率，且具有非常高的可靠性。无线（微波点对点）回程连接传统上使用 6～42 GHz 和 70～80 GHz 范围的微波频谱。未来的回程连接可以更广泛地利用 W 频段（75～110 GHz）和 D 频段（110～170 GHz）频谱。

每一代新的移动网络都在提高数据速率，因此需要更多的带宽和更高的频谱。5G 已经支持高达 71 GHz 的频段（北美 5G 频谱分配），并且 6G 有望扩展到更高的 sub-THz 频段。值得注意的是，一些频段（>6 GHz）与传统用于无线回程的频段重叠，这使得接入和回程之间的共存至关重要。一种设想是，sub-THz 频段主要用于回程，稍低的频段用于无线接入，但目前尚未达成共识。

无线回程网络的采用情况存在显著的国家和地区差异。基于爱立信发布的一份研究报告[②]，在 2023 年，中国和一些东亚国家，光纤等通信基础设施完善，采用无线回程网络比例最低（约 3%），而在中南美洲、东欧、中亚、印度和非洲，无线回程（微波回程）网络的比例超过 50%，在非洲等一些发展中国家，这一比例甚至接近 80%。预计这一数字在未来 5 到 10 年内变化较小。其原因是光纤部署会稳步增加，但网络致密化也会导致回程需求的增加。

使用更高的频段进行无线接入，再考虑到设备的天线尺寸和发射功率有限，覆盖范围会大大减少，这需要更密集的基站部署。显而易见，使用光纤回

---

① TB 是 Terabyte 的缩写，即太字节，1 TB = 1024 GB。
② ERICSSON. Ericsson Microwave Outlook: backhaul media for 5G and beyond[EB/OL]. (2023-10)[2024-12-30]. ERICSSON 官网.

程时，这种密度会使成本飙升。而且光纤部署需要考虑市政监管、业主授权、线路复杂、维护成本高等多种问题，可能导致部署缓慢，甚至不可行。缓解这种情况的一种方法是自回程（Self-backhauling），其中用于接入服务的一部分频谱也用于回程目的。其关键技术被称为集成接入和回程（IAB），有望在 6G 中发挥更大的作用。自回程方案使相同的技术可用于接入和回程，可以降低网络实施成本，但其复杂性和开发成本仍然较高，未来有希望进一步降低。在接入和回程之间重复使用频谱也可以提高频谱利用率。无线自回程还有助于在飓风、地震等紧急情况中进行流动部署，或者以较为经济的方式提供偏远地区的覆盖，这对于实现泛在的服务连接目标至关重要。

无线回程网络还潜在地有助于元宇宙和触觉互联网实现的沉浸式体验。考虑到整体能耗和环境的影响，密集部署的能源效率是一项挑战。一些技术致力于更有效地管理能耗，如流量感知省电和运营商深度睡眠等，同时实现 6G 预期提供的关键用例和体验。

1.5.12　非地面（卫星）网络

现有的卫星通信弥补了各种覆盖差距，如边远地区覆盖和航海通信。非地面网络（NTN）将致力于满足全球覆盖、高可用性、高韧性、相对容忍时延的应用场景。NTN 使用高空平台站（如太阳能无人机、飞艇和卫星）来实现无线连接。

预计太空和陆地网络的整合将使全球通信和连接变得无缝且无处不在。这种整合将有助于缩小数字鸿沟，扩展现有通信服务的能力，促进通信业务创新，并创造全新的全球细分市场。在 6G 时代，卫星技术，特别是激增的低地球轨道（LEO）通信卫星市场，有望得到数十亿美元的投资，以补充中地球轨道（MEO）和地球静止轨道（GEO）的现有卫星网络。虽然最近围绕 NTN 服务的大部分工作都针对军事和国防部署，但也有潜力通过卫星–地面集成，优化 6G 无线网络。

有两种潜在的商业 NTN 部署方案采用 LEO 卫星站。第一种方案是将 LEO

卫星网络与 5G 地面基站集成，如图 1-24 所示。在这种情况下，LEO 卫星站作为现有 5G 电信网络的主干网络，或者从专业术语角度来讲，即回程网络。基站不是通过光纤或微波链路连接到网络，而是与 LEO 卫星进行通信。2021 年，3GPP 在 Rel-16 版本中发布的 TR 38.821"支持非地面网络（NTN）的 NR 解决方案"包括此方案。

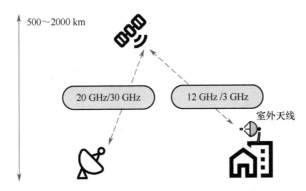

图 1-24　LEO 卫星网络与 5G 地面基站集成

第二种方案是直接使用类似"星链"（Starlink，由美国 Starlink 公司开发）等 LEO 卫星站，在不使用地面基站的情况下提供宽带互联网服务。用户设备直接与卫星通信。这样做的主要目的是为光纤宽带或 5G 互联网无法到达的偏远地区提供宽带互联网，3GPP TR 38.811"支持非地面网络的新空口研究"（Rel-15）中有相关的研究报告。3GPP Rel-17 则包含了对 5G 设备直接连接卫星的支持。两个主要芯片组供应商高通（Qualcomm）和联发科（MediaTek）均支持 NTN，其 5G 芯片组已经应用于商用手机。

如前文所述，卫星分为三种类型：GEO 卫星高度约为 36 800 km，MEO 卫星高度为 2000～20 000 km，LEO 卫星高度为 500～2000 km。5G 及后续的 NTN 集成重点放在 LEO 星群。LEO 星群的优势包括卫星部署成本低、时延低以及由于距离地面设备较近而传播损耗也更低。然而，LEO 也带来了复杂的挑战，如全球覆盖所需的卫星数量、高系统复杂性和高切换要求，因为任何一颗卫星都只能在地面终端的视野中停留几分钟（卫星绕地球一圈仅需 1.5～2 h）。为了确保用户设备或地面基站之间的通信链路不中断，需要经常切换所连接的卫星。

近年来，卫星发射的成本显著降低。与 20 世纪 80 年代的航天飞机发射相比，成本只有原来的百分之一，预计未来几年成本将进一步降低。这使 NTN 更具有商业的可行性。另一方面，NTN 移动通信系统仍面临许多技术挑战。其中包括上述讨论的切换要求，以及从"2D"（平面）到"3D"（立体）无线网络的迁移。在地面"2D"网络中，信号传输已从一定程度的非定向传播，转变为使用针对接收器的窄信号波束来改善接收性能。在基于非地面的 3D 网络中，问题变得更加复杂。波束赋形传输、接收机干扰消除、卫星与地面基站共存的频谱共享等仅仅是其中的一部分。

长期以来，4G 和 5G 网络的建设在一定程度上忽视了农村、欠发达地区和海上通信的需求。6G 系统可能利用在不同高度运行的 NTN，包括无人机（UAV）、高空平台、LEO 卫星和 GEO 卫星，为用户提供所需的移动通信服务。NTN 甚至有望在拥挤的城市部署中发挥作用。

1.6　总结与展望

无线技术在过去几十年中取得了长足的进步。4G 和 5G 通信也在全球范围内普及。根据 GSMA 的数据，截至 2024 年 12 月，全球共有 1250 个移动运营商，运营着 4600 个移动网络，为 57.8 亿用户提供服务，提供了 128.5 亿个蜂窝连接。

6G 代表着即将到来的下一个巨大飞跃。乐观者预计，6G 将超越传统移动通信的范畴，实现通信感知一体化、AI 通信一体化，以及空天地泛在的全域连接，让人们超越人眼"观察"物理世界，并在虚拟世界中构建数字孪生。一系列相关技术的重点研究，将在具有社会影响的四个领域取得重大进展：可扩展性、可持续性、可信性和包容性。

6G 时代和 AI 时代将在很大程度上交错、重合。伴随着生成式人工智能的快速演进和大语言模型（LLM）的飞速普及，2023 年起，乐观者认为，文字编辑类工作、多媒体设计类工作，甚至是软件开发类工作，在未来五到十年中，可能会被 AI 逐步替代。不管是替代还是辅助，广泛影响人们的学习、工作和生活的 AI 时代将大概率成为现实。

进入 AI 时代，应用和服务的核心载体可能不再是 App，也不再是网站，而是智能体（AI Agent）。AI Agent 作为能够感知并主动采取行动的智能体，可以根据环境自行设定行动目标，具有感知、学习和获取知识能力，并且持续不断地提升自身的能力，以完成所需任务。

在 AI 参与的"感知、认知、决策、行动"的闭环逻辑（见图 1-25）中，物理世界和数字世界深度融合，人类感知、理解和改造物理世界的能力也进一步增强。其中，"感知"到"认知"的路径，高度依赖于 5G 和 6G 的 eMBB、mMTC（大规模机器类型通信）等超高速率和超大规模连接的能力，"认知"到"决策"依赖于 AI 和网络的深度融合，"决策"到"行动"依赖于 URLLC 等 5G 和 6G 网络的关键能力。

图 1-25　AI 业务闭环逻辑

在"6G + AI"的智能体泛在连接网络中，AI 智能体和 6G 将伴生，互相融合，互相促进，共同提升。

第 2 章

移动通信的历史与演进

移动通信蓬勃发展。特别是在过去的 30 多年里，移动通信为人类带来了前所未有的丰富的功能和体验。1G 虽然没有大规模应用，但首次使得"移动"的语音电话成为可能。2G 在全世界范围内得到了广泛的应用，并且支持语音通话和短消息等业务。3G 借助"移动"的互联网连接丰富了用户随时随地上网的体验。4G 时代的突出特征是"移动"的多媒体体验和用户的社交互动。5G 时代的网络，接入了更多的物联网设备和传感器，使得物理世界和信息世界的边界进一步模糊。6G 时代，我们将更多地体验到物理世界、数字世界、生物世界的融合，这将在很大程度上改变人们的生活和工作的方式。

在过去的几十年里，无线通信经历了一场巨大的变革，从简单的语音通话发展到高速数据传输等。无线通信的历史也跌宕起伏，无线技术从第一代移动通信系统（1G）到第五代移动通信系统（5G）的发展，伴随着几代人的不懈努力。

无线通信的概念可以追溯到 19 世纪末，当时古列尔莫·马可尼（Guglielmo Marconi）成功地在短距离内传输了无线信号[1]。然而，直到 20 世纪中叶，无线通信才发展成为我们今天所感知的技术与业务场景。在无线通信技术发展的历程中，一些关键创新和突破，塑造了这个行业。

---

[1] MARCONI G. Wireless telegraphic communication[J]. Nobel Lecture, 1909, 11: 198-222.

2.1　1G：无线电话的诞生（20 世纪 80 年代前后）

第一代移动通信系统（1G）的无线技术，也称为模拟无线，出现在 20 世纪 80 年代前后，仅提供语音服务。该时代，在不同的国家，存在着多种区域性的移动通信系统，如北美的高级移动电话系统（AMPS）、北欧国家的北欧移动电话（NMT）和英国的全接入通信系统（TACS）。

1G 开启了移动电话时代。其颠覆性的功能是，人们可以在任何有覆盖的地方，给任何人打电话，而不需要电话转接。然而，在实践中，用户数量相当有限，因为"移动"电话价格昂贵、体积很大且重量较重，携带不方便。

第一个 1G 商业无线网络在 1979 年由日本电报电话公司（NTT）在日本推出，覆盖东京的一些都市区域。在此之前，贝尔实验室于 1977 年在芝加哥建设了第一个蜂窝网络，并在 1978 年推出试用。

1G 为模拟信号传输，容量和覆盖范围有限，且没有数据传输能力。不过，1G 在无线通信技术发展的历史上，有着重要的意义。

2.2　2G：数字无线的兴起（20 世纪 90 年代）

20 世纪 90 年代推出的第二代移动通信系统（2G）的无线技术标志着移动通信信号采用数字传输的重大转变。

2G 提供电话、短消息业务（SMS，短信），后来增加了多媒体消息服务（MMS，彩信）。由于数字信号处理技术的突破，收发器更加强大，更加节能，手机变得真正便于携带，并具有出色的通话质量。

当时，世界上占主导地位的 2G 系统是全球移动通信系统（GSM），它首先在欧洲使用，后来在世界各地普及。其他值得提及的 2G 系统是北美的高级移动电话系统（AMPS）和 cdmaOne 系统以及日本的公用数字蜂窝（PDC）。

2G 的高渗透率和广泛的覆盖范围，使人们可以在任何有覆盖的地方方便地打电话和发短信。2G 首次释放了移动电话的潜力并取得了巨大成功，改变了日常生活，以及人与人之间的互动方式。"有事打我手机"成为人们常见的沟通用语，短信业务也取得了爆发式增长。根据中国移动的公开数据[1]，2000 年中国手机短信息量突破 10 亿条；2001 年达到 189 亿条；2004 年，猛涨到 900 亿条。

2.3　2.5G 和 2.75G：3G 的前传（20 世纪 90 年代末）

通用分组无线服务（GPRS），也称为 2.5G，是 2G 蜂窝通信网络全球移动通信系统（GSM）上面向分组的移动数据标准。GPRS 由欧洲电信标准协会（ETSI）建立，后续由第三代合作伙伴计划（3GPP）维护。

在 2G 系统中，GPRS 提供 56～114 kbit/s 的可变数据速率。它通过在 GSM 等系统中使用原本未使用的时分多址（TDMA）信道来提供中等速度的数据传输。具备 GPRS 功能的移动设备在 2001 年前后推出。

增强型数据速率 GSM 演进（EDGE），也称为 2.75G、增强型 GPRS（EGPRS），作为 GSM 的兼容扩展，在 GPRS 的基础上，进一步提高数据速率。EDGE 被认为是一种前 3G 无线技术，是国际电信联盟（ITU）3G 定义的一部分。EDGE 从 2003 年开始在 GSM 网络上部署——最初由美国的 Cingular（现为 AT&T）部署。

通过引入复杂的编码和数据传输方法，EDGE 为每个无线信道提供更高的

---

① 马继华. 拜年短信断崖式暴跌，运营商不悲反喜[EB/OL]. (2016-02-17)[2025-01-14]. 搜狐网站.

比特率，与普通 GSM/GPRS 连接相比，容量和性能提高了三倍。

演进的 EDGE 在 3GPP Rel-7 中继续提供更低的时延和超过一倍的性能提升，例如，对补充高速分组接入（HSPA）的支持。峰值数据率最高可达 1 Mbit/s，典型比特率为 400 kbit/s。

2.5G 和 2.75G 时代横跨 20 世纪 90 年代末至 21 世纪初，引入了更高的数据速率和改进的网络基础设施。这些中间代移动通信技术为第三代移动通信系统（3G）的无线技术奠定了基础。

2.4　3G：宽带无线时代（21 世纪初）

21 世纪初推出的第三代移动通信系统（3G）的无线技术将高速数据传输和多媒体功能带到了新的水平。3G 网络的广泛采用，给用户带来一系列新颖的功能，如快速访问互联网、发送电子邮件和进行视频会议。

3G 各制式中使用的无线接入技术均是码分多址（CDMA），可以更高效地使用频谱。3G 还引入了 Turbo 编码，使得通信链路的容量在逼近香农极限的方向迈出了新的一步。

在世界范围内，3G 系统的制式有所不同。时分同步码分多址（TD-SCDMA）系统主要在中国使用，由中国移动部署和商用，CDMA2000（美国主导的 3G 标准）主要在北美使用，而世界其他国家和地区占主导地位的是通用移动通信系统（UMTS），也称宽带码分多址（WCDMA）。在国内，WCDMA 网络由中国联通部署。

3G 的颠覆性功能是移动互联网，或者移动宽带。然而，移动互联网在 3G 的早期阶段发展不如预期，因为手机没有触摸屏，而且它们的操作系统没有针对移动互联网进行适当的优化。此外，大多数互联网内容并未针对手持设备使用进行优化。换句话说，移动互联网的生态系统还不成熟，用户体验不佳。苹果公司在 2007 年推出了第一代 iPhone，2008 年推出了第二代（iPhone 3G），在一定程度上促进了移动互联网的成熟。iPhone 有触摸屏，有操作系统级别的针对移动互联网的优化，后来又有了丰富多样的移动应用程序生态。触摸屏和移动应用程序颠覆了整个手机行业。移动互联网、触摸屏设备和移动应用程序的黄金时代始于 2010 年前后的 4G 时代。

2.5　3.5G 和 3.75G：4G 的前传（2010 年前后）

3.5G（HSPA）和 3.75G（HSPA+）时代跨越 2005 年至 2010 年，引入了增强的数据速率和改进的网络基础设施。这些中间代为第四代移动通信系统（4G）的无线技术奠定了基础。

在 3G 网络推出后，运营商和用户发现对于多媒体 App，下行速率不足，影响体验。因此，3.5G（HSPA）的演进主要聚焦于下行速率的增强。通过自适应调制与编码、快速重传、快速调度等技术，HSDPA 的数据下载速率最高可达 14.4 Mbit/s，理论上比 3G 技术快 5 倍，比 GPRS 技术快 20 倍。接着，在 Rel-6 版本中又推出了 HSUPA 协议，将上行链路数据速率提高到 5.76 Mbit/s，并且增加容量，减小时延，使得互联网电话（VoIP）等多媒体通信业务体验更好。

3.75G 一般是指 3GPP Rel-7 及其以后的 HSPA+技术。HSPA+技术可实现高达 42.2 Mbit/s 的数据速率。它引入了波束赋形和多输入多输出（MIMO）等天线阵列技术。波束赋形将天线的发射功率聚焦在朝向用户方向的波束中。MIMO 在发送端和接收端使用多个天线。该标准的后续版本引入了双载波操作，即同时使用两个 5 MHz 载波。

通过这些改进，升级了 3G 网络的能力，为 4G 迁移奠定了基础。

2.6　4G：高速无线时代（2010 年前后）

2010 年前后推出的第四代移动通信系统（4G）的无线技术带来了更快的数据速率和改进的网络能力。

4G 的空中接口技术从 3G 的 CDMA 更改为正交频分复用（OFDM）。OFDM 是一种多载波调制技术，它将数据分割到多个子载波，每个子载波承载一部分数据。这些子载波相互正交，彼此之间不会产生干扰，从而实现高效的频谱利用。OFDM 有韧性、灵活性以及对多输入多输出（MIMO）和低复杂度接收器的支持等优势。

不同于 3G 时代的三足鼎立，4G 时代，长期演进（LTE）（Rel-8）是由 3GPP 组织制定的 UMTS 技术标准的长期演进，是全球普遍使用的 4G 系统。LTE 也在后续继续演进，包括 3GPP Rel-10 的 LTE-Advanced（LTE-A）和 Rel-13 的 LTE-A Pro。演进的主要技术组成部分是载波聚合、增强型 MIMO、中继、协调多点（CoMP）传输/接收、双重连接和授权频谱辅助接入（LAA）。LTE 还引入了对车联网（V2X）通信和机器类型通信（MTC）的支持。

移动互联网在 4G 时代蓬勃发展，成为人们日常生活中必不可少的一部分。4G 网络使用户能够访问高清视频流、在线游戏和其他数据密集型应用程序。4G 的主要特点是高速数据传输（高达 100 Mbit/s）、更丰富的网络体验。

2.7　5G：超高速无线时代（21 世纪 20 年代前后）

21 世纪 20 年代前后推出的第五代移动通信系统（5G）的无线技术带来了

前所未有的高速度，以及低时延和大规模连接的能力。

ITU-R 定义了 5G 的三个主要应用领域：增强型移动宽带（eMBB）、超可靠低时延通信（URLLC）和大规模机器类型通信（mMTC），如图 2-1 所示。

2020 年开始部署 eMBB。URLLC 和 mMTC 在大多数地区部署节奏不一。

增强型移动宽带（eMBB）作为 4G LTE 移动宽带服务的升级，具有更快的连接速度、更高的吞吐量和更大的容量。这使体育场、城市和音乐会场馆等流量较大的地区受益。

超可靠低时延通信（URLLC）是指将网络应用于需要不间断且稳定的数据交换的关键任务应用程序。短数据包传输用于满足无线通信网络的可靠性和时延要求。

图 2-1　5G 主要应用领域

大规模机器类型通信（mMTC）用于连接大量设备。5G 技术将连接 500 亿台物联网设备。通过 4G 或 5G 传输的无人机将协助灾难恢复工作，为应急响应人员提供实时数据。

2019 年，基于 3GPP Rel-15 的首批 5G 推出。相较于 4G，5G 更加灵活，更具可扩展性，支持各类新型服务和应用，特别是垂直行业应用。

5G 引入了一个新的核心网络（5G 核心）和一个新的无线接口（5G 新空口，NR）作为接入网络的一部分。5G 核心支持服务化架构（SBA）、软件定义网络（SDN）、网络功能虚拟化（NFV）和网络切片。5G 无线接入网（RAN）的关键技术包括毫米波（mmWave）通信、大规模 MIMO、小基站、基于 OFDM 的灵活传输方案、蜂窝/工业物联网、边缘计算和专用网络。5G 还引入了对非地面网络（NTN）、集成接入和回程（IAB）、NR 位置、免授权 NR、无人机系统（UAS）和 NR 车联网（V2X）的支持。

3GPP Rel-18（5G-A）最具颠覆性的功能是将人工智能/机器学习（AI/ML）引入移动网络。这是移动网络设计中融入智能的转折点。

我们当前处于 5G 时代，其主要特点是超高速数据传输（高达 20 Gbit/s）、低时延（小于 1 ms）的网络连接、海量连接和物联网的使能。一个更加互联和智能的世界，使物联网（IoT）、智慧城市和自动驾驶汽车等应用成为可能。

2.8 5G-A：迈向 6G 的又一步

5G 网络已经在世界上的大部分地区进行了部署。商用的 5G 网络部署和运营提供了关于网络部署和优化的宝贵经验，而新的应用场景和垂直行业的诉求，也驱动 5G 网络向前发展。

5G-A（5G-Advanced，俗称 5.5G），在 2023 年年底冻结的 3GPP Rel-18 标准中首次定义。该版本的一个重要里程碑是 AI/ML 技术的推出，为 5G 网络特别是 RAN 引入了智能功能。其他新功能包括对扩展现实（XR）业务、轻量化（RedCap）NR 终端、网络节能、针对物联网应用的确定性网络的支持。此外，还有对蜂窝连接无人机（UAV）的支持，适用于物联网场景的一些增强特性等。

人工智能（AI）和机器学习（ML）能够利用从无线网络收集的大量数据来解决复杂和非结构化的网络问题。因此，利用基于 AI/ML 的解决方案来提高网络的性能，是适合网络部署和使用场景的解决方案。5G-A 定义了如何优化数据采集的标准化接口，同时将自动化功能（如训练和推理）留给私有实现，以支持网络自动化的灵活性。

扩展现实（XR）是虚拟现实（VR）、增强现实（AR）和混合现实（MR）的总称。在 AR 中，通过使用相应的设备（可以是智能手机或 AR 眼镜上的摄像头），把虚拟信息（包括数据、图像等数字化元素）叠加在现实世界的图景里。而 VR 是指使用者沉浸式地体验完全虚拟的世界。新的 MR 技术则考虑了现实世界和虚拟世界的交互。在 XR 和云游戏等业务中，人机交互或者人与人之间的通信，将基于手持和可穿戴设备完成。

RedCap 终端在 3GPP Rel-17 中首次获得支持，并在 Rel-18 中持续演进，进一步提升了对 5G-A IoT 的支持水平。RedCap 技术为宽带 IoT 应用提供了解决方案，并且可以为像娱乐和交通等细分 IoT 市场提供更经济实惠的终端设备。与早期的基于 4G 的 IoT 技术相比，得益于 5G 对前所未有的宽泛的频段的支持，RedCap 技术在具备 5G NR 技术体系优势的同时还可以提供高度的部署灵活性。通过降低调制解调器的复杂度，RedCap 终端的调制解调器的成本有显著的降低。Rel-17 还对处于无线资源控制（RRC）空闲态和非激活态的 RedCap 终端定义了对"扩展型非连续接收（eDRX）"的支持，可以显著延长寻呼周期，使得 RedCap 终端可以在很长的时间里处于低功耗的睡眠状态，从而节省终端电源消耗。在此基础上，5G-A 进一步降低调制解调器的复杂度，降低要求的峰值数据速率，以及支持更精简的终端侧信号处理流程来优化功耗。

对于现代移动通信网络，伴随着日益增长的业务流量，移动通信网络的功耗呈线性增长，显然这是不可持续的。能量效率一直是移动通信网络系统设计中很重要的一个方面。3GPP Rel-17 和 Rel-18 标准中为此定义了针对终端侧设备的智能睡眠模式，并且在使用载波聚合技术提升容量时，会同时借助较低频段以在不提高发射功率的前提下扩展覆盖范围。在 Rel-18 系列标准中，定义了基站能耗模型、基站能耗的评估方法和关键性能指标，并研究有助于达成网络节能的重点技术领域和潜在技术特性。

关键任务型物联网及其工业应用场景一般都需要低时延的通信。5G 支持基于以太网和因特网协议（IP）的 5G 时间敏感通信（TSC），其中包括通过 UPF（用户平面功能，常用于实现网络切片）进行的 UE 到 UE 通信、时间同步和 5G 时间敏感网络（TSN）集成。后者使 5G 系统逻辑上作为一个或多个可管理的以太网交换机。然而，有些应用需要确定性网络（DetNet）支持，这些应用领域不仅需要有限的 IP 低时延，还需要低时延变化和极低的丢包率。5G-A 在 Rel-18 的版本中，基于 Rel-17 版本中定义的 TSC 框架，增加对 DetNet IP 流的支持。

2.9　5G-A 的新进展

3GPP Rel-18 代表 5G-A 网络标准的开始而不是终结。自 Rel-19 开始，它将继续演进，提高性能，满足部署需求，并探索 6G 的关键技术与业务模式。从 2025 年开始，6G 标准化将在 Rel-20 和 Rel-21 中加速。

延续 Rel-18 的范畴，Rel-19 将在 5G 网络性能、支持新的消费者和企业级别的电信服务、网络节能、AI 赋能的网络自动化等维度进一步增强，并为 6G 打下良好的基础。

2.9.1　高性能 5G 网络

先进的天线系统和大规模 MIMO 是 5G 的基石。Rel-18 引入了几方面的优化。

- 通过 5G 新空口（NR）的多用户 MIMO（MU-MIMO）的改进，上行链路和下行链路的系统容量进一步提升。多用户 MIMO 允许两个或多个移动终端使用相同的时间和频率资源，因此可以充分利用基站的资源，服务于更多的移动终端。

- 通过支持用户驻地设备（CPE）中的多路发射天线，进一步提升固定无线接入（FWA）的数据速率。

- 通过 MIMO 框架的改进，根据用户移动性信息，基站可以在波束赋形方法之间进行自适应转换，提高移动用户的服务质量。

在 Rel-19，预计 MU-MIMO 将继续演进，使更多 UE 能够共享相同的时间和频率资源，以进一步提升容量。大规模 MIMO 将支持超大规模的天线阵列，从而提供更高的增益和更灵活的波束赋形。这将提高链路和网络性能，对

6～7 GHz 范围内的新频段至关重要。

Rel-19 还将包括分布式发射器和接收器的经济高效实现,从而提高信号质量。这是实现完全分布式 MIMO (D-MIMO) 系统的重要一步。其他增强功能包括 5G 波束管理以及 UE 发起的测量报告,从而加快波束选择速度。

与 MIMO 一样,移动性是高性能 5G 网络的核心。在 5G-A 中,3GPP 引入了一种新切换流程,称为层 1/层 2 触发的移动性(LTM),相比于传统的基于层 3 测量和 RRC 信令的移动性,可以减少切换时的服务中断时间。LTM 适用于所有频段,并且也可以应用于使用载波聚合的 UE。在 Rel-18 中,仅支持一个 5G 基站(gNodeB,gNB)的不同小区之间的 LTM。在 Rel-19 中,LTM 可以支持不同 gNB 的小区之间的切换。Rel-19 还将探索使用 AI/ML 来提高移动性。例如,AI/ML 可用于预测未来最佳服务小区。

2.9.2 新业务场景支持

5G-A 增强了对多种新的消费者和企业服务的支持。例如,云游戏、扩展现实、室内定位和工业传感器网络。

第一个场景是增强对于扩展现实的支持。

扩展现实(XR)涵盖虚拟现实(VR)、增强现实(AR)和云游戏等广泛应用领域的用例。不同类型的 XR 都有严格的时延要求,也就是最大值和波动范围都尽量小。此外,终端设备的外形尺寸越来越小,如果没有硬件技术的突破,可用功率和计算资源就会越来越少,这将带来对省电和时延的更大挑战。

为了满足严格的时延要求,3GPP 与因特网工程任务组(IETF)两个行业标准组织合作,在 5G 网络中引入了低时延低损耗可扩展吞吐量(L4S)机制[1]。L4S 是显式拥塞通知(ECN)的演进,通过用户面快速向应用程序汇报拥塞情况,方便应用层的速率适配。

---

① DE SCHEPPER K, BAGNULO M, WHITE G. RFC 9330: Low Latency, Low Loss, and Scalable Throughput (L4S) Internet Service: Architecture[J]. IETF, 2023. DOI: 10.17487/RFC9330.

在自 GPRS 以来的传统移动网络中，QoS 控制机制一直基于流和数据包的概念。然而，这种调度机制没有考虑数据包之间的关系，而这一特性对于像 XR 等交互式媒体服务尤为重要，因为媒体层的一个单元通常需要通过多个数据包进行传送。此外，即使它们在同一个流中，不同的"媒体单元"对用户体验的贡献也可能不同。因此，Rel-18 引入了媒体单元（Media Unit）的抽象概念，它由一组数据包组成。为了支持上述媒体单元（如帧或视频切片）的集成和差异化传输，引入了"协议数据单元集合"（PDU Set）概念来表示携带媒体单元的数据包集合。这使得接入网可以执行主动队列管理（AQM），在丢弃数据包的同时，最大限度地减少对体验质量的影响。

在 3GPP Rel-18，5G 无线接入网（RAN）和核心网侧都针对 XR 场景提供了增强功能。通过帧级别 QoS、多流（Multi-streams）等功能，RAN 可感知应用程序，更好地满足严格的时延要求。

Rel-19 将继续从容量和能效两方面增强对 XR 的支持。包时延信息可用来提升上下行调度，从而提高 XR 容量。利用未使用的测量间隙进行数据传输，可减少测量间隙对数据速率的影响。

第二个场景是增强室内和室外的定位能力。

定位是移动通信系统提供的一项基本能力。AI 和 ML 为提升特定场景的定位性能提供了新的可能性。Rel-18 研究了使用 AI/ML 来提高基于 5G 的定位精度，这对于室内环境更有价值。因为在室内，如在工厂或办公室中，可能无法使用基于卫星的全球定位系统（如 GPS）。3GPP 研究项目的重点是使用 AI 识别 gNB 和 UE 之间的视线线路（LoS），因为在视距条件下的定位可提供高精度。

基于 Rel-18 的研究项目，3GPP 将在 Rel-19（预计于 2025 年 12 月完成）中标准化 AI/ML 驱动的定位，以提高定位精度。

第三个场景是对轻量级物联网的支持。

Rel-17 引入了低复杂度的 NR 轻量化（RedCap）终端，有助于降低设备价格，支持工业无线传感器网络、可穿戴设备和无线摄像头。RedCap 终端可以仅配备单个接收通道，以支持更小尺寸的可穿戴设备。

Rel-18 规定了较低的峰值数据速率 10 Mbit/s。数据速率的降低进一步降低了 RedCap 终端的复杂度。RedCap 支持卫星通信的能力可能会涵盖在 Rel-19 标准中，以实现真正泛在的 NR IoT 覆盖。

省电对于物联网设备非常重要。在 Rel-18 中，低功耗唤醒信号（LP-WUS）和低功耗、低成本唤醒接收器（WUR）作为研究项目立项。唤醒接收器可以接收低功耗唤醒信号，并检测到该信号存在时唤醒设备中的主接收器。Rel-19 的标准将正式支持 LP-WUS 和 WUR。

第四个场景是对非地面网络的支持。

在 Rel-17 中，NR 经过优化，可以支持非地面网络（NTN）中的卫星通信。Rel-18 包括 NR NTN 上行链路覆盖增强功能，以促进稳定可靠的语音和消息连接。为了实现地面和非地面网络之间更紧密地集成，Rel-18 中增强了这两种网络拓扑之间的移动性过程。

NR NTN 演进将在 Rel-19 中持续进行：

- 提升卫星的下行覆盖；

- 3GPP 将研究是否需要对 5G 架构进行改变才能在卫星上安装完整的 gNB；

- 将引入高输出功率的终端；

- 支持在第三个场景中提到的 RedCap 终端。

2.9.3　网络节能

5G 在设计之初就定位于满足日益增长的流量需求，并同时满足设备和网络的可持续性目标。根据 GSMA 的研究报告，运营商的运营成本中，约 23% 是移动网络的能源成本。随着 5G-A 网络的推出，网络节能受到了越来越多的关注。

Rel-18 NR 网络节能始于 3GPP RAN1 工作组的一项研究项目，随后转为工作项目。在研究项目期间，该工作组定义了基站能耗模型以及必要的评估方法和 KPI。利用该模型和评估方法，该工作组研究并评估了时间、频率、空间和功率域中的各种技术。根据研究项目的结果，在工作项目阶段，该工作组的重点是指定了空间/功率域中的网络节能增强以及小区非连续发射/非连续接收（DTX/DRX）的增强。

Rel-18 包含爱立信公司提出的网络能耗模型，以及华为公司提出的基于"零比特，零瓦特（0 Bit 0 Watt）"理念的基站节能标准。

网络能耗模型能够反映基站打开/关闭选定部件（如天线、功放）对能耗的不同影响，以识别提高网络能效的更好方案。

在 Rel-18 的基础上，Rel-19 将进一步引入额外的节能功能，包括：

- 在辅助小区中按需传输同步信号块（SSB）；
- 按需面向空闲态 UE 的 SIB1[①]传输。

这两种技术都基于新的按需传输的触发机制。

此外，在 Rel-18 中也包括 AI/ML 能否用于网络节能的相关研究。

2.9.4　智能的网络自动化

自 Rel-18 开始，AI/ML 逐步成为 5G 网络的关键特性，其应用范围广泛，从网络规划、网络运营优化到全网络自动化。另一个重要的应用是使用 AI/ML 来改善 5G 空中接口的性能和功能。

Rel-18 中关于 AI/ML 的研究工作，集中在 RAN 增强和物理层增强两个领域。

---

① 系统信息块（System Information Block #1），由网络发送，携带网络信息，以及是否允许终端访问网络等信息。

在 RAN 增强领域，主要在三个用例场景探索 AI 的使用方式和价值：AI 驱动的网络节能、负载均衡、移动性优化。其实现路径是基于现有的 NG-RAN 网络架构和网元接口，定义数据收集的方式和信令面（如 UE 到 gNB 无线接口、gNB 之间的 Xn 接口）增强方案，以支持 AI 的应用。

针对新用例的研究在 Rel-19 中进行。一个新的用例是 AI 辅助的基于波束赋形的动态小区，也可以说是 AI 辅助的小区覆盖和容量优化。

在物理层增强领域，主要研究如何通过 AI/ML 来提升 5G 空口的功能和性能。研究也包含三个用例场景：定位、波束管理、信道状态信息（CSI）上报。对于每个用例，3GPP RAN 工作组研究了基于 AI/ML 的算法增强空中接口的优势，如提高性能或降低开销。此外，该工作组还对 AI/ML 框架进行了广泛的研究，包括定义 AI/ML 相关算法的各个阶段、UE 和 gNB 之间的各种协作级别、生命周期管理和必要的数据集。这项工作为未来 AI/ML 的规范工作和其他用例的进一步研究奠定了基础。

基于 Rel-18 研究的结论，Rel-19 将定义一个通用的 AI/ML 框架，并定义上述三种用例的具体标准规范。Rel-19 还将探索 AI/ML 空中接口的新领域，如移动性改进和与 AI/ML 相关的模型训练、模型管理和全球 5G 数据收集。

在 Rel-19 的时间范围内（2024 年 2 月启动，预计 2025 年底冻结），6G 的用例和服务要求的研究项目主要由 3GPP 服务和系统方面工作组（3GPP SA1）负责。随后的 Rel-20（2027 年下半年开始）将深入研究 6G 无线接入网设计。Rel-21（预计 2027 年中启动）将标准化 6G 无线接入网，为 2030 年 6G 商用发布做准备。

Rel-19 的技术研究和标准制定仍在进程中，作为从 5G-A 到 6G 的桥梁，很多研究项目将转化为 6G 标准，引领行业发展。

XR 将逐步演变成人机交互的沉浸式通信，并提出 6G 的新要求，以提供更好的用户体验。AI/ML 将发挥重要作用，预计将成为重要的 6G 构建模块。

5G-A 中的网络能效增强将为 6G 时代的可持续网络设计提供基准。

Rel-18 和 Rel-19 中引入的 D-MIMO 解决方案将引领 6G 的 D-MIMO。

此外，Rel-19 中将有两项研究课题侧重于信道建模，为未来的工作奠定基础。

一是对无线通信与射频传感相结合的通信感知一体化（ISAC）的信道建模进行研究。Rel-19 将研究适合感知各种物体（包括车辆、无人机和人）的信道特性。二是验证中高频段频谱（7～24 GHz）范围内的 3GPP 信道模型，尤其是研究厘米波范围内新的 6G 频谱，有希望实现基于该频段的广域覆盖。

各代移动通信系统简表如表 2-1 所示。回顾从 1G 到 5G-A 的历史进程不难发现，在无线通信的历史上，每一代移动通信都带来了重要的创新和突破。从最初的模拟无线网络到最新的 5G 技术，每一代都建立在上一代的基础上，实现了更快的数据速率、改进的网络功能和新的应用。

表 2-1 各代移动通信系统简表

时间及特性	1G	2G	3G	4G	5G	6G
发布时间	20 世纪 80 年代	20 世纪 90 年代	21 世纪初期	2010 年前后	21 世纪 20 年代	约 21 世纪 30 年代
主要技术	模拟	数字（GSM，CDMA）	数字（UMTS，CDMA2000）	LTE，WiMax	NR（New Radio，新空口）	NR 增强
数据速率	非常慢（kbit/s 级）	慢（kbit/s 级～Mbit/s 级）	中等（Mbit/s 级）	高（Mbit/s 级～Gbit/s 级）	非常高（Gbit/s 级）	特别高（Tbit/s 级）
时延	高（1000+ ms）	中等（100～500 ms）	低（50～100 ms）	非常低（10～50 ms）	特别低（1～10 ms）	预期更低
频谱	窄带	窄带	宽带	宽带	宽带	宽带
连接密度	低	中等	高	非常高	特别高	预期更高
关键特性	语音呼叫	短信（SMS）	移动互联网	LTE，VoIP	IoT，低时延，高带宽	待定，预期为增强 IoT，AI 集成
标准制式	AMPS	GSM，CDMA	UMTS，CDMA2000	LTE，WiMax	5G NR	预期增强 5G NR

随着我们向前迈进，必须继续突破无线技术的界限，以满足快速变化的世界日益增长的需求。

第 3 章

6G 的愿景与驱动力

6G 将进一步改变人们的生活、交流和工作方式。

随着世界的不断发展和技术的进步，对更快、更可靠、更高效的无线通信系统的需求也在不断增长。4G 时代的典型应用是即时通信，让人们有了更多的社交渠道。5G 时代的典型应用是物联网，使人们能够利用来自机器和传感器的数据。下一代无线通信系统——6G 有望实现物理世界和数字世界的融合，进一步改变我们的生活、工作和互动方式。在本章中，我们将探讨 6G 的愿景、其潜在用例，并且塑造无线通信未来的场景。

联合国可持续发展目标（UN SDGs）是所有联合国成员国于 2015 年在巴黎会议上通过的 17 个目标[①]，作为 2030 年可持续发展议程的一部分。这 17 个目标进一步细化为 169 个具体目标，以及大量从不同成员国的角度定义的指标。

这 17 个目标按照可持续发展的三个维度分组，如图 3-1 所示，其中 4 个涉及环境（6、13、14 和 15），8 个涉及社会（1、2、3、4、5、7、11 和 16），4 个涉及经济（8、9、10 和 12）。第 17 个目标将上述目标联系在一起，即"为实现目标而建立伙伴关系"。

国际电信联盟 2023 年无线电通信全会（RA-23）在阿拉伯联合酋长国迪拜举行的会议上正式批准了《ITU-R M.2160 建议书》，也就是"国际移动通信（IMT）-2030 框架"或称"6G 总体框架"。

国际电信联盟指出，制定 IMT-2030（6G）的愿景是建设一个更具包容性

---

① SDG U N. United Nations Sustainable Development Goals[C]. New York: SDG, 2015.

的信息社会，为支持联合国可持续发展目标（UN SDGs）做出贡献。

环境	社会	经济
• 6 清洁饮水和卫生设施 • 13 气候行动 • 14 海洋生物 • 15 陆地生态系统	• 1 消除贫困 • 2 零饥饿 • 3 健康和福祉 • 4 优质教育 • 5 性别平等 • 7 可负担的清洁能源 • 11 可持续的城市和社区 • 16 和平、正义和强大的机构	• 8 体面工作和经济增长 • 9 产业、创新和基础设施 • 10 减少不平等 • 12 负责任的消费和生产

图 3-1　联合国可持续发展目标

6G 有望实现以下目标。

- 包容性：尽最大努力，确保每个人都能负担得起，获得所需的网络连接，进一步弥合数字鸿沟。

- 无处不在的连接：在"连接尚未连接的用户"方面，6G 预计将使人们可以负担连接的费用，至少包括覆盖范围更广的基本宽带服务，在人烟稀少地区也可以提供服务。

- 可持续性：确保符合环境、经济和社会可持续性发展的要求。6G 将建立在高能源效率、低功耗、温室气体减少排放和循环经济模式的基础上，以应对气候变化，并为实现当前和未来的可持续发展目标做出贡献。

- 创新：利用促进连通性、生产力和资源高效管理的技术促进创新。这些技术进步将改善用户体验，并积极改变世界各地的经济和生活。

- 增强的安全性和韧性：6G 在设计上有望确保安全。预计它有能力应对破坏性事件（无论是自然事件还是人为事件），持续运行或迅速恢复。在设计、部署和运行 6G 时，将安全性和韧性作为关键考虑因素，对于实现更广泛的社会和经济目标至关重要。

- 标准化和互操作性：6G 的接口设计以透明、标准化和互操作性为目标，确保网络的不同部分，无论是来自相同还是不同的供应商，作为一个功能完备且可互操作的系统协同工作。

- 互联互通：6G 有望通过与非地面网络（NTN）、现存国际移动通信（IMT）系统和其他非 IMT 系统的紧密互通来向用户提供服务连续性和灵活性。IMT-2030 还有望支持从现有 IMT 系统的平稳迁移，其中包括支持与 IMT-2020 和 IMT-Advanced 设备的连接，这将有利于包容性。

IMT-2030 并非凭空出现，它以 IMT-2000、IMT-Advanced 和 IMT-2020 等一系列通信系统的国际标准为基础。这些标准由国际电信联盟中主要负责无线电通信的部门（ITU-R）定义。

早在 1999 年，ITU 就定义了 IMT-2000 系列标准，规范了通过一条或多条无线电链路连接固定电信网络，如公用电话交换网（PSTN）、Internet（因特网）和其他电信业务的接入方式。M.1457 建议书为 IMT-2000 提供了详细的无线接口规格。

IMT-2000 定义了 CDMA2000、WCDMA、TD-SCDMA、EDGE 等 5 种无线接口规格，映射到从 2.5G 到 3G 的多种国际标准、行业标准。

IMT-2000 标准要求，移动站（指手机等可移动终端）的峰值数据速率应达到 384 kbit/s，固定站的峰值数据速率相应要达到 2 Mbit/s。

自 2000 年以来，IMT-2000 不断演进。

IMT-Advanced 移动系统，通常称为 4G，可以支持各种服务和平台上的高质量多媒体应用。与 IMT-2000 相比，该系统在性能和质量有了显著的改进与提高。根据用户和服务需求，IMT-Advanced 可以在从低到高的移动性条件下运行，也可以在多用户环境中的宽数据速率范围内运行。ITU-R M.2012 建议书提供了 IMT-Advanced 的详细无线接口规范。

IMT-2020 是对 IMT-2000 和 IMT-Advanced 功能的进一步增强。这些新功

能使 IMT 系统更加高效、快速、灵活和可靠。IMT-2020 引入了增强型移动宽带（eMBB）、超可靠低时延通信（URLLC）和大规模机器类型通信（mMTC）等多样化的使用场景。除了显著提高 IMT-Advanced 提供的数据速率和移动性外，IMT-2020 具备频谱效率、时延、可靠性、连接密度、能效和区域话务容量等维度的优势，以有效支持新兴的使用场景和应用。ITU-R M.2150 建议书提供了 IMT-2020 的详细无线接口规范。

ITU-R 还研究了 IMT-Advanced 和 IMT-2020 相关的无线通信的技术趋势，并在 ITU-R M.2038 和 ITU-R M.2320 报告中发布。自 2014 年 ITU-R M.2320 报告发布以来，IMT 技术和 IMT 系统的部署都取得了重大进展，并最终体现在 ITU-R M.2160 建议书中。

3.1　用户和业务场景趋势

IMT-2030（6G）的应用和服务有望将人类、机器和其他各种事物连接在一起。随着人机界面、交互式高分辨率视频系统[如扩展现实（XR）显示器]、触觉传感器和执行器以及多感官（听觉、视觉、触觉或手势）界面的进步，IMT-2030 预计将为人们提供虚拟生成场景或远程真实场景的身临其境的体验（沉浸式体验）。另外，由于机器感知、机器交互以及人工智能（AI）方面的进步，机器有望变得更智能、更自主、反应更灵敏和精确。在物理世界中，人类和机器将不断互动，通过大量先进的传感器和人工智能，与扩展现实世界的数字世界协同工作。这样的数字世界不仅复制了现实世界，还通过为人类提供虚拟体验以及为机器提供计算和控制能力，来影响现实世界。

IMT-2030 有望将传感和人工智能相关能力整合到通信中，并作为基础设施，实现新的应用趋势。IMT-2030 将提供广泛的用例，同时继续提供语音等基本通信功能。此外，IMT-2030 预计将推动下一波数字经济增长，以及可持续的深远社会变革、数字平等和普遍连接。IMT-2030 也将进一步增强安全性和韧性。

3.1.1　泛在智能

随着人工智能技术，特别是深度学习等技术的高速发展和快速普及，人们期望智能和通信系统更多、更好地融合，以支持智慧城市和社区的建设。6G 的联网设备可能会具有完全的上下文感知能力，从而在人、机器和环境之间实现更直观、更高效的交互。在某种程度上，人工智能可能对网络进行自主管理，也可能在没有人为干预的情况下进行自我监控、自我组织、自我优化和自我修复。甚至空中接口的数据传输也可能使用人工智能模型优化和增强。

IMT-2030 作为人工智能赋能的基础设施，为智能应用提供服务。人工智能支持的空中接口以及分布式计算和智能，有潜力实现端到端的人工智能应用能力以及通信和计算的融合。这些系统将具有推理、模型训练、模型部署以及分布在网络和设备上的计算功能。

3.1.2　泛在计算

除了泛在智能外，数据计算资源的泛在使用也将在 IMT-2030 中增强。新趋势包括将网络基础设施中的数据处理扩展到更接近数据源的网络、云和设备，以及支持在整个 IMT-2030 中普及泛在智能。这种趋势也有助于改进需要实时响应和数据传输的应用场景。IMT-2030 的泛在计算，有望实现资源的更有效利用，工作负载的最佳布置，以及扩展和管理运行应用程序的基础设施。

3.1.3　身临其境的多媒体和多感官互动

IMT-2030 使能的多媒体通信和以人为中心的通信，有望通过多感官交互和物理世界与数字世界的深度融合，提供沉浸式体验，如实时交互式视频体验、个性化的扩展现实体验。除了这些趋势之外，全息远程呈现可能应用于远程工作、社交互动、娱乐、远程教育、远程现场表演等方面。

新的人机界面可能诞生，实现沉浸式和智能交互，并保持远程控制。例如，机器人的远程操作和交互，利用边缘云计算资源和人工智能来提供触觉互联网和环境感知。

3.1.4　数字孪生和虚拟世界

IMT-2030 有望将物理世界复制为数字虚拟世界，作为精确的实时表示或数字孪生。如 ITU-T Y.4600 建议书所述，数字孪生是相关对象的数字表示，根据具体的应用领域，可能需要不同的功能，如实物与其数字表示之间的同步和实时操作支持。数字孪生有可能为物理资产、资源、环境、态势的建模、管理、监控、分析和模拟提供泛在的工具和知识平台。

数字孪生利用先进的技术，可以将通信与人工智能、传感和计算相结合，还可以将数字世界与物理世界同步，并连接数字副本的各个部件。数字孪生不仅有望复制，而且可以通过为人类提供虚拟体验的数字地图和为机器提供计算控制来影响物理世界。数字孪生有望助力医疗保健、工业、农业和建筑业在内的多个行业发展。

3.1.5　智能工业应用

未来，用于智能工业应用的 IMT-2030 可以支持实时地交换信息和协作，以实现资源和能源的更有效利用、制造流程优化、自动化产品交付等。工业应用需要连接到具有极其可靠和低时延连接的智能设备，并具备高度准确的环境感知（如精确的地理位置），以实现泛在的实时性信息采集、共享、智能控制、反馈。

传感支持的 3D 测量和环境建模在工业用途中也有应用。

3.1.6　数字健康和福祉

IMT-2030 有望进一步为改善数字健康和福祉提供服务做出贡献。例如，在 COVID-19 流行期间，许多国家有效地使用了数字健康服务。根据世界卫生组织（WHO）的定义，数字健康①是指与开发和使用数字技术改善健康状况相关的知识和实践领域。数字健康扩展了电子健康的概念，将数字消费者、更广泛的智能设备和联网设备包括在内。它还包括数字技术在健康领域的其他应用，如物联网、人工智能、大数据和机器人技术。

通过利用人工智能、边缘计算、泛在连接、多感官通信、定位和传感相关能力，IMT-2030 有望促进数字健康服务，包括交互式和远程监测、远程诊断、远程医疗援助（包括远程连接的救护车）、远程康复、数字临床试验和远程医疗。预计在 6G 时代，可穿戴设备和身体传感器的连接数量将显著增加，数字健康服务更加普及。随着低功耗连接技术的进一步发展，这些泛在的数字健康设备甚至有望在不需要电池的情况下运行。

3.1.7　泛在连接

泛在的连通性对于用户至关重要，例如，帮助其获得教育、卫生、农业、运输、物流服务和商业机会等。IMT-2030 有望通过有效的方式连接尚未连接和缺乏足够连接的地区，解决连接性、覆盖范围、容量、数据速率和终端移动性方面的挑战，弥合数字鸿沟，为实现联合国可持续发展目标做出贡献。

IMT-2030 预计将继续支持泛在连接及其演进，有效连接农村和偏远社区，进一步扩展到人口稀少的地区，并保持不同地点之间用户体验的一致性，增强人口密集市区的室内覆盖，为所有人提供数字包容性。

3.1.8　传感和通信的集成

在 IMT-2030 中，传感和通信的集成，有时称为"通感一体化"，是更多用例和应用场景的关键推动因素。此外，对物理环境的感知，结合人工智能，可以进一步增强态势感知能力，如自动驾驶场景的感知和判断。

---

① MATHEWS S C, MCSHEA M J, HANLEY C L, et al. Digital health: a path to validation[J]. NPJ digital medicine, 2019, 2(1): 38.

通过传感和通信的集成，可以在保持安全的同时感知信息，在某些环境中以分布式方式跨网络通信，以提供特定的服务。传感将支持各种创新应用，如设备和物体的高精度定位、用于自动化及安全驾驶/运输的高分辨率和实时 3D 映射、数字孪生和工业自动化。其他场景包括人类行为识别（如手势识别）、个人健康状况监控、运动表现分析、环境监测和材料检测。

3.1.9　可持续性

可持续性是未来 IMT 系统的基本愿景之一。IMT-2030 有望提高环境、社会和经济可持续性，并落实《联合国气候变化框架公约》的巴黎协定的相关决策要求。IMT-2030 的实施，旨在实现尽可能小的环境影响，并通过最小化电力消耗、有效使用能源和减少温室气体排放来高效利用资源。6G 可以利用循环经济原则，有助于保留资产价值，促进资源回收和再利用，并提供重复使用、修复能力，增加回收方式，延长使用寿命。此外，IMT-2030 可以更高效地部署和运行，从而提高环境可持续性，支持社会可持续性。

除了自身对环境的影响外，IMT-2030 还有望通过促进数字化转型，为其他行业"节能减排"，减少对环境的影响。

3.2　技术驱动力

ITU-R M.2516 建议书面向 2030 年及以后的未来，广泛展望了地面 IMT 系统的未来技术，并介绍了关键的新兴业务、应用趋势和相关驱动因素。

预计 IMT-2030 将需要新的 AI 原生空中接口，使用经过验证的 AI 来增强无线接口功能的性能，如符号检测/解码、信道估计等。适当的 AI 原生无线网络将实现自动化和智能化的网络服务，如智能数据感知、按需能力供应等。支持适用的 AI 服务的无线网络将是设计 IMT 技术以服务于各种 AI 应用的基础。拟议的方向包括以按需上行链路/侧行链路为中心的架构、深度边缘计算和分布式机器学习。

IMT-2030 系统中的通感一体化功能将会提供更好的能力，实现创新的服务和应用，并提供具有更高传感精度的解决方案。当它与 AI、网络协作和多节点协同传感等技术相结合时，它将提高性能，降低通信和传感两个系统的总成本，以及硬件尺寸和功耗。

计算服务和数据服务有望成为 IMT-2030 系统不可或缺的组成部分。预计它包括在靠近数据源的网络边缘处理数据，以实现实时响应、低数据传输成本、高能效和扩展设备计算能力，从而实现高级应用计算工作负载。

具有极高吞吐量、超高精度定位和低时延的设备间无线通信将是 IMT-2030 的重要通信范式。可以考虑采用太赫兹（THz）、超高精度侧行链路（Sidelink）定位和增强型终端降功耗等技术来支持新的应用。

和当前的 IMT 系统一样，预计 IMT-2030 系统将继续混合使用不同频段，但可能具有更大的带宽和更高的工作频率。通过先进的载波聚合（CA）和分布式小区部署等技术，以及频谱共享技术和更宽频谱的利用技术，可以进一步提高频谱利用率。

IMT-2030 技术从用户设备和网络的角度，更多地考虑能源效率和低功耗。有前途的技术包括能量收集、反向散射通信、按需接入等。

为了实现极低时延的实时通信，两个基本技术组件在考虑中：在地面网络中共享的准确时间和频率信息，以及细粒度和主动式的准时无线接入。

在允许通过网络实体合法交换敏感信息时，需要确保安全性和韧性。增强安全性的潜在技术包括可以用于无线接入网（RAN）的技术，如量子通信技术和物理层安全技术，以及应用层安全技术，如分布式账本技术、差分隐私和联邦学习等。

3.2.1　增强无线接口的技术

IMT-2030（6G）采用更高的频段，需要采用新的更先进的调制方法来克服高频射频障碍，以实现更好的性能。还需要使用更高级的编码方案，如极化码的高级版本、低密度奇偶校验码（LDPC）和其他编码方案。先进的波形设计（正交、双正交、非正交方法），有利于保证在特定场景中实现理想的性能。对于多址接入，预计将包括非正交多址接入（NOMA）和免授权多址接入在内的技术，以满足 6G 的需求。

超维度 MIMO（E-MIMO）将包括一些新设施的部署：新型天线阵列、更大规模的天线阵列、分布式机制和人工智能辅助。目标是实现更好的频谱效率、更大的网络覆盖、更精确的定位、更准确的感知、更高的能效等。

设备和网络中的自干扰消除（SIC）技术将在未来移动通信中实现带内全双工，从而提高频谱效率并抑制同地的异构系统之间的干扰，特别是对于大功率和大规模 MIMO 场景。

智能超表面（RIS）、全息无线电（HR）和轨道角动量（OAM）等技术是提高性能并克服传统波束空间天线阵列波束赋形挑战的潜在技术。

6G 将探索使用适当的频率资源通信，推动许多未来用例（如具有极高数据速率、低时延、高分辨率传感、高精度定位的用例）的达成。

通过超宽带宽和 E-MIMO（毫米波或 THz 频段），以及载波相位定位（基于蜂窝信号、AI/ML 定位技术、融合数据通信和设备定位，英文缩写 CPP），可以支持超高精度的定位。

3.2.2　增强无线网络的技术

无线接入网（RAN）切片允许在共享的物理基础设施上创建多个独立的逻辑网络。5G 中的网络切片技术，通过差异化的网络服务和性能保证，为消费者和企业提供了创新的服务。IMT-2030 中，网络切片技术将继续演进，以满足应用程序、服务、客户或网络运营商的特定需求。

为了满足用户更高的服务质量（QoS）要求，6G 网络在 QoS 供应方面需要更具有弹性和动态性（例如，以用户为中心，面向服务的架构，QoS 保障，用户体验一致）。可以考虑服务质量保障机制、确定性 RAN 等技术。

RAN 架构将进一步简化，以实现能力更强、在 IMT-2030 系统中即插即用的目标。可能的实现路径包括："数据、运营、信息和通信技术"（DOICT）的进一步发展、融合驱动的 RAN 架构、原生 AI 驱动的 RAN 功能、更薄或更轻的协议栈设计、RAN 节点合作和聚合、以用户为中心的网络（UCN）架构等。

通过物理孪生网络和虚拟孪生网络之间的实时交互式映射，数字孪生网络（DTN）可以高效、智能地验证、仿真、部署和管理 IMT 2030 网络。

IMT-2030 地面网络与非地面网络（NTN）的互通，包括卫星通信、作为 IMT 基站（HIBS）的高空平台站，有望实现所需的连通性目标。

超密集网络（UDN）可通过发射-接收点（TRxP）的密集化实现。发射-接收点一般是具有一个或者多个天线元件的天线阵列，一个基站（gNB）可以添加多个 TRxP。这种部署方式可能进一步满足数据速率、连接密度、能源效率、频谱效率、区域业务容量、覆盖范围等指标要求。

可信数据存储和安全共享等新技术将在透明度、可靠性和快速响应方面增强 RAN 基础设施的共享。

3.2.3　新的频谱范围

IMT 系统的场景复杂，没有一个单一的频段可以满足部署要求。IMT-2030 更是如此。在不同的国家和地区，移动网络的部署时间、采用的频段、覆盖范围、提供的速率也存在显著的差异。

毫无疑问，IMT-2030 与以前的 IMT 系统类似，将使用多频段部署。因此，对增强共存和频谱共享方法（包括技术方面）的深入研究和开发也在进行中。

IMT-2030 将使用新的频谱来提高数据速率、容量，支持新应用场景并提供新功能。因此，预计 IMT-2030 的频谱范围将涵盖 1 GHz 以下及 100 GHz 以上的广泛频段。低频段对于实现全国覆盖，特别是解决数字鸿沟和扩大室内深度覆盖将继续发挥关键作用。中频段在广域覆盖和容量之间提供了平衡。

频谱协调的好处包括促进规模经济、实现全球漫游、降低设备设计的复杂性、提高频谱效率，减少可能的跨境干扰。统一 IMT 的频谱可以增加设备的通用性，实现设备的可负担性，从而促进数字包容性。

利用 100 GHz 以上频段的技术可行性研究尚在进行中。

高数据速率和低时延的新用例和应用对数十吉赫的连续带宽有明确诉求。因此，有必要考虑使用 92 GHz 以上的更高频段。

在不同的环境（如室外、城市和室内办公室）条件下，在 100 GHz 以上的频段中，科研人员正在开展一系列传播测量与研究活动。ITU-R 组织发布了一份关于 IMT 技术在 100 GHz 以上频段的技术可行性报告（M.2541），其包括覆盖范围、链路预算、移动性、带宽影响以及支持 IMT 新用例所需的能力。

需要对使能天线和半导体技术，包括智能超表面（RIS）在内的材料技术、MIMO 和波束赋形技术进一步研究，以克服在 92 GHz 以上频段运行的主要挑战，如发射功率有限、传播损耗高导致的传播环境损失和阻塞。

鉴于 92 GHz 以上频段的大带宽和高衰减特性，一些典型的用例包括室内/室外热点、通信感知一体化、侧行链路、灵活的无线回程和前向回程等。

截至 2024 年底，相关的无线电波传播评估、测量和技术研究表明，利用 92 GHz 以上的频段对于 IMT 部署方案具备可行性，可以考虑用于开发 IMT-2030。

3.3　6G 的能力和业务目标

2023 年 11 月的国际电联无线电通信大会（RA-23）[①]同意将"IMT-2030"作为最新一代国际移动通信的技术参考，并更新了 2030 年及以后 IMT

---

① ITU. Book of ITU-R Resolutions Radiocommunication Assembly (RA-23)[EB/OL]. (2023-11-17)[2025-01-14]. ITU 官网.

未来发展的原则（ITU-R 第 65 号决议）。

国际电信联盟秘书长多琳·伯格丹·马丁在会议中表示："移动通信是确保实现人人有效连接的核心。通过就 6G 的发展方向达成一致，国际电联成员国朝着确保技术进步与可负担性、安全性和韧性迈出了重要一步，支持各地的可持续发展和数字化转型。"

IMT-2030 还有望帮助满足日益增长的环境、社会和经济可持续性需求，并支持《联合国气候变化框架公约》下的巴黎协定目标[①]。

ITU-R M.2083 建议书描述了 IMT-2020（5G）的重点功能，如图 3-2 所示。

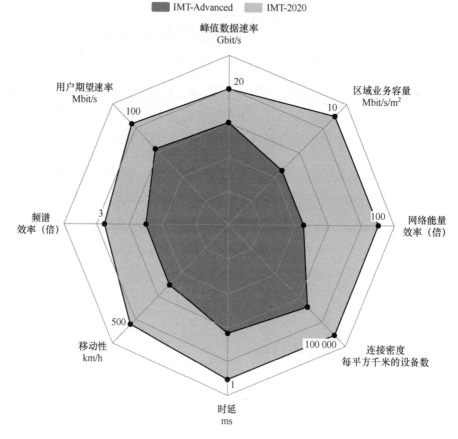

图 3-2　IMT-2020 的重点功能

---

① ITU. IMT towards 2030 and beyond (IMT-2030)[EB/OL]. (2023-11-17)[2025-01-18]. ITU 官网.

在 IMT-2020 功能的基础上，IMT-2030 框架确定了 6G 技术的 15 项功能。图 3-3 中各个能力值的范围是 IMT-2030 经调查研究后给出的预估目标，后续的 ITU-R 建议书或报告可能会在这个范围内，为每种场景给出具体值。

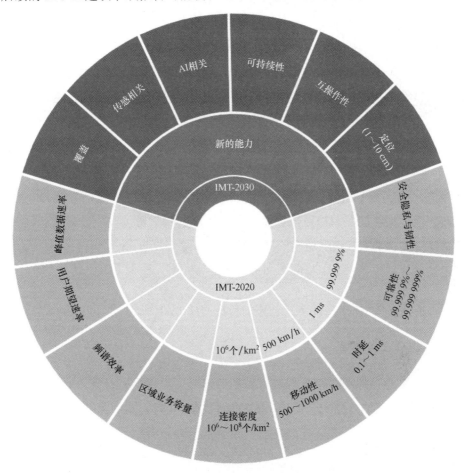

图 3-3　IMT-2030（6G）框架 15 项功能

3.3.1　6G 的增强功能

在 6G 的 15 项功能中，9 项是现有 5G 功能的增强。

1．峰值数据速率

峰值数据速率是指在理想条件下，可实现的最大数据速率。

显然，IMT-2030 的峰值数据速率，在多数场景应大于 IMT-2020（ITU-R M.2083 定义为 20 Gbit/s）。IMT-2030 针对不同的使用场景，初步定义了 50 Gbit/s、100 Gbit/s、200 Gbit/s 等数据速率。其他数据速率选择也在评估中。

2．用户期望速率

用户期望速率是指实际可实现的数据速率，可在整个覆盖区域内以该速率提供给移动设备。IMT-2020 定义为 100 Mbit/s。IMT-2030 初步选择 300 Mbit/s 和 500 Mbit/s 两个值。实际场景提供的能力是否能够超过这些值，尚在探索阶段。

3．频谱效率

频谱效率是指每单位频谱资源和每个小区的平均数据吞吐量。"小区"是指移动终端在其区域内可以与网络设备连接的覆盖范围。对于单个基站，可能是基站或子系统（如扇区天线）的覆盖范围。

当前定义的 IMT-2030 频谱效率的目标是比 IMT-2020 高 1.5 倍和 3 倍。

4．区域业务容量

区域业务容量是指每个地理区域的总流量吞吐量。相比于 IMT-2020 的 10 Mbit/s/m^2，IMT-2030 区域业务容量的目标是 30 Mbit/s/m^2 和 50 Mbit/s/m^2。

5．连接密度

连接密度是指每平方千米的设备数。相比于 IMT-2020 的 10^6 个/km^2，IMT-2030 连接密度的目标是 $10^6 \sim 10^8$ 个/km^2。

6．移动性

移动性是指可以正常使用服务的最大速度。通俗地说，在高铁上能正常打电话和上网时，高铁的速度。在该速度下，可以实现定义的 QoS 和可能属于不同层的无线电节点和/或无线接入技术（多层/多 RAT）之间的无缝传输。

IMT-2020 最大支持 500 km/h。IMT-2030 移动性的目标是 500～1000 km/h。

7．时延

时延的定义是一定大小的数据包从发送端到接收端所需要的时间。空中接口的时延是指在包的发送和接收过程中，来自无线网络的时间耗费。时延（空中接口）的目标是 0.1～1 ms，小于 IMT-2020 的 1 ms。

8．可靠性

空中接口的可靠性与在预定的持续时间内，以给定的概率成功传输预定义数据量的能力相关。可靠性（空中接口）的目标范围是 99.999 9%～99.999 999%。

9．安全隐私与韧性

在 IMT-2030 的背景下，安全隐私是指保护信息（如用户数据和信令）的机密性、完整性和可用性，并保护网络、设备和系统免受网络攻击，如黑客攻击、分布式拒绝服务攻击、中间人攻击等。韧性是指网络和系统在自然或人为干扰期间和之后继续正常运行的能力，如突发电源故障等。

3.3.2　6G 的全新功能

6G 不仅仅是 5G 的功能增强，还包括 6 项全新功能。

1．覆盖

覆盖是指为所需服务区域内的所有用户提供通信服务的能力。基于功能性的狭义定义，覆盖是指通过链路预算分析计算出的单个小区中心到边缘的距离。传统上，移动通信网络的总体覆盖范围，由各国政府和监管机构提出要求，而非在标准中定义。

2．传感相关

传感相关是指在无线接口中提供距离/速度/角度估计、目标检测、定位、成像、地图绘制等功能。这些功能可以通过准确性、分辨率、检测率、误报率等来衡量。

3. AI 相关

AI 相关是指在整个 6G 系统中支持 AI 应用的功能。这些功能包括分布式数据处理、分布式学习、AI 计算、AI 模型训练和 AI 模型推理等。AI 还可用于优化和自动化现有的网络功能。

4. 可持续性

可持续性，或者更具体地说是环境可持续性，是指网络和设备在其整个生命周期内最大限度地减少温室气体排放和其他对环境负面影响的功能。重要因素包括提高能源效率、最大限度地减少能源消耗和资源使用，如优化设备寿命、提供维修能力、支持重复利用和回收利用等。

能源效率是衡量可持续性的一个可量化指标。它是指每单位能耗（以 bit/J 为单位）发送或接收的信息比特数量。随着网络容量的增加，预计能源效率也将得到提升，以最大限度地降低总体功耗。

5. 互操作性

互操作性是指无线接口具备包容性和透明度，以便跨不同的网络系统或者在同一系统的不同实体之间实现互操作功能。

6. 定位

定位是计算所连接设备的大致位置的功能。定位精度定义为计算出的水平/垂直位置与设备的实际水平/垂直位置之间的差值。IMT-2030 定义的定位精度的目标为 1～10 cm。

第 4 章

6G 应用场景与用例

6G 的各类应用场景、用例，以本书 3.2 节"技术驱动力"概述的 6G 关键技术及其演进为依托，支持本书 3.1 节"用户和业务场景趋势"提到的用户和业务场景，并最终支持各行业的数字化转型愿景。

1. IMT-2020（5G）的三大应用场景

ITU-R M.2083 建议书中，定义了 IMT-2020（5G）的三大应用场景（如图 4-1 所示），以及应用于不同行业、业务的子场景。

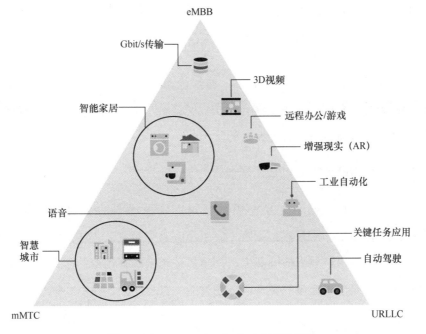

图 4-1 IMT-2020（5G）的三大应用场景

1）增强型移动宽带（eMBB）

移动宽带实现了以人为中心的多媒体内容、服务和数据接入。用户希望得到更高的数据速率，引出对增强型移动宽带的诉求。除了现有的移动宽带应用场景外，增强的移动宽带使用场景还支撑新的应用领域和业务，提升性能，提供无缝的用户体验。该使用场景涵盖广域覆盖、热点等多种情况，需求也各不相同。对于热点情况，即用户密度高的区域，需要非常高的流量容量，而对移动性的要求较低，用户数据速率高于广域覆盖。对于广域覆盖，需要无缝覆盖和中高移动性，与现有数据速率相比，用户数据速率大大提高。但是，与热点相比，数据速率要求可能会放宽。

2）超可靠低时延通信（URLLC）

此用例对吞吐量、时延和可用性等功能有严格的要求。自动驾驶是URLLC 的最典型用例之一。其他用例包括工业制造或生产过程的无线控制、远程医疗手术，以及智能电网中的配电自动化、运输安全等。

3）大规模机器类型通信（mMTC）

此用例的特点是大量连接设备，通常传输相对少量的对时延不敏感的数据。设备需要成本低，并且电池寿命长。智慧城市中的很多场景是 mMTC 的典型用例，如智能电表、智能路灯等。

2．IMT-2030（6G）的应用场景

在 IMT-2020（5G）定义的"铁三角"应用场景的基础上，IMT-2030（6G）定义了六大应用场景，如图 4-2 所示。其中包含三个增强场景和三个新增场景。在六边形最外围的圆圈上，列出了适用于所有场景的四大设计原则，即可持续性、连接未连接的用户、泛在智能，以及安全、隐私、韧性。

表 4-1 总结了这些场景的典型用例。

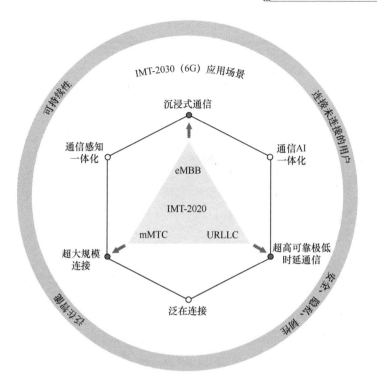

图 4-2　IMT-2030（6G）应用场景

表 4-1　IMT-2030（6G）六大应用场景的典型用例

沉浸式通信	• 沉浸式 XR 通信、远程多感官智真通信、全息通信 • 以时间同步的方式混合传输视频、音频和其他环境数据的流量 • 独立支持语音
超大规模 连接	• 扩展/新增应用，如智慧城市、智能交通、智慧物流、智慧医疗、智慧能源、智能环境 　监测、智慧农业等 • 支持各种无电池或长续航电池物联网设备的应用
超高可靠极 低时延通信	• 工业环境通信，实现全自动化、控制与操作 • 机器人交互、应急服务、远程医疗、输配电监控等应用
泛在连接	• 物联网通信 • 移动宽带通信
通信 AI 一 体化	• IMT-2030 辅助自动驾驶 • 设备间自主协作，实现医疗辅助应用 • 计算密集型操作跨设备、跨网络下沉 • 创建数字孪生并用于事件预测 • IMT-2030 辅助协作机器人（Cobot）

（续表）

通信感知一体化	• IMT-2030 辅助导航
	• 活动检测与运动跟踪（如姿势/手势识别、跌倒检测、车辆/行人检测等）
	• 环境监测（如雨水/污染监测）
	• 为 AI、XR 和数字孪生应用（如环境重建、感知融合等）提供环境感知数据/信息

4.1　沉浸式通信（eMBB+）

该使用场景扩展了 IMT-2020 的增强型移动宽带（eMBB），为用户提供更为丰富且交互式的沉浸式体验。

扩展现实（XR，含 AR、VR 和 MR）是沉浸式通信的典型应用场景。AR 通过叠加数字元素来感知现实世界。VR 建立完全虚拟的数字环境。MR 指的是同地或远程参与者与融合到真实或虚拟世界中的真实或虚拟物体进行实时交互。

沉浸式现实结合了沉浸式远程呈现和沉浸式协作。沉浸式远程呈现将使远程参与者如同身临其境般地置身于同一环境中，并通过视觉、听觉和触觉等感官的刺激使其感觉到环境的真实性。沉浸式协作将提供一种全新的人机交互方式，可以不受地点、物理特性或抽象特性的限制，就物体或主题进行互动。

无缝沉浸式现实的目标是实现端到端（E2E）低时延和不同模式之间的服务连续性，如 AR 和 VR 之间或 MR 和实际现实之间。无缝沉浸式现实将实现体验质量（QoE）质的飞跃，促进互动、协作、共同在场和共同体验。该技术不仅应用于生活的各个方面，也应用于工作（无论是在办公室还是在建筑工地）、教育、医疗，以及我们的文化、社会的许多方面。

沉浸式现实在工作或者生活中有很多相关的应用场景。

在工作中，目前的电话会议、视频会议有可能被沉浸式协作会议所取代。跨国企业或者商务交流场景，可以通过这种方式，让每个员工的体验接近于亲身出席会议室进行面对面交流，从而促进协作，提升生产力，激发创新和活力。沉浸式现实远程会诊将使医生能够更有效地与患者沟通，获取远程患者的病史，并提供更好、更全面的诊断。最后，在身临其境现实环境中，教师、讲师能够与远程学生实现更生动的互动。

在生活中，不管是与远方的朋友一起享受社交活动和娱乐，还是探访远方的亲属，都可以更好地感知每个人的肢体语言、面部表情、手势、语调、情绪、位置和周围的声音等，带来了更好的沟通和情感体验。

沉浸式现实并非已有技术，在其面世之前，尚有诸多的问题需要解决。

其一是体验质量（QoE）。用户在有意愿或需要的时候与远方的朋友和家人进行交流和互动，期待 3D 甚至 6 自由度（6DoF）视觉感知、空间音频和触觉体验，为参与者提供更好的人际理解。如何准确定义、实施与衡量 QoE，是沉浸式现实业务的关键挑战。

其二是移动性和互动能力。如果沉浸式现实的体验要求用户进入专用房间，使用专用设备，则该业务的适应性和价值会大打折扣。人与人之间，或者人与虚拟对象、物理对象的互动是否满足用户的预期，也很重要。

其三是服务连续性。为了保障 QoE 和互动体验，需要建立异构网络的无缝接续能力、业务场景的连续性。

其四是隐私保护。无缝沉浸式现实需要共享位置信息、个人信息和传感器数据。在分层和异构的 6G 系统中，即在跨广域网、公共和专用本地网络以及子网的情况下，需要综合使用法律、监管、技术和管理手段来保护隐私。

在上述问题的解决措施中，AI、位置定位、传感等相关功能，以及隐私保护的高要求，都是 6G 网络设计的关键环节。对 E2E 时延、用户体验数据速率、区域流量容量和定位精度的 KPI 的要求，也超出目前 5G 网络的实际能力，需要在 6G 网络中实现。

4.1.1 沉浸式教育

由于缺乏基础设施、缺乏适当的工具以及数字鸿沟，确保教育的可及性和教育质量一直具有挑战性。这种挑战的一个案例是 COVID-19 流行，根据世界各地政府和防疫机构的要求，学校关闭并以远程教学的方式进行教学。这种远程教学方式难以建立有意义的师生或学生间的互动，缺乏合适的数字学习环境，以及低质量的互联网连接，这在全球范围内影响了教学范围和质量。

如果沉浸式体验解决方案可用于在虚拟教室或虚拟实验室中实现有意义的协作和体验，则可以帮助学生更好地学习地理、历史、生物学、数学以及其他学科。通过虚拟方式观察、聆听、触摸甚至修改古代建筑、分子或 3D 模型等结构，学生会提高对教学内容的积极性和关注度。

另一个案例是职业培训。例如，建筑工地安全培训、化工厂安全操作培训、危险品运输培训等场景，从业者和环境本身面临着非常多样和具体的安全风险。如果这些培训在实际环境中，则要使用实际设备，并且讲师需要亲自到场，培训成本很高，风险很大，培训效果可能不尽如人意。安全、经济高效且环境可持续的方法是在沉浸式现实环境中进行训练。

沉浸式教育用例，特别是欠发达地区的普惠教育，依赖于泛在可及的高质量无线网络，包括 NTN 提供的超远覆盖范围，本地的高数据速率无线网络以及设备到设备（D2D）和网状网络等异构网络。沉浸式教育的接入意味着在最低水平上提供服务连续性，以便在从本地无线网络到广域网，甚至到通过卫星连接的服务不足地区等不同地点，为最终用户提供足够的、可理解的和令人满意的用户体验。

4.1.2　沉浸式游戏

沉浸式游戏为单个玩家和/或多个远程玩家在室内环境（如玩家家中、游戏场馆和学校）提供三维沉浸式游戏和电子竞技体验娱乐。实时游戏服务可在一个网络内或不同网络间向多个远程玩家提供。使用 AR/VR/MR 设备并感知玩家的动作以及房间中的物体是与其他玩家和虚拟世界进行交互的必要条件。

因此，需要高用户体验数据速率和低 E2E 时延。此外，还需要提高服务可靠性和定位精度。

4.1.3　沉浸式内容创作

实时和交互式的沉浸式内容创作，为消费者提供了享受内容创作者定制的沉浸式内容的可能性。6G 网络应该具备开放的应用程序接口（API），并充分利用网络服务能力，以适应丰富多样的内容，创造引人入胜的沉浸式体验。

沉浸式内容创作用例建立在无缝沉浸式现实用例的基础上，额外要求如下：直播内容提供者需要能够以极低的时延向系统节点（"mixing desk，调音台"）传输内容，该节点可将多个内容提供者的直播内容整合为单一的、精心策划的体验。为了获得最佳体验，内容提供者需要根据消费者的具体情况调整内容。最后，经验丰富的设计师通过网络应用程序接口（API）参与直播内容创建过程。

总之，6G 技术的集成有望提供更快的数据速率、更低的时延和更好的连接性，进一步增强沉浸式通信系统的功能。这将实现更复杂、更逼真的模拟，以及不同地点的人之间的无缝交互。随着该领域研究的不断深入，我们期待看到改变我们生活各个方面的创新应用。

4.2 超大规模连接（mMTC+）

这种应用场景扩展了 IMT-2020 的大规模机器类型通信（mMTC），并涉及连接大量设备或传感器，适用于广泛的用例和应用。

研究[①]认为，6G 时代 mMTC 和 URLLC 两类应用场景可能会扩展、融合。有文献[②]认为，可以从如下 6 个维度定义 6G MTC 的特征，如图 4-3 所示。

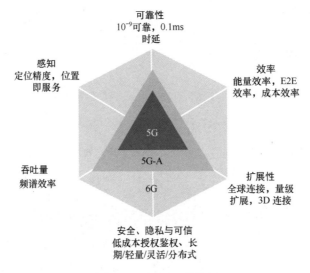

图 4-3　6G MTC 的特征

不同的 6G MTC 用例，对应 6 个维度的不同需求。

显而易见，对零能源 mMTC 用例，能源效率要求最高，连接密度要求其次，其余几个维度的要求没有那么严格，而高可靠 cMTC（任务关键型 MTC）用例相反。对可靠性、低时延和定位能力的要求很高，而对能源效

---

① KALØR A E, DURISI G, COLERI S, et al. Wireless 6G Connectivity for Massive Number of Devices and Critical Services[J]. arXiv preprint arXiv:2401.01127, 2024.

② MAHMOOD N H, BÖCKER S, MOERMAN I, et al. Machine type communications: key drivers and enablers towards the 6G era[J]. EURASIP Journal on Wireless Communications and Networking, 2021(1): 134.

率和连接密度的要求不高。不同的 MTC 用例对不同维度的要求，潜在的 6G MTC 类型如图 4-4 所示。

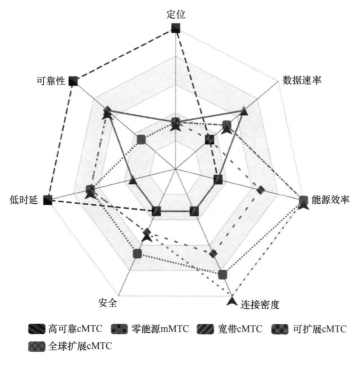

图 4-4　潜在的 6G MTC 类型

4.2.1　极低能耗 MTC

能源效率是 6G 设计考虑的核心主题。极低能耗 MTC 的理想目标是简单的设备不再需要依赖于电池供电或外接电源。

环境反向散射通信（AmBC）是一种潜在的零能耗（ZE）mMTC 新技术。在 AmBC 中，设备通过控制其天线的反射系数进行通信。AmBC 在 IoT 场景中的潜在用例包括智能生活、智慧物流和生物医学应用。

AmBC 系统通过设计新颖的无源射频组件来实现低功耗通信。然而，通信并不是许多机器类型设备（MTD）的唯一功耗源，特别是那些运行相对更复杂的传感、数据处理和驱动任务的 MTD。在这种情况下，能量收集非常重要，它能够从环境中获取适当的能量来为设备供电。基于太阳能等自然能源的收集存在局限性，从环境中的射频信号中获取能源的无线能量传输（WET）设备也在研究中。射频能量收集设备可用于给要求更高的 MTD 供电，并提供更可靠的服务质量保证。

作为一种新兴技术，WET 有广泛集成到 6G 系统中的可能性。然而，如何提高端到端效率、至少能够支持行人速度的移动性、促进网络覆盖范围内无处不在的电力可及性、解决 WET 的安全和健康问题、遵守法规，以及与无线通信无缝集成是未来的主要挑战。

分布式天线系统（DAS）、智能超表面、能量波束赋形 （EB）等技术方案可能应用于无线能量传输设备，并使之成为未来物联网供电的有效解决方案。泛在的智能超表面及新的分布式大规模天线阵列的部署，可以消除盲点并支持泛在的能源可达性，将在未来支持 WET 的网络中发挥关键作用。另外，能量波束赋形可使传输信号适应传播环境，从而优化无线能量传输。

4.2.2　大规模 MTC

大规模 MTC 的特点是拥有大量简单设备，负载总体较小且分布零散。6G 的演进目标包括全球可用性和大规模可扩展性，同时提供高效的连接。

NTN 是实现 MTC 真正大规模连接的关键推动因素，它充分利用了低地球轨道（LEO）卫星、高空平台和无人机。在 6G 中，这些新增的网络组件不仅可以用于动态承载地面基础设施的流量，还可以真正为未连接或连接不足的地区提供物联网服务。可以增强服务的典型垂直行业包括海事、农业、交通和能源等。

5G NR 标准化已经朝着这个方向迈出了第一步，尽管现有的努力主要集中在调整波形以应对不同的传播和时延条件。在 6G 中，可能需要更多的改进，以最大限度地发挥 NTN 在大规模 MTC 方面的潜力。

在协议层面上，优化信令面的交互，是提高大规模 MTC 网络效率的关键措施。

对 mMTC 服务而言，基于 TCP 协议的传统三次握手的调度方法既不可扩展也不够高效，因为在 mMTC 服务中，大量发射机间歇性地发送数据，并且流量模式很难预测。基于 5G 中提出的资源抢占式分配的免授权解决方案也可能变得效率低下或导致不必要的时延。非协调随机接入解决方案（设备不先获得传输授权而直接传输数据）似乎是自然的替代方案。近年来，研究者提出了一些新颖的随机接入方案，其重点是简单重复传输消息和使用干扰抵消接收器[①]。最近，结合对无源随机接入的研究，研究者提出了更先进的多用户代码构造和多用户检测算法[②]。行业内正在进一步研究其实际影响，以使这些方案成为 6G MTC 场景的基本推动因素。研究界尚未解决的问题包括检测用户活动、保持用户时间同步以及控制接收器复杂性。

针对 MTC 场景，有设想提出，将零星的、周期性的和事件驱动的流量划分为不同的频段，每个频段由随机、持续或混合接入方案支持，用于面向 6G 的 mMTC。通过利用不同切片之间的流量和 QoS 特性差异来共同优化资源分配并满足多样化需求，可以实现更大的可扩展性[③]。这种跨层优化还需要考虑多个数字系统、正交/非正交波形之间的共存，并且由于高复杂度可能需要 AI 辅助的解决方案。

针对运行维护中典型场景的能效优化方案也在考虑中，如设备固件更新或者公共信息广播场景。点对多点（PTM）传递是一种适合此类广播类型的传输机制，如 4G LTE 中为视频点播等应用指定的增强多媒体广播多播业务（eMBMS）（也称 LTE 广播）。然而，由于 PTM 接口在资源利用和能耗方面的效率低下，因此在 5G 中尚未考虑使用。

从最初的 6G 设计阶段，就可以更深入地评估 PTM，以满足即将到来的

① PAOLINI E, LIVA G, CHIANI M. Coded slotted ALOHA: A graph-based method for uncoordinated multiple access[J]. IEEE Transactions on Information Theory, 2015, 61(12): 6815-6832.

② KOWSHIK S S, ANDREEV K, FROLOV A, et al. Energy efficient random access for the quasi-static fading MAC[C]//2019 IEEE International Symposium on Information Theory (ISIT). IEEE, 2019: 2768-2772.

③ SADI Y, ERKUCUK S, PANAYIRCI E. Flexible physical layer based resource allocation for machine type communications towards 6G[C]//2020 2nd 6G Wireless Summit (6G SUMMIT). IEEE, 2020: 1-5.

物联网海量设备部署和大规模软件更新的需求。另外，在当前的蜂窝物联网系统中，尽管固件/软件更新很罕见，但设备仍在频繁监控服务公告。从这个意义上讲，新颖的按需寻呼方法将允许 6G 物联网设备不监控服务公告，而是被寻呼以接收多播数据，从而降低能耗。

4.2.3　任务关键型 MTC

5G mMTC 场景已经有很多应用案例，如智慧城市和智能家居。在 6G 时代，任务关键型 MTC（cMTC）可能成为新兴的用例，并更快地普及。

大规模 MTC 的特点是分布式 IoT 设备数量稳步增加，每个节点的要求适中，而 cMTC 则提出了新的、极其苛刻的可靠性要求。例如，在报警和工控环境中，服务质量要求甚至可以类比于有线通信。设想的目标 KPI 值为 0.1 ms 的时延上限，误块率（BLER）可能需要达到 10^{-9}。这又与 URLLC 的主要场景近似。

并非每个用例都严格要求 0.1 ms 时延，在更长的端到端时延也能满足需求的条件下，资源的高效利用、安全性的要求也需要权衡。

cMTC 的指标要求对移动网络设计存在很大的挑战。这主要来自极低时延与误块率（BLER）的权衡、无线干扰的影响、资源的调度策略以及移动通信业务天然的难以预测性。

当前 5G 方法是调整系统设计以满足 URLLC 要求，如通过缩短传输时间间隔和通过多连接进行数据复制，但这种方法既不可扩展，也不足以应对 cMTC 应用的挑战。对于 cMTC，未来的 6G 系统应利用"应用-域"信息实现实际资源需求和条件的可预测。

一些可能的缓解措施也在探索中，比如，预留一些资源应对传输调度的要求，或者利用 AI 的能力识别业务事件的规律。在 6G 中，允许 cMTC 应用程序通过新引入的 6G cMTC 服务类别主动声明其传输调度特性可能是一种更有效的方法，每个服务类别不仅取决于从 5G 中已知的"经典"参数（如时延和 BLER），还取决于表征 6G 要求所需的新参数（如消息到达间隔时间分布的可预测性）。

6G cMTC 网络可能包含一些关键功能模块，其架构如图 4-5 所示。

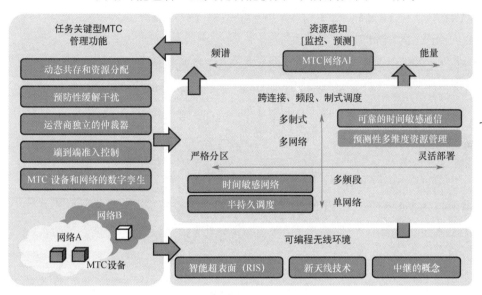

图 4-5　6G cMTC 网络架构

这些关键功能模块相互交叉链接，提供整体 cMTC 网络功能。从目标上看，基于新的 cMTC 特定服务类别，6G 需要在由多制式（RAT）、多链路等组成的多维解决方案空间中为 cMTC 分配适当的资源。为了以可接受的成本实现解决方案，需要仔细选择每个业务期望的时延指标，并将其与频谱使用、能耗、计算资源需求等维度的"价格标签"相关联。在异构环境中实现此类决策，需要专用的 cMTC 管理功能。此功能从设备收集资源感知信息，以控制网络（如多种 RAT 调度）及其环境（如天线和智能超表面）的资源利用率。

资源感知模块需要主动监控可用资源，预测分布式用户设备和集中式网络部分的未来资源。AI 和机器学习技术几乎肯定将用于资源感知和分配，从各种网络参数中识别业务模式，优化网络能力。

跨连接、频段、制式调度模块也是 6G cMTC 网络的关键组成部分。该模块需要保证信息年龄（AoI）等用于量化信息"准时"传递的新指标。无线网络目前缺乏精细的时间粒度和调度网络功能（也称为时间敏感网络功能、TSN 功能），与之对比，有线 TSN 使用多种功能支持时间敏感型应用，例如，严格时间同步、（半）持久调度、流过滤、不太敏感的流的传输抢占等。5G 已迈出了保障时延上限的第一步，但许多问题，特别是与同步相关的问题仍未解决。为了解决未来 6G cMTC 网络中的 TSN 功能，需要网络和应用之间更紧密的交互，以及对此类交互进行低开销验证。对于时间敏感型应用，应在整个操作时间内保持确定性。因此，网络应该能够理解应用程序需求，并评估其满足度。

cMTC 管理功能还负责提供 E2E 准入控制和时间同步。应用程序可能需要获取多个异构共享资源，这些资源具有独立的仲裁器，并且通常由不同的供应商提供。此外，资源可能不会预留，即数据包一到达就会交换。集中式端到端准入控制可作为为应用程序提供全局资源仲裁的替代方法。它将数据传输层与负责流准入和调度决策的控制层分离。然后，多个应用程序之间的仲裁从单个（子）资源转移到一个具有系统全局视图（即应用程序和资源）的集中控制单元。端到端准入控制还可以简化时序分析模型，该模型用于限制干扰影响和计算单个传输的 E2E 时延的时序保证。

4.2.4　MTC 的隐私与安全

MTC 各主要类别的需求高度多样化，使得安全性和隐私成为 6G 的主要关注点。需要轻量级、高效且针对特定应用的解决方案来满足 mMTC 和 cMTC 网络的不同需求。

在 MTC 网络中，针对接入网、边缘网和云，有不同的安全威胁和潜在的防御措施，MTC 网络的隐私与安全如图 4-6 所示。

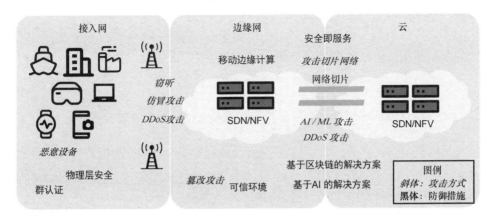

图 4-6　MTC 网络的隐私与安全

首先是安全方面的挑战。

机器学习和 AI 技术是网络安全领域的双刃剑。AI 技术有望成为 6G 无线网络的主导，而 AI 技术的进步也为下一代 MTC 网络带来了新的安全挑战。利用先进的机器学习和 AI 技术，分布式拒绝服务（DDoS）和邻近服务入侵等复杂攻击更为容易。随着存储和网络服务越来越靠近终端和边缘，网络受到攻击的风险会增加，漏洞的影响也会更大。此外，身份验证问题对于未来的 MTC 网络尤其重要。随着新增的数十亿甚至数百亿台设备联网，传统的身份认证、授权和记账协议（AAA）流程既不可扩展也不经济高效。另一个需要解决的问题是来自量子计算机的攻击威胁，这种威胁会影响长期安全性，即对传输和存储数据的机密性、真实性和完整性的保护。

其次是隐私方面的挑战。

尽管 MTC 流量几乎无须人工干预，但其隐私威胁主要集中在位置跟踪和个人身份信息上。数据收集和存储的机制是隐私威胁的另一个主题。云端和边缘存储的普及意味着数据可以存储在不同的国家和地区，且隐私监管要求和保护措施、执行力度各不相同，从而引发对个人隐私的担忧。

最后是网络各个参与方之间互信程度的挑战。

典型的 MTC 应用场景，终端的能力极为有限，泛在的环境极为复杂，连接的方式多种多样，网络中涉及的不同实体之间很难建立信任。MTC 网络中的各个利益相关者（如网络运营商、设备所有者、应用开发者、用户）需要相互协商和信任，以确保大量设备的安全性和隐私性。

在防御层面，多种新技术和新措施有助于 MTC 网络的安全防御。

使用机器学习和 AI 工具可以提供智能驱动的安全功能，更准确地检测恶意攻击。例如，可以利用机器学习/AI 技术结合软件定义网络（SDN）和网络功能虚拟化（NFV）对 MTC 流量进行智能检测，制定专门针对 MTC 网络的安全解决方案。安全解决方案还需要覆盖接入层和服务层，并考虑端到端保护以防范安全威胁。SDN 和 NFV 等成熟的网络虚拟化技术，允许更灵活的部署和定制所需的安全配置，从而实现"安全即服务"（SECaaS）。

物理层安全技术可以利用无线信道的物理特性和随机性，可能是一种有前途的解决方案，用以补充应用层安全等上层方案并提供与 MTC 网络兼容的解决方案。这些技术可能在 6G 安全解决方案中占有一席之地。身份认证、授权和记账协议（AAA）的现有方案的效率和经济性问题，可以通过轻量级和灵活的解决方案来解决。例如，基于群的身份验证方案（群认证）、面向匿名服务的身份验证策略（用于管理大量身份验证请求）、轻量级物理层身份验证、安全生物特征身份验证以及身份验证与访问协议的集成。

在隐私方面，需要从一开始就采用隐私融入设计（PbD）的总体方法。网络运营商需要区分敏感数据和不太敏感的数据，以便敏感数据存储在本地或得到适当处理。分布式账本技术（DLT）提供了一种更广泛的数字隐私和信任视角。因此，基于 DLT 的方法（如智能合约）很有可能被采用，以便为 MTC 网络/物联网提供去中心化的隐私解决方案。然而，DLT 并非天然适用于 MTC 网络，在成为 MTC 网络的数字隐私和信任解决方案之前，还有一系列挑战需要克服。

首先，DLT 的某些重要的属性与许多 MTC 应用的要求不匹配。例如，区块链的不可篡改特性使得很难纠正区块链中嵌入的错误。再如，区块链技术是伪匿名的，而出于安全和审计原因，访问 MTC 网络的设备需要进行身份验证。

其次，MTC 通信传统上是面向上行链路的，几乎不需要点对点的信息交换。分布式信任需要设备之间的双向数据交换，这为 6G MTC 网络带来了新的要求和设计挑战。此外，DLT 的使用意味着大量的能源、时延和计算开销，可能不适合物联网设备，这是因为这些设备在许多情况下都有耗电和计算能力的限制。通过将移动边缘计算（MEC）功能与区块链相结合，也许可以解决这个问题。

DLT 无法保证数据捕获的可信度，因为数据捕获可能存在噪声、偏差、传感器漂移或恶意实体的操纵，这在 MTC 网络中尤为重要，因为节点不一定值得信赖。信任和声誉模型可以与 DLT/区块链集成，并用于对节点的可信度排名，从而提高端到端信任。

最后，对传输和存储数据的机密性、真实性和完整性的长期保护是 MTC 的另一个重要方面。为了在量子计算时代保护 MTC 数据，需要考虑轻量级且灵活的抗量子计算机（或后量子）加密和身份验证方案。

2030 年，6G 作为下一代无线系统将被推出，URLLC 和 mMTC 的演进和融合，作为创新的业务形态，有希望被广泛采用。MTC 和物联网将构成 6G 网络的骨干，为人们的日常生活的各个方面提供无线连接，并实现整个经济和社会的数字化。

4.3　超高可靠极低时延通信（HRLLC）

HRLLC 是 5G 超可靠低时延通信（URLLC）的一种演进，部分文献中称作 eURLLC、URLLC+或 xURLLC[1]，在机器人、无人机（UAV）和新型制造业、公共服务及自动驾驶等各个领域有着潜在的广泛应用场景。

---

[1] PARK J, SAMARAKOON S, SHIRI H, et al.Extreme ultra-reliable and low-latency commmunication[J].Nature Electronics, 2022,5(3): 133-141.

4.3.1 未来工厂

第一个应用场景是未来工厂。

未来工厂的愿景中，生产线完全自动化并且高度可定制。模块将不再受有线的电缆束缚，而是通过超高性能的无线电链路互相连接。这样，生产线的自动化、定制化都有很高的可行性和想象空间。

人工智能和数字孪生技术在 6G 中的应用，将使未来工厂能够积累制造知识和经验，在生产线应用，甚至在生产机器人之间共享，以进一步优化制造业。6G 还将为未来工厂带来其他优势。例如，其全方位的射频传感系统能够对整个生产环境和流程进行主动维护，从而在潜在问题影响生产之前，将其消灭在萌芽状态。未来的工厂将更加自动化，员工将不需要在生产线上工作，甚至实现无人值守的生产，这将大大降低工厂的运营成本和碳足迹。

4.3.2 协作机器人

第二个应用场景是协作机器人（Cobot）。

在特定环境中，与人类协同工作的机器人被称为协作机器人。与在独立且非常局限的区域内工作的传统机器人相比，协作机器人向前迈出了一大步。显然，协作机器人应具备一定程度的智能和高度的可靠性，以便能够感知和理解动态环境，理解任务、确保人类安全并主动应对风险。

为实现这一目标，需要利用 6G 网络及其集成的人工智能、IT、操作技术（OT）和高性能传感和通信技术。

在未来的工厂中，机器人将承担大多数的工作，使工人能够专注于其他重要任务。例如，自动导引车（AGV）和无人机等多种类型的机器人将接管从仓库到生产线的原材料、备件和配件运输。协作机器人将用于运输大型或重型物体。

为了使协作机器人能够安全高效地协同工作，其控制程序需要具备对物理世界和数字世界的深度理解和对各类物体的准确控制功能。下面以显而易见的场景为例讲解。假设汽车工厂中的协作机器人既需要运输玻璃等易碎品，又需要运输钢材，还需要运输真皮材质的车内装饰件，显然不同的部件，运输需要的能力有区别，要求也有差异。

Cyborg（控制论机体，俗称半机械人）是一个有些科幻的概念，在 20 世纪 60 年代就已出现，是协作机器人的下一个进化步骤。随着神经科学的发展和脑机接口的研究，Cyborg 的相关研究，有希望使肢体残障人士能够正常地工作、生活与社交，甚至可以用于增强正常人的感知能力。6G 将在一定程度上促进 Cyborg 的发展，使其成为现实。

最后一个应用场景是自动驾驶汽车，也是最具挑战性的用例之一。自动驾驶汽车目前通常用于采矿、建筑和农业等工作环境，需要人类远程驾驶和操作。

理想中的 5 级自动驾驶汽车将彻底改变驾驶方式。汽车将主动完成所有路线规划和驾驶，乘客可以放松身心，在车内享受舒适的旅程。

为了让汽车能够应对各种意外情况，6G 的感知和 AI 功能以及协作机器人所需的超低时延、高可靠性和精确定位也是必需的。

确保快速可靠的通信对于协作机器人和自动驾驶汽车等至关重要。时延或不可靠的通信可能会造成灾难性的后果，并可能危及环境安全、人身安全和财产安全。因此，HRLLC 是 6G 的重要目标场景。此使用场景扩展了 IMT-2020 的超可靠低时延通信（URLLC），并涵盖了预计对可靠性和时延有更严格要求的专用用例。如果不能满足这些要求，则可能会导致严重后果。典型用例还包括工业环境中的通信，用于实现完全自动化、自动控制和自主操作。

4.4　泛在连接

泛在网络的用例愿景是为地球上的每个人提供移动宽带连接，不留"空白区域",进一步弥合数字鸿沟。因此,目标是在任何需要通信的地方提供网络接入,包括偏远地区、地理条件恶劣的区域(如山脉、森林)、空中作业的空域(如农业无人机)以及开阔的海洋。

6G 泛在网络将通过 TN(地面网络)演进,NTN［非地面网络,包括卫星、高空平台通信系统(HAPS)、空对地网络和无人驾驶飞行器/无人机］的进一步集成,以及 TN 和 NTN 之间的无缝接入来实现,以对最终用户透明的方式满足比特率、时延等网络质量要求,并确保所需的服务质量(QoS)。

与 5G 相比,6G 将在网络紧密集成、设计可信、可负担等维度,有较大幅度的提升。

将 TN 与 NTN 集成,使网络能够在任何条件下提供有保证的连接,即使在发生危机时也能保持最低限度的服务。这种网络韧性对于紧急服务至关重要,无论是在极端的气候条件下(如暴风雨,传输电缆可能会损坏),还是在自然灾害(如洪水、地震、海啸)、人为灾难(如冲突)或导致网络停机的其他事件中。

泛在网络将允许地球上的每个人都能访问互联网,支持互联网最常见的一些业务,但也具备提供新服务的潜力,如数字健康服务。在缺乏医疗基础设施的地区,医生可以远程会诊。一些机构(如学校)也可以从更高级的远程虚拟教育应用程序中受益。

显然,泛在连接的多数场景,用户并不预期最高性能的服务,如 HRLLC(见 4.3 节)或沉浸式通信(见 4.1 节),但会期待具备可靠连接的广泛服务,包括高质量的语音或视频流服务。

在移动通信网络越来越开放,承载越来越多业务的同时,从设计层面构筑"设备可信,网络可信,服务可信",使来自不同供应商的各种部件和设备可以安全地通信,这是 6G 的目标之一。

6G 的另一个目标是提供负担得起的网络和设备,以促进在欠发达地区采用。这依赖于在 5G 提供的"高成本、高性能"设备的同时,提供更多样的设备，在不破坏整体网络性能和体验的情况下有效地支持业务。

泛在连接有助于提升数字包容性，甚至有助于环境保护和可持续性发展。如果在地球上大部分地区可以提供泛在的网络连接，则传感器的数量和类型会有数量级的进一步提升，从而广泛地收集我们所在的整个世界的各项指标，从环境温度到空气质量、水文数据，甚至自然保护区中的野生动物种类和行为方式，从而更好地理解、利用和保护自然环境和物理世界。

4.4.1　部署与 KPI

首先是覆盖要求，涵盖室外覆盖、室内覆盖和空天融合覆盖。

室外覆盖上，通过整合地面、非地面和设备到设备的通信，6G 应该提供更广泛、更深入的室外覆盖，甚至连接海洋、陆地和空中。

室内覆盖上，6G 需要继续满足高流量和新业务的要求。与人们的直观理解相反，大多数移动数据流量其实是在室内产生的。根据对欧洲运营商的采访，75%～80%的数据流量，即企业对消费者（B2C）和企业对企业（B2B）的流量在室内产生，预计未来几年这一数字将持续增长。[①]许多现有和新增的用例依赖于室内覆盖：医疗保健、能源和公用事业、工业物联网、运输和物流、公共部门等。

部署室内网络（与室外相比）需要大量投资，对一些运营商具有挑战性。室内覆盖不能直接通过卫星连接提供，但可以将客户端设备天线安装在建筑物的室外，并且通过 Wi-Fi 等技术在室内分发无线连接。

6G 将更好地融合 NTN，实现空天融合覆盖。

5G 已经完成了与卫星融合的初步工作。卫星公司也参与了 3GPP 标准化，但在融合程度上仍然不够，应用的场景也不够广泛。因为地形、部署成本的限制，TN 不可能在任何地方部署，与现有的 NTN 融合很重要。例如，救

---

① HEXA-X-II. Hexa-X-II Project Releases Deliverable D1.2 on 6G Use Cases[EB/OL]. (2024-01-02)[2025-01-12].
　 Hexa-X-II 官网.

护车将患者从连接到卫星的移动网络覆盖空白区域运送到城市进行治疗。在部署特定服务时，还需要考虑不同 NTN 解决方案的特性（如时延要求、服务要求的兼容性）。

6G 泛在网络将处理各种类型的用户设备，这些设备具有不同的特性（如可穿戴设备、移动宽带设备、固定无线接入终端）。如果零能耗传感器得到普及，则甚至可能实现对地球的监测。

在 6G 泛在连接技术设计中，包含 6 个维度最重要和最具挑战性的要求，6G NTN 融合网络要求如图 4-7 所示。

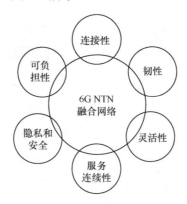

图 4-7　6G NTN 融合网络要求

- 连接性：在偏远或难以到达但具有覆盖需求的地区，6G 系统需要提供泛在接入。即使在无法部署专用网络基础设施的区域，也不会有"覆盖盲区"。可能的覆盖范围是 3D 立体化的，不仅需要在地表提供连接，还需要针对工业无人机操作或矿井等地下区域进行覆盖。

- 韧性：6G 系统应该能够确保韧性、无缝运行，以应对网络连接受限的恶劣环境。服务特性可能因覆盖区域和覆盖方式而有差异，但必须保证基本服务。

- 灵活性：基于不同的网络接入方式，6G 系统必须具备灵活的网络拓扑，以克服基础设施限制或信号衰减/干扰等障碍。最终用户设备能够以不同的可能性进行连接，例如，连接到更接近或资源效率更高/能力更强的设备，或者通过多跳连接。

- 服务连续性：需要不同拓扑和网元之间的紧密集成，包括 TN 和 NTN 之间的集成，以便确保在不同网络拓扑或部署之间移动设备的服务连续性。

- 隐私和安全：隐私和安全必须以提供默认保证的方式设计，无论接入哪种网络（TN 或 NTN），在网络之间切换时也应该默认安全。

- 可负担性：提供具有成本效益的 E2E 生态系统（最终用户设备、网络基础设施、运营和维护），对广泛采用至关重要。

上述要求需要 6G NTN 融合网络实现。在世界上很多地区，由于地形复杂、部署成本高、投资回报率低等原因，移动通信网络的现有部署不完全满足用户需求。移动通信网络和 NTN 应进一步融合，基于地面的解决方案和基于 NTN 的解决方案具有不同的服务和成本特征，可以相互补充。两个网络可以切换、漫游，平滑地提供服务，甚至是更广泛地共享信息。潜在的场景包含在发生海啸等自然灾害事件时，向"指定地理区域"的所有用户设备发送警报。如果无法传递到用户设备，则可以尝试通过 NTN 重新发送。

基于上述 6 个维度的泛在连接 KPI 要求如表 4-2 所示。

表 4-2　泛在连接 KPI 要求

维　度	KPI	目 标 范 围	考 虑 因 素
通信	端到端时延/ms	10～100	在泛在连接场景，仅需要考虑一般通信业务（如视频通话、流媒体）的时延，不需要考虑极低时延的要求
	可靠性/%	99.9～99.999	与预期的服务类型相关的可靠性。例如，切换到 NTN 连接的成功率
	可用性/%	98.5	平衡泛在连接各项业务不同的覆盖和容量诉求，满足连接可用性
	用户体验数据速率/（Mbit/s）	0.1～25 下行、2 上行	用户设备（UE）上测量的数据速率。对于 4K 视频，25 Mbit/s 下行已经足够
	连接密度/（设备数/m²）	0.1	这个指标并非严格要求，在特定情况下的城市环境中，可能需要该指标

维　　度	KPI	目标范围	考 虑 因 素
通信	覆盖率/%	99.9（单小区半径 10~15 km）	小区覆盖半径的提升、融合 TN 与 NTN，都需要考虑
	移动性/（km/h）	最高 120	支持陆地上车辆的典型速度
定位和新业务	位置精度/m	10	全球覆盖场景不需要高精度定位
	感知能力	不需要	紧急情况下才需要
	AI 相关能力	不需要	不需要向用户提供。泛在连接网络可能需要 AI 支持部署和运维

4.4.2　地球监测与农业生产的应用

泛在连接有望实现一系列新颖的场景。

泛在连接的一个全新用例是地球监测。

一套用于环境保护的地球监测系统，由生物友好型传感器提供支持，广泛部署，提供有关天气情况、气候变化和生物多样性等关键环境因素的实时数据。该系统在偏远地区也可以接入，用于增强天气/气候模型，实现灾害早期预警，并保护生态系统免受非法活动的侵害。连接可能是基于非地面网络（NTN）、地面移动通信网络或本地网状网络。

泛在连接的另一个全新用例是可持续粮食生产。

联合国可持续发展目标的第二项是消除饥饿，确保粮食安全。以数字孪生等新工具为基础，实现实时监控微观位置、优化作物处理、实验多种农业策略以及使用半自动地面机器人来提高农业生产效率。事实证明，物理世界的同步数字表示有助于优化农业生产，应对风险。农业生产的核心区域往往也是移动通信服务不足的区域。此应用案例涉及该区域的大量数据传输，是泛在连接的典型应用。放眼未来，泛在连接在可持续粮食生产中的应用，有潜力解决与可持续性、全球覆盖、包容性和机遇相关的全球挑战。

4.4.3　云终端的波浪式演进

早在 1980 年前后，太阳微系统公司就提出了"网络就是计算机"的理念，并描绘了对于计算机网络的愿景[①]。"一个台式电脑，作为进入网络的窗口。……困难的计算，可以转移到网络中其他的中央处理器。"该愿景较早地提出了网络计算机（或称瘦客户设备、轻量级终端）的功能和操作模式。

后来，这个理念以及其对应的网络计算机业务并未取得预期的成功，而 IBM 公司、微软公司推动的"个人计算机"逐步成为主流。回顾这段历史，网络可用性的限制，严格的网络安全策略，端到端的存储性能差，都可能是导致采纳程度低的原因。与之相对，个人计算机的大量计算、存储、访问和交互在本地实现，更容易满足用户的体验。

2010 年前后，伴随着分布式计算和云计算的兴起，私有数据中心的计算服务，越来越多地向虚拟化和云端转移。云计算的目标是提供数据存储和计算能力的按需可用性，促进 IT 资源的共享，降低基础设施的成本。

伴随着按需计算和网络连接能力的增强，瘦客户设备（云终端、虚拟化终端）的理念被重新提出。该类设备不需要具备强大的计算和存储能力，其计算和存储需求由云端执行，并返回结果到终端。在一些对数据安全要求比较高的企业环境中，瘦客户设备得到了大量的部署。总体而言，在多数企业和消费者环境中，"富客户设备"，如功能越来越丰富的移动电话、平板电脑、笔记本电脑等，仍然是主流。有观点认为，随着 5G 的进一步普及，网络和设备的边界会变得更模糊，用户在交互时不必关注信息的处理是在本地还是在云端完成。

在 6G 时代，云终端的应用场景将被重新考虑，但其诉求和预期会略有不同。

世界卫生组织（WHO）的报告[②]显示，在 2022 年，全球共产生 6200 万吨电子垃圾，只有约 22.3%被收集和回收。现代的终端设备越来越复杂和精确，设计也越来越复杂，生产和制造更是需要来自世界各地的原材料，从而引发潜在的资源枯竭和环境保护风险。6G 的终端设备数量可能大幅增长，复杂度也会进一步提升，环境可持续性必须纳入考量。

---

① KELLY K, REISS S. One huge computer[J]. Wired, 1998, 4: 129-135.
② WHO. Electronic waste (e-waste)[R/OL]. (2024-10-01)[2024-12-16]. WHO 网站.

6G 提供高速连接的能力、低时延的保障，带来了无线网络可用性的巨大提升。此时，将计算和存储转移到云端，为用户提供无缝体验的虚拟化终端（云终端）再次浮出水面。

将多数功能采用虚拟化的方式实现，并依赖云网络，将使终端的复杂度降低，减少对环境的影响（资源消耗、电子垃圾、回收的复杂性），甚至可能开拓新的市场或者带来新的商业模式。设想的案例包括租用手机、软件定制化手机、模块化手机等。租用手机可以将设备的维护责任转嫁给服务商，使设备得到更好的复用和回收。通过软件定制化的手机，对用户而言，不必为不需要使用的软硬件复杂功能支付费用；对制造商而言，可以降低制造成本，拓宽定制服务的利润渠道。模块化手机可以提升设备总体的使用寿命，减少对环境的影响，甚至促进不发达地区的使用，体现数字包容性。

云终端可以提供更高的能源效率，降低供应链风险并提供云上即时升级手机软件的能力。然而，这潜在地带来了云和网络的复杂度的进一步提升，需要有效平衡，以保证全球发展的可持续性。

4.5　通信 AI 一体化

作为 6G 网络的全新应用场景，通信和 AI 的一体化，可以增强 6G 网络的性能，提供新的场景和用例，并原生地支撑未来海量的 AI 服务和 AI 应用。

5G 中已有 AI/ML 的应用实践，包括网络无线数据分析功能、用于自组织网络的 AI/ML、最小化路测以及选定的空中接口优化。此外，5G-A 标准化还考虑了对 AI/ML 模型整个生命周期的管理，包括训练、仿真、部署和推理。

通信和 AI 的一体化，至少存在三种类型。

- 原生 AI：AI 内置于 6G 系统中，可在蜂窝协议栈级别或 E2E 直接优化通信，并提供和优化"超越通信的服务"，如通信感知一体化。

- 嵌入式 AI：6G 系统节点的应用程序级 AI 解决方案，如用户设备（UE）本地 AI 或网络核心功能 AI。

- 网络提供的 AI/ML：6G 网络向运行在上层的服务公开 AI/ML 功能，以提高效率和性能。

潜在的典型用例包括 IMT-2030 辅助自动驾驶、医疗设备之间的自主协作、跨设备和网络分担繁重的计算操作、使用数字孪生创建和预测等。

4.5.1　6G 中的原生 AI

AI（特别是机器学习和深度学习）与移动通信系统的结合应用，始于 5G。但 5G 在设计之初，并没有充分地考虑 AI 业务应用及其相关能力。受限于技术成熟度、安全性、系统运维复杂度等多方面的制约，5G 无线接入侧 NG-RAN 子系统总体上仍然保留着传统"封闭式通信基站架构"和相对固化的 RAN 协议栈模型。伴随着 AI 在 5G 中的逐渐渗入并显示出价值，5G 只能在既定的系统架构和协议栈体系中，通过在核心网侧引入新逻辑功能节点 NWDAF 和各式各样模块级"外挂叠加式"的 AI 功能，来进一步增强优化系统自身各方面的性能和对外服务能力。

6G 有机会实现"原生 AI"，既可以提高现有网络功能的效率，又可以引入新功能。"原生 AI"可以定义为"具有内在可信的人工智能能力，其中人工智能是设计、部署、操作和维护等功能的自然组成部分"。

"原生 AI"使得 6G 系统中融入 AI 的"算法、算力、数据"三大资源，如图 4-8 所示。原生 AI 将进一步提升资源的复用率、利用效率、综合性能。

第一个场景是泛在智能。也就是根据成本效益分析，在合理的地方执行 AI 工作负载。

相比于传统集中式的云 AI 服务器和边缘智能节点工作模式，原生/内生 AI 模式使得 AI 资源能够

图 4-8　6G 原生 AI

更广泛、更均衡、更灵活地部署在 6G 新系统泛在基础设施平台之中。AI 运

算和操作将更贴近数据源、任务源和终端用户，且能更高效地适配空口的动态状况（如用户环境和信道变化、网络拓扑和资源更新等）。因此，6G 新系统（特别是基站）将更易面向用户的动态环境进行快速而精准的闭环优化、更实时地进行策略调整和趋势预测。

第二个场景是分布式数据基础设施。

在以联邦学习为代表的分布式 AI 机器训练模式下，内生 AI 模式更有利于用户数据的隐私保护，并分摊数据和算力任务的压力，强化（子）网络本地安全自治。在 AI 相关数据（算法模型、训练样本、基本参数、特征参数等）的采集处理和传输流转方面，内生 AI 将可能会依托于 6G 系统的"数据面"和"智能面"等逻辑功能，进行更高效灵活且具备韧性的数据流转和共享，进而带来更低的 AI 数据传输时延，更少的传输资源消耗和系统能耗。

通过将 6G 原生/内生 AI 技术进一步标准化，还可以促进不同厂家之间的各类 AI、通信、计算设备、各种功能模块和 AI 任务流程的对接协作，甚至带来业态和商业模式的重构。这还将进一步促进更多的参与方去联合构建更广泛、更安全可信的 AI 平台，从而实现 6G "智能普惠"的愿景。

第三个场景是"自主运营"，也就是网络管理的自主化。

"自主"的上限是，不需要由人类操作员执行新的手动操作（由人类决定做什么和如何做），这不仅仅是自动化操作（人类设计工作流程，系统自动执行），而应该是以完全自主操作为目标。人类不需要指示系统采取哪些具体行动，而应该向系统表达需求，并监督这些需求是否达成。

"意图"（Intent）是实现自主运营的重要技术。其定义为"对技术系统的所有期望（包括需求、目标和约束）的正式规范"。这包括来自客户的合同条款和服务提供商表达其业务策略的需求。各种 AI 技术（包括生成式 AI 和大语言模型）都可用于实现意图处理。科研人员近期的研究热点是生成式 AI 在基于意图的网络中的应用[①]。

---

① ZOU H, ZHAO Q, BARIAH L, et al. Wireless multi-agent generative AI: From connected intelligence to collective intelligence[J]. arXiv preprint arXiv: 2307. 02757, 2023.

4.5.2　网络辅助自动驾驶

自动驾驶，特别是基于国家标准《汽车驾驶自动化分级》（GB/T 40429－2021）的 4 级驾驶自动化（也称高度自动驾驶，即 L4）和 5 级驾驶自动化（也称完全自动驾驶，即 L5），一直是人工智能行业和汽车行业努力的方向。虽然不断有企业号称已经实现，却从未在市场中得到有效验证。

6G 研究的早期，定义了人工智能辅助的车联网（V2X）用例集。自动驾驶是其中最关键的用例之一。

Next G 联盟在研究报告中认为[①]，车辆的自动驾驶需要各种设备之间的无缝交互，如车载传感器、执行器、通信和计算机模块、路侧单元（RSU）、交通传感器和行人传感器。显而易见，这些设备由不同的利益相关者基于不同的管理要求和标准规范制造、采购、管理和使用。在车联网场景，较为直接的利益相关者包括汽车制造商、车主、设备制造商、乘客、行人和移动网络运营商。

网络辅助自动驾驶依赖于多样化的生态系统，且依赖于无线通信能力、人工智能、传感、数据管理、分布式账本、分布式计算和安全数据存储。只有这些技术的结合，才能以超可靠、低时延和安全的方式收集和交换自动驾驶信息。例如，来自车辆、RSU 和行人的激光雷达（LiDAR）、摄像头图像和全球定位系统（GPS）数据，输入到自动驾驶系统中，由自动驾驶系统处理、决策、执行。自动驾驶大规模成功需要满足高标准的性能、可靠性和安全性，即使在最恶劣和复杂的驾驶条件下，如拥堵的城市和恶劣的天气。6G 有望在 5G 的基础上，满足上述目标。在此过程中，自动驾驶将逐渐普及，并彻底改变交通行业。

和 5G/6G 时代与人工智能时代的时间线类似，预期 6G 时代和自动驾驶时代也将高度重合。车辆与其周围一切事物（如其他车辆、道路基础设施和行人）之间的高级交互和协作，需要从车辆、道路或行人传感器的"感"（传感）的数据中获取到"知"（知识）的信息。因此，自动驾驶需要智能数据融合。6G 系统需要"智"来理解用户（如驾驶员和乘客）如何与车辆、车载设备、附近车辆、行人、道路、网络资源、服务和应用程序互动。

---

① ATIS. Network-Enabled Robotic and Autonomous Systems[EB/OL]. (2023-05)[2024-12-30]. Next G 联盟官网.

基于这些知识，6G 系统将能够近乎实时地进行动态调整，以提供更优化的通信、计算资源和 6G 服务。例如，车载传感器、路边传感器和个人设备（如手机、智能手表以及属于车辆乘客和行人的 VR/AR/MR）可以生成大量的多模态数据。这些数据可用于准确分析车辆不断变化的环境。

分布在云、边缘（如 RSU）、车辆和行人设备中的智能体（AI 代理）也可以利用此信息。智能体可以协作分析来自所有这些来源的多模态数据，以描述车辆和行人的行为。然后，可以与附近的车辆共享此行为，而无须披露有关车辆或其乘客和/或车主的私人信息。这种共享信息反过来可以避免冲突，并改善所有利益相关者的整体安全和驾驶体验。例如，自动驾驶汽车的智能体与其他车辆中的智能体协作，得到路况、交通和附近车辆驾驶行为的信息。

4.5.3　医疗场景中的设备自主与协作

医疗行业的数字化转型飞速发展，在一定程度上改变了医生和患者的互动方式，也方便了患者更独立自主地管理自己的健康状态。但是，全社会优质医疗服务的可及性参差不齐，服务的体验和理想情况仍有差距。例如，患者使用手机应用程序监控营养摄入和睡眠情况，去体检中心进行常规检测，在药房测量血压和心率，上网咨询健康顾问，去医院看专科医生。这些医疗健康服务的体验和数据相对割裂，影响了对患者诊疗的全面性和护理的完善性。

6G 有潜力用于智慧医疗场景，以满足更高的社会需求、经济利益和政策目标。6G 将有助于在远程环境中复制传统的医患面对面交流的体验，并为患者提供新的医疗保健模式。

作为电子医疗的下一代演进，6G 和人工智能的融合，结合各类医疗和健康传感器的数据，并且应用于远程医疗服务而形成的智慧医疗模式，是 6G 原生 AI 网络的主要场景之一。这种沟通渠道跨越物理、虚拟和生物世界，并依赖于可信、安全和韧性。

医疗的普惠性和精准医疗，也需要 6G 原生 AI 网络的能力。随着医疗技术日新月异，医疗保健的数据量飞速增长，特别是基因组数据、计算机断层扫描（CT）、脑电波数据等。医疗健康设备产生的多模态海量数据的高速传输、即时处理和迅速响应，可以给偏远地区患者、高危人群提供精准诊疗和个性化的护理，体现更好的社会价值。

6G 和医疗健康的交叉创新，可能出现在四个主要的领域，电子健康与 6G 原生 AI 网络如图 4-9 所示。

图 4-9　电子健康与 6G 原生 AI 网络

提供精准护理需要更好地利用数据，并推动可穿戴设备、植入式设备和"体内网络"的应用。智慧医院和人工智能支持的患者数字孪生将提供更多的数据可用性，为医疗服务提供者、患者及其护理人员提供监控结果和对现状的共同视角。

远程监控和家庭护理涉及超越物理、医院范围的护理。可能的示例包括虚拟医院或家庭医院等概念，以及环境辅助生活和家庭患者护理系统。

远程诊疗和手术引入了与远程扫描以及机器人手术相关的概念和技术。这些技术的实施还将依赖于患者数字孪生和增强态势感知。

改善临床培训（涵盖医生、患者和护理人员）和交付方式对于提高护理人员的质量和工作效率非常重要。这个能力依赖于智慧医院、患者数字孪生和用于捕获患者信息和提供培训内容的可穿戴设备。

4.5.4　计算密集型业务跨网络卸载

6G 的愿景之一是，在系统的任何节点上流畅灵活地分配通信、计算或缓存资源，这样无论计算、通信和存储需求如何，都可以及时地执行给定任务。在不同的论文中，这个概念被称为"集成计算、通信与缓存"[①]"灵活的计算、通信与缓存"等。

其优势显而易见：

---

① ZHOU Y, LIU L, WANG L, et al. Service-aware 6G: An intelligent and open network based on the convergence of communication, computing and caching[J]. Digital Communications and Networks, 2020, 6(3): 253-260.

- 网络运营商和服务提供商可以将其以通信为中心的服务扩展为捆绑通信、计算和缓存资源的多维服务；

- 减少网络流量负载和数据拥塞风险；

- 对需要超高数据速率、严格时延、密集计算和大量缓存的新一代应用程序提供更好的支持，而无须要求设备上的大量算力、存储或能耗；

- 使能新的设备外形和设备形态，例如，利用环境的通信、计算和存储功能的瘦设备（瘦客户端）。

6G 的系统架构将支持基于计算密度、时延敏感度，将业务卸载到最合适的设备处理，6G 跨网络卸载如图 4-10 所示。

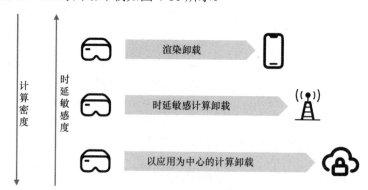

图 4-10　6G 跨网络卸载

例如，XR 眼镜的场景，渲染计算对时延非常敏感，将渲染任务卸载到附近能够执行渲染的智能手机，同时，将计算密集但对时延敏感度要求较高的计算任务卸载到 RAN 节点；而以应用为中心，对时延要求不太敏感的计算密集型任务卸载到应用服务器。

计算卸载并非仅仅是将应用程序或者功能从已经连接的用户设备上单向扩展到网络计算环境，反方向的计算卸载（将传统上在云中运行的应用程序功能转移到边缘或本地计算设施）也有其必要性和应用场景。实际上，反方向的计算卸载才更接近传统的"边缘计算"的范畴。

6G 中的计算卸载服务，并非上述两种正反向计算卸载的简单组合。在预期的场景中，6G 中的计算卸载服务旨在动态灵活地部署高度精细的应用程序任务，这些任务由设备或应用程序根据情况变化触发。这样的解决方案与用例无关，为在移动设备上运行的任何应用程序提供沙盒化、网络嵌入式计算。

这种解决方案将带来许多潜在优势。

最终用户将受益于用户设备和卸载站点之间的计算和能源权衡。当应用程序的某些部分不在设备中执行，而是在外部更强大的计算基础设施上执行时，可以提高用户体验质量。增强的图形绘制能力、更高的帧速率和更短的计算时间，带来了更丰富和直观的用户体验。同时，这也可以改善设备的电池寿命和发热量。对于非常轻巧的设备，如智能眼镜或物联网传感器，这可能是提供更丰富应用体验的唯一选择。自动化很重要，计算卸载应该无须用户的参与，甚至无须感知。

应用程序提供商将能根据各个用户的需求和当前情况定制应用程序部署，从而区分应用程序的功能和性能。应用程序的关键部分可以分离出来，远程部署，以应对环境的动态变化。这些变化可能是设备电池电量或连接质量的变化，也可能涉及用户的物理位置变化，或者特定于应用程序的事件，如新玩家加入或暂时需要更高的渲染分辨率。除了改善单个用户的应用程序体验外，计算卸载还有助于支持协作用户之间的同步和协调，如在增强现实游戏或无人机的协作感知中。

电信运营商可以通过计算卸载服务找到新的收入来源。移动网络及其网络功能共同构成了一个庞大的分布式应用程序，因此与分布式计算相关的新型网络产品可以复用许多现有服务和程序，如身份验证、身份管理和其他管理平面功能。由于应用程序所需的连接和计算资源将共同管理和控制，因此出现了新的优化空间，如本地 RAN 利用率优化、设备特定的数据包处理以及基于用户分布就近协调无线资源等方面。

4.5.5　数字孪生创建和预测

早在 1930 年[①]，一篇科幻作品讲述了将人类的大脑复制到机器中的故

[①] CAMPBELL J C. The Infinite Brain[J]. Science Wonder Stories, 1930, 1: 1076-1093.

事。后来，人、物体甚至世界的"数字复制品"以及其互动的方式不断出现在各类文学作品中。1993 年，在 David Gelernter 教授所写的一本书中①描述的概念最接近现代意义的"数字孪生"。在他描述的未来中，计算机系统在全球实现互联，并实时观察我们周围的物质世界。生成的图像和表示可以通过一块玻璃呈现给人类，精确反映现实世界。人们还可以与所呈现的图像交互，通过这面镜子控制现实世界中的事物。

2002 年，"数字孪生"的概念被提出，其本意是应用于制造业的产品生命周期管理。此后，其内涵不断演变，并推广到很多领域。

从本质上讲，数字孪生体是对资产和流程的软件表示，并赋予其现实世界对应的实体中不存在的能力。

数字孪生体目前经常用于大型昂贵的机器，如喷气发动机或发电厂。在这些情况下，意外停机的成本很高，而且故障的后果可能非常严重。借助从数字孪生技术中获得的增强知识，可以优化服务并预测何时需要更换不同组件。

计算能力的进步和人工智能（AI）的最新进展使数字孪生推广到更广泛的领域，从温度传感器和智能灯泡等简单设备，到拥有复杂交通、公用事业和建筑网络的整座城市。

很容易发现，移动网络本身类似于大型昂贵的机器，其停机和故障的代价高昂，复杂性也随着部署规模和业务复杂性线性增加。所以，移动通信网络本身也是数字孪生的目标对象。事实上，网络规划工具长期以来就试图构建移动网络的"数字镜像"，以更好地预测网络的覆盖和容量。

一些较为成熟的用例已经在 5G 中出现，如站点的数字孪生，如图 4-11 所示。通过现场勘测的一系列照片创建无线站点的虚拟 3D 模型，然后在办公室中就可以详细规划部署和维护方案，从而减少多次现场勘察和塔架攀爬操作，节约成本并提升效率。

---

① GELERNTER D. Mirror worlds: Or the day software puts the universe in a shoebox... How it will happen and what it will mean[M]. Oxford University Press, 1993.

图 4-11　站点的数字孪生示例

6G 时代专注于网络中的某个部件（如站点、无线小区）并包含其模型和结构特征的数字孪生体仍然会继续演进，而基于网络整体和服务端到端视角，旨在实现更高级别的预测和分析的数字孪生体（如边缘云数字孪生、RAN 数字孪生）可能会出现。

目标场景中，其一是新服务部署场景。

6G 网络将包含一系列新服务，如沉浸式通信、超可靠低时延通信。这些服务如果需要叠加到现有的网络中，其部署会更复杂。网络的副本（数字孪生体）有助于使用分析模型来模拟和分析新服务的性能及其对现有服务的影响。如果一切正常，就可以继续推出这些服务。如果存在潜在问题，则可以使用这种新的洞察来调整服务参数，或者增加部署设备，以满足部署的服务等级协定（SLA）。

其二是网络升级和扩容场景。

在进行网络升级和扩容时，一般都要回答"什么时间合适"以及"哪种方案最优"的问题。通过分析当前趋势并预期未来的增量，可以预测服务需求。一旦确定了所需的网络和计算能力，即可使用数字孪生体来测试不同的场景，详细地分析传输和云基础设施的覆盖改善和扩容选项，并比较最终性能。另一个略有相关的场景是衡量不同故障对网络服务的影响。显然这个场景不适合实际执行。在数字孪生体中，运营商能够更好地识别网络的脆弱性，并量化故障的后果。

其三是 AI 训练场景。

大多数 AI 算法需要通过大量真实数据进行训练。当真实网络无法提供足够的数据时，可以使用数字孪生体来训练算法。在强化学习的情况下，将开发中的 AI 算法应用于真实网络是有风险的。在数字孪生体中，还可以创建在网络运营中罕见的问题和故障，使得 AI 算法能够针对这种情况进行训练，以便在实时网络中确实发生这些问题时能够正确识别并采取行动。

其四是配置管理场景。

网络中的配置变更、新软件引入或者新 AI 模型部署前，如果可以提前测试并预知其影响，则使变更更安全、可靠。基于网络数字孪生体的配置变更验证，可以类比软件研发流程中的持续集成和部署（CI/CD）环节的金丝雀测试。

其五是自主网络场景。

在自主网络中，网络管理系统自行采取行动，以确保服务具有预期的性能并实现网络运营预先定义的目标。了解这些行动的影响至关重要，而数字孪生体可用于测试不同的行动，评估它们对相关 KPI 的影响，并在实施实时服务之前确定最佳选项。

4.5.6　与未来智能体的交互

伴随着生成式 AI 的兴起，有人预测，未来的 5 到 10 年，99% 的开发、设计和文字工作将被 AI 取代。不久的将来，大模型甚至还将取代架构设计、芯片设计。这个未来趋势，将与 6G 的部署时间窗口在一定程度上重叠。

回顾 3G 的移动互联网时代，网站是通过网络与用户交互的主要载体。4G LTE 的"移动宽带"时代，智能手机的应用程序（App）成为与用户交互的主要载体。进入 AI 时代，应用和服务的核心载体将不再是网站，也不再是

App，而可能是自主动作的智能体（AI Agent）。OPPO 的研究人员也认为[①]，5G 物联网连接的"机和物"的规模超出人可以感知和处理的程度，在 6G 中，需要海量的智能体来管理信息化世界。

AI Agent 能感知环境，并且能主动采取行动，甚至能够根据环境和目标自行设定最佳行动方案。而近年来大模型的成功，也把 AI Agent 的能力提升到一个全新的水平。智能体不仅仅是生成式 AI，而且是交互性 AI，可以进行复杂的交互式对话和决策。随着 AI 能力的日新月异，在 6G 时代，网络的使能对象可能不仅仅是 AI Agent，还包括通用人工智能（AGI）。

华为的研究者[②]认为，6G 无线通信仍然基于香农-韦弗模型，如图 4-12 所示，但将超越基于比特传输的香农通信的框架，实现真正的意图通信。

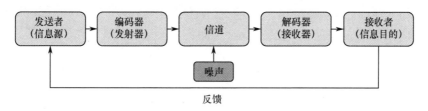

图 4-12　香农-韦弗模型

华为的研究者将基于 AI Agent 的 6G 通信总结为四种类型。

1. 人与人的第一系统和第二系统的通信

第一系统是指每个人基于空间计算和多模态的确定性行为的代理，代表一个人的知识、能力、外在特征和对外界信息的反馈，也可称为"数字人"的理性部分，这部分甚至可能不需要 6G 网络的支持。感性部分包含人的喜怒哀乐等非确定性行为，无法预先学习和建模，称为**第二系统**。第二系统需要在物理世界中实时通信，沟通和传递信息，这部分可以通过 6G 信道通信。

2. 机器与机器的通信

机器与机器的通信，即使在 6G 中，如果直接上传视觉或传感的结果（如

---

① OPPO. 6G 白皮书[EB/OL]. (2024-02-27)[2025-02-26]. OPPO 网站.
② 童文. AI，一座迈向 6G 的桥梁[EB/OL]. (2024-06)[2024-11-09]. 华为网站.

完整的视频、高频采样的海量传感数据等），在边缘设备或者云上使用大模型进行计算，则需要"极大上行"的流量，能支持的机器数量较为有限。如果在终端有初级的智能体，通过无线信道与云端的大模型计算进行基于意图的实时对齐，则可以更好地利用"端-管-云"的智能体协同，实现海量机器与机器的通信。与直接的视频传输相比，此传输机制下的流量可以压缩百倍甚至千倍，从而在量级上提升系统可支持的通信用户数量。

3. 人与机器的超高可靠极低时延通信（URLLC+或 HRLLC）

在 4.3 节超高可靠极低时延通信（HRLLC）中已介绍。

4. 基于空间计算的机器与人的元宇宙代理的通信

为支撑基于智能体的 6G 通信框架，3GPP 标准的设计需要考虑支持感知、学习的上行信道，并且能够支持推理、低时延、元宇宙的下行信道。

总之，6G 的愿景是融合通信、AI、感知，成为服务于海量智能体和丰富的 AI 场景的"神经中枢"。

4.6　通信感知一体化

6G 将提供物理世界与数字世界的深度连接，网络感知和原生 AI 是 6G 的全新应用场景。也就是说，6G 将感知与通信能力融入同一系统，利用无线电波实现超越人眼对物理世界的"观察"，并在虚拟世界中映射和构建数字孪生[①]。

感知与通信能力的融合，也称通信感知一体化，包括利用通信信号进行感知和利用感知信息改善通信两个方向，对应集成传感与通信（ISAC）和联合通信与传感（JCAS）的概念。其共同的目的是赋予通信系统感知能力。

---

① 华为. 通信感知一体化——从概念到实践[EB/OL]. (2022-11)[2025-01-14]. 华为网站.

利用通信信号进行感知是指通过从无线信号中提取距离、速度、角度信息，可以提供高精度定位、手势捕捉、动作识别、无源对象的检测和追踪、成像及环境重构等新服务，实现"网络即传感器"（Network as a Sensor）。

利用感知信息改善通信是指感知功能提供的高精度定位、成像和环境重构能力可以提升通信性能，如波束赋形更准确、波束失败恢复更迅速、终端信道状态信息（CSI）追踪的开销更低。

感知同时也是对物理世界、生物世界的观察、采样。实时的网络感知，获取对物理世界、生物世界的准确刻画，能复刻出一个平行的数字世界，也就是"数字孪生"。

在集成方式上，基于不同的集成度，从非常松散到非常紧密，通信感知一体化大致可以划分为 5 种类型：站点集成、频谱集成、基础设施集成、波形集成和无线资源集成[1]，如图 4-13 所示。

图 4-13　通信感知一体化的类型

站点集成是最松散的集成方式。通过在站点上分别部署的通信设备和感知设备（如摄像头），提供关于外界环境的信息，以改善通信。

无线资源集成（含时域和频域）是最紧密的集成方式。感知与数据传输同时进行，使用相同的无线资源。

所有级别的集成都涉及通信和传感之间的权衡和协同作用。

频谱是一种稀缺资源。能够同时将一部分频谱用于传感和通信的方案，相

---

① WYMEERSCH H, SALEH S, NIMR A, et al. Joint Communication and Sensing for 6G—A Cross-Layer Perspective[J]. arxiv preprint arxiv:2402.09120, 2024.

比于传感和通信分别采用不同的频谱，显然更为有效。在 6G 中，传感能力会更紧密地集成于通信网络，实现原生的通信感知一体化的支持。通信感知一体化的驱动力如图 4-14 所示。

图 4-14　通信感知一体化的驱动力

- 网络致密化：蜂窝系统越来越致密化，越来越泛在可及，也正在进入垂直行业，如工厂、矿山。这种部署密度提供了通过通用基础设施和频谱重用实现广域射频传感的机会。

- 带宽增加：信号带宽在各代产品中不断增加（4G LTE 载波为 20 MHz，sub-6 GHz 5G NR 为 100 MHz，毫米波 NR 为 400 MHz）。5G 演进的新频段和 6G 预计将具有 1 GHz 或更高的带宽，这将提供高分辨率传感的可能性。

- 保护隐私：与摄像头相比，射频信号对隐私的侵入性较小。显然，摄像头不是在任何地方都适合安装的，如卧室、公共卫生间等。此外，射频信号在灰尘、恶劣天气或光线不足等真实环境中也能很好地传播，优于摄像头和其他传感器。

- MIMO 波束赋形：大规模 MIMO 部署和空间信号处理技术已经是 5G 的关键组成部分，这也大大提高了无线传感性能。

此外，射频和传感的一体化，有利于移动通信行业的规模经济。在部署和维护上，一个集成化的系统显然优于独立的两套系统。更进一步地讲，用于通信系统的人工智能（AI）和机器学习（ML）的最新进展，为 AI/ML 成为超5G（B5G）和 6G 系统设计不可或缺的一部分铺平了道路。

在 5G-A 中，已经包含了初步的 ISAC 应用场景以及潜在需求分析。未来6G ISAC 系统的应用场景很可能包括超高精度定位追踪、同步成像、地图构建、人类感官增强等。ISAC 可以帮助运营商提供新的服务，如生物医学和安检成像、复杂室内外环境地图构建、环境污染和自然灾害监测、缺陷和材料检测等，并为消费者和各垂直行业创造新的业务场景。

4.6.1　超高精度定位追踪

定位追踪构建了数字信息和实体位置之间有意义的关联。在 5G 和早期的移动通信系统中，定位是移动网络唯一提供的"感知"服务。而在 6G 中，定位和追踪的精度会有显著的提升，时延也会降低，从而带来新的用例。

6G 网络可提供有源和无源两种定位服务。**有源定位**在 5G 和之前的网络中已经提供，是针对联网设备的定位，目标设备的位置信息来源于接收到的参考信号（设备侧定位）或目标设备的测量反馈（网络侧定位）。**无源定位**则不要求目标设备联网，通过收发机相同的单站感知（接收机与发射机共设）或双站感知（接收机是单独的一个节点或设备），从散射和反射信号中估算时延、多普勒和角度谱信息，对应物体的距离、速度和角度，以估算出目标设备位置。进一步通过信号处理，还可以提取坐标、朝向、速度和其他物理三维空间的几何信息。

传统的"定位"业务主要是针对单一实体的，如手机导航，由手机本身基于网络和 GPS 信号确定自己的地理位置。6G 中的定位业务可能涵盖互相接近或者互相影响的多个实体，实现相对定位。例如，在自动仓储场景中，厘米级相对定位精度可实现器件的自动放置，毫米级相对定位精度可实现小物件的精确安装和放置。自动化生产线上的机器人也可利用相对定位的能力，准确地确定自身和目标物件的位置。农业生产中多台无人机的精确释放和回收的场景，也可能用到相对定位的功能。

"高精度定位+AI"也会带来更多的想象场景。想象的场景包括：餐厅中的送餐机器人，基于自然语言交互，理解顾客意图，并准确地提供点单、送餐、结账等服务。

4.6.2　同步成像、地图构建和定位应用

同步成像、地图构建和定位应用是三个不同的应用场景，但是，这三个方面的感知能力可以相互增强。例如，通过成像可捕捉周围环境的图像，通过定位可获取周边物体的位置，再利用这些图像、位置来构建地图，而构建出的地图又反过来提升位置推理能力。

通信感知一体化，利用先进的算法、边缘计算和 AI 技术，生成超分辨率、高识别度的图像，构建地图，并发挥传感器的作用，结合地图中的各类物体（基站、汽车），构筑一个庞大的泛在感知和交互的网络。

6G 超分辨率、高精度的感知能力，可支持 3D 室内成像与地图构建，从而实现室内场景重建、空间定位和室内导航等，并向网络和终端提供最新的环境信息。物体表面会像镜面一样反射信号，精确的地图信息可以用于确定多径的反射点，并利用镜像技术重构非视距物体的补偿图像。因此，环境重构完成后，利用场景的几何先验信息，如建筑结构图，可以进行非视距目标的定位与成像，更精确地检测目标位置。

理想中的应用还包括智慧城市的车联网用例。对智能汽车，其附近的固定基站可以将感知数据整合并反馈给汽车，提供更好的视野、感知距离和分辨率。在行人横穿马路、雨雪等恶劣天气、障碍物影响视线等场景，可以提供更好的自动驾驶功能。智能网络结合环境重构和 3D 定位，可以实现数字孪生的街区甚至城市，用于交通流量监控、车辆拥堵检测和事故检测等场景。甚至，6G 系统的成像能力还可能用于检测空中的无人机。

4.6.3 人类感官增强

人类是通过感官来感知和理解世界的，人类的感官能力存在局限性。听觉在一定程度上需要靠近声源，视觉容易受自然环境和障碍物的影响，触觉、嗅觉、味觉更是需要身临其境。未来的 6G 网络和 6G 设备，可以提供安全、高精度、低功耗和超越人类自身的感知与成像能力，实现 6G 时代的"第六感"。

在 6G 网络中，基站和用户设备发射的无线信号并非仅用于承载数据，这些无线传播信道也成为态势感知信息的来源。网络可将从无线传播环境中的各类物体反射回来的接收信号与原始传输信号进行比较，从而收集物体的相关信息。6G 的信号精度不仅能够感知物体的存在，还能确定其类型、形状、相对位置、速度，甚至材料特性。

无线通信网络具备广泛覆盖的特性，可以通过网络级感知创建物理世界的"镜像"或数字孪生。通过与该数字孪生互动，人们能将感知能力扩展到网络覆盖的每一个点。

显然，这种感官增强的"超能力"能够催生诸多新应用。例如，"超越人眼"的应用可获得皮肤下、遮挡物后或黑暗中隐藏的重要信息。在医疗领域，该技术有望实现部分医疗检测的无创化，在不损伤患者身体的前提下获取更准确的信息，适用于诊断、检测和治疗等医疗环节，在远程手术、医疗影像等方面也存在潜在应用场景。在建筑行业，人们使用手持便携式设备，便能检测墙体内的走线布局、墙体后管道状态以及水槽隐藏裂纹等。在物流行业，通过快速扫描包裹内的物件，甚至是进行视觉检测，可有效避免安全风险。华为的专家还提出频谱图识别技术和应用场景。频谱图识别是基于目标的电磁或光学特性，对目标进行性质识别的频谱感知技术，包括对吸收、反射率和介电常数等参数的分析，区分材料的类型和质量。频谱图识别可以用于食品检测、环境污染检测和产品质量控制。设想的场景是，使用未来的 6G 手机基于太赫兹信号的透射和反射能力，来检测食物的种类和成分，不仅有助于识别食物的种类，还可以检测食物的热量等。

人类的感官增强能力依托于频率高达太赫兹、波长小于 1mm 的 6G 通信技术。天线阵列的小型化，有助于将这些人类感官增强功能集成到便携式设备中。

人类感官增强的应用，能够以最直观的方式提升人类的能力，帮助用户感知和理解物理世界。

4.6.4　手势和表情识别

基于机器学习的手势和动作识别是推广人机接口的关键。用户可以使用手势和动作传递指令、与设备交互。但是手势、表情和动作识别，往往依赖于高清摄像头，给智慧家居等场景带来很多隐私的担忧。

在 6G 中，更高的频段会带来更高的分辨率和精度，可以捕捉更细微的动作和手势，在检测物体运动产生的多普勒频移时，高频段的灵敏度也更高。6G 网络进一步致密化，云网端的数据关联和融合，可以更好地提升人机交互的性能，也可以降低摄像头带来的个人隐私泄露的潜在风险。

最直观的应用场景是智慧家居。先进的手势捕捉和识别系统，追踪手部的 3D 位置、旋转和手势。这样，家人只要挥一挥手或者做个手势，智能灯、智能电视等各种家电都可以远程控制。此外，6G 网络中先进的手势捕捉和识别技术可以实现更加复杂的功能，如在空中弹奏虚拟钢琴，使得随时随地享受沉浸式娱乐体验成为现实。毫无疑问，这一超前概念会激发更多与高精度手指运动检测和追踪有关的创新应用。

设想的用例还包括智慧医院。智慧医院可以实现对患者的自动化和精准监护，大大减轻医护人员的工作量，并提升患者的满意度。例如，对于肢体康复期的患者，可以识别其物理治疗期间的姿态和动作是否符合康复训练的要求，改善患者的康复过程。对于突发事件，如患者不慎跌倒，或者有人员误进入医疗设备操作区，可以及时识别和发出警报。

第 5 章

6G 总体架构与网络演进

为满足 6G 网络的关键绩效指标（KPI），6G 蜂窝网络将继续对现有的无线接入网（RAN）进行现代化改造和升级。有一系列目标一致，但关键技术和实施方案存在显著差异的演进方向。

5.1 多功能接入网演进

其一是解决网络致密化导致的干扰。

未来的网络可能会融合一系列 RAN 技术，从广覆盖到室内覆盖，以及超高容量的短距离链路。这需要非常密集的小型蜂窝部署，特别是对于人口稠密地区（如人口密集城市）并发且吞吐量高的案例，如大型体育赛事或者演唱会现场。

小区致密化的好处是，使用不太复杂的硬件实现一定的面积容量，但代价是使用更多的无线接入点（AP），增加对站点、物业等基础设施要求，还意味着更多的干扰。分布式 MIMO（D-MIMO）将超密集蜂窝网络与 MIMO 技术相结合，以同时利用这两种技术的优势。

其二是解决网络致密化导致的传输风暴。

从技术角度来看，接入点数量的指数级增加将给网络所有节点的前向传输、回程传输带来新的挑战。潜在的理想解决方案是毫米波和 sub-THz 频段传输。该频段内有大量的带宽可用（在 24～86 GHz 之间已确定共有 17.25 GHz 的频谱），其传输链路由窄波束定向天线支持，以限制干扰。在现有集成接入和回程（IAB）解决方案基础上，还需要新的波束赋形和调度技术。可以预见，6G 的无线回程容量将提高几个数量级，从而能够使用 IAB 经济高效地提供 6G 服务，甚至可以向目前成本高昂的偏远地区提供 6G 服务。

其三是探索满足极高 KPI 的连接方式和关键技术。

一种经济、高效且向后兼容的蜂窝网络致密化方法是通过多连接技术组合不同的无线接入技术。这项技术早在 2015 年的 3GPP Rel-11 中作为双连接机制引入。尽管如此，它在后 5G 时代仍然是候选方案之一。6G 网络考虑的另一种技术是智能超表面（RIS），它由一系列用于重新配置入射信号的反射元件组成。由于 RIS 能够主动改变无线通信环境，以缓解各种无线网络中遇到的各种挑战，已成为 6G 无线通信研究的热点。RIS 技术易于部署、光谱效率高和环境亲和力强，从而具有吸引力。

目前，还有几个设想的 6G 用例需要 100 Gbit/s 左右的极端数据速率，在特定场景中甚至高达 1 Tbit/s。这无法通过当前的通信标准来实现，也无法通过现有无线技术的简单发展来实现，而是需要超出现有系统能力的颠覆性的新技术。实现如此极端数据速率的一种方法依赖于利用数吉赫的超宽带宽（该带宽在 100 GHz 以上的频段内可用，特别是在 100～300 GHz 范围内），这表示为 sub-THz。

其四是满足可持续性网络的要求。

6G 网络的投资规模显然不能与网元和服务的规模等比例增长，向降低成本和提高效率的方向发展是必然的趋势。未来的部署场景依赖于灵活的、可扩展的、可靠的传输网络，以支持 KPI 要求苛刻的使用案例和新颖的部署选项。例如，由人工智能和可编程性支持的分布式 RAN 和集中式/云 RAN 的混合部署。

5.1.1　分布式 MIMO（D-MIMO）

第三代移动通信系统（3G）引入了点对点 MIMO，也就是服务于单个用户的 MIMO。随后，4G 和 LTE-Advanced 系统引入了多用户 MIMO（MU-MIMO），支持多个用户使用相同的时域和频域资源进行上行传输。

为提高 4G 和 5G 蜂窝网络频谱效率，网络致密化，即增加每单位空间的基站（BS）数量，已经是明显的趋势。这种解决方案的缺点是干扰大，会对小区边缘用户的使用产生较大的负面影响。6G 网络基础设施会具备更高密度，以提供预期的性能，需要重新思考底层架构以消除小区边界，提供统一和连续的覆盖。

异构网络（HetNet）作为一种替代方案，其中各种传输节点，例如，微微蜂窝、毫微蜂窝和射频拉远头（RRH）安装在同一个宏蜂窝区域内，以提高蜂窝边缘用户以及整个系统的服务质量。这些传输节点与中央基站协同工作，但在发射功率水平和硬件等各个方面与基站不同。例如，RRH 由天线和射频放大器组成，并使用基带信号通过光纤电缆或无线电链路连接到基站，从而将宏蜂窝部署转变为分布式天线系统部署。

5G NR 标准引入了大规模 MIMO（mMIMO），其中每个 BS 都配备了许多天线元件，使其能够通过高度定向波束赋形技术同时为众多用户设备（UE）提供服务。这种方法受益于利用确定性信道的信道强化和有利的传播机制，因此有可能缓解小规模衰落。

6G 面临的一个问题是 MIMO 的下一步发展是什么，以及 6G 网络对多天线系统的需求是什么，答案很可能是分布式 MIMO（D-MIMO）。6G 应该提供具有功能价值和部署价值的无限制的连接。在其他授权频段中，如中频段，它可能会利用毫米波频率，并有望为 UE 提供高频谱效率和可预测的服务质量（QoS）。为了确保一致的服务质量，避免互相侵入，实现更灵活稳健的网络，多点传输有望成为趋势。可以预见，通过空间分离的收发器进行联合发送和接收在 6G 系统中至关重要。

　　无小区（CF）mMIMO 结合了微小区、mMIMO 和以 UE 为中心的协调多点的联合传输（JT-CoMP）的关键元素。在无小区环境中，mMIMO 机制通过在网络中散布许多天线元件（甚至以单天线 BS 的形式）来实现，从而提供增强的覆盖范围，减少路径损耗。此外，以 UE 为中心的相干传输扩展至整个网络，其中每个 UE 由多个基站共同提供服务，几乎可以消除干扰。这样一个大规模的 D-MIMO 系统，综合了网络 MIMO、mMIMO、超密集网络和无小区 mMIMO 的特征，被认为是 6G 网络潜在的物理层范式转变。

　　假设一组传输节点（用 AP 表示）通过前向回程链路（如大容量光纤）连接到中央处理器（CPU），这些链路传输特定于 UE 的数据和处理权重，从而实现全网络处理以计算特定于 AP 的预编码策略，D-MIMO 图示如图 5-1 所示。由于 AP 可以在本地执行信道估计和分布式预编码，因此 D-MIMO 实现了可扩展的网络 MIMO 的概念。此外，可以利用时分双工（TDD）操作的信道互易性，使用通过上行链路导频获得的信道估计来设计预编码。因此，信道估计产生的开销与 AP 的数量无关，并随传输层数量的不同而变化。属于不同 CPU 的 AP 可以为给定的 UE 提供服务。

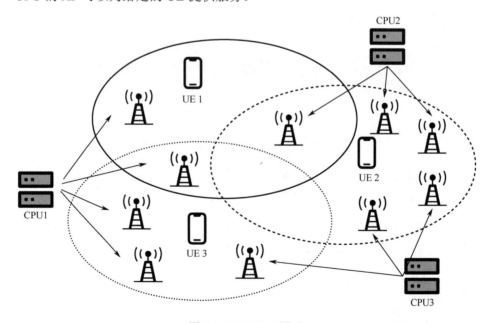

图 5-1　D-MIMO 图示

如图 5-1 所示，分布式通信计算平台提供了多种功能，非常适合支持为 6G 设想的各种新颖的交互式用例。

（1）本地连接计算资源：许多 XR 应用程序在很大程度上依赖于本地内容，分布式处理可以提高效率并减少带宽和能耗的瓶颈。

（2）接近度：以极低的发射功率实现出色的连接性。应用程序可以受益于接入基础设施中的分布式本地计算功能。由于对中距离和长距离连接的依赖性降低，因此可以更有效地利用网络带宽和能源。此外，与能源中和设备（由环境供电的设备）的交互，本质上需要"充电"功能靠近这些设备。

（3）冗余：可以避免重传，以实现无法察觉的时延和超可靠的连接。

（4）多样性：可以持续提供卓越的服务水平，这对于需要难以察觉的时延和零中断的创新交互式应用程序至关重要。高精度室内定位也可以从多样性中受益，并且可以创造有利的传播条件，以实现良好的通信质量和广泛的空间复用。

D-MIMO 传输节点的概念和功能尚未被准确定义，可以是基站（BS）、无线接入点（AP）或者其演进。5G 时代引入的 gNodeB（gNB）功能分裂，如射频单元（RU）、分布式单元（DU）和集中式单元（CU），其分裂的机制可能在 6G 中借鉴。一种解释是 AP 可能几乎没有处理能力，CPU 可能是 DU，也可能是多个 CPU 连接到 CU。

5.1.2 集成接入和回程（IAB）

IAB 网络架构的主要目标是通过使用相同的频谱资源和基础设施为接入的 UE 和回程的基站提供服务，从而促进现代网络架构的密集部署，而无须与每个基站建立光纤连接。因此，在缺乏与射频单元（RU）的光纤连接的场景，IAB 架构将成为 RAN 基础设施的关键部分。对于 5.1.1 节"分布式 MIMO（D-MIMO）"中提到的 D-MIMO 架构，IAB 更是应对回程/前向回程挑战的潜在解决方案。D-MIMO 基础设施存在 CU 和 DU 连接到覆盖指定区域的多个

RU 的非常多的链路，使用光纤连接未必可行。对于这种情况，IAB 可以提供经济高效的连接。

在 6G 网络部署的早期，如果带宽不是主要限制因素，如亚太赫兹频段下，则 IAB 是提高部署灵活性和效率的有效方法。IAB 提供的解决方案，如多跳通信、动态资源多路复用和即插即用设计，适用于低复杂度的灵活部署。此外，由于毫米波频段和多波束系统以及 MIMO 的方向性，更高的空间重用减少了回程和接入链路之间的交叉干扰，从而实现了更高的网络致密化。

图 5-2 显示了一个通用的 IAB 场景，其中每个基站（BS）的接入和回程共享相同的资源。BS#1，即主 BS（MBS），直接连接到核心网 CN（如通过光纤回程），而 BS#2 和 BS#3（次级 BS，SBS）使用带内回程。UE 可以看到至少一个 BS，也利用相同的资源通信。此外，BS#2 和 BS#3 可以通过回程网相互通信。

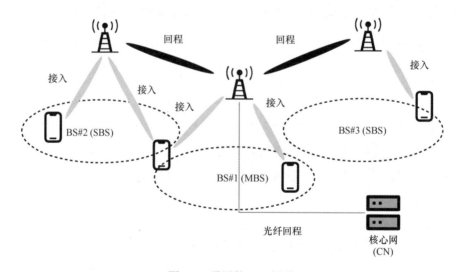

图 5-2　通用的 IAB 场景

为了满足回程 6G 基站的高数据速率要求，使用毫米波和 Sub-THz 频段的回程技术和部署方式仍在研究中。该频段电磁波传输的特点是容易受到阻塞，例如，移动的物体、季节变化（夏天树叶茂密）或基础设施变化（新建筑物）。从韧性的角度来看，即使活动回程路径降级、丢失，甚至过载和故障，确保 IAB 节点持续运行（如提供覆盖范围和最终用户服务连续性）非常重要。3GPP 已就 IAB 网络的动态拓扑达成一致，通过支持 IAB 节点的自动连接、网络拓扑适应和冗余连接，自主重新配置回程网络以实现上述情况下的最佳回程性能。

5.1.3　智能超表面

6G 各项架构候选技术并非互相割裂，D-MIMO 与智能超表面（RIS）相互关联。RIS 预计将成为 6G 网络的关键推动因素之一。

RIS 是采用新型工程材料的二维表面，其表面特性是可配置的，而不是静态的。使用 RIS 可以塑造物体表面与无线信号的新型交互方式，从而能够对无线传播环境进行微调。表面可以是无源元件，而无须进行数字处理或信号放大，也可以具备中继功能，提供信号放大。

研究[①]发现，在发射机和接收机之间存在障碍物，导致无法直接连接（直射径被遮挡）时，RIS 可以起到更好的效果，如图 5-3 所示。

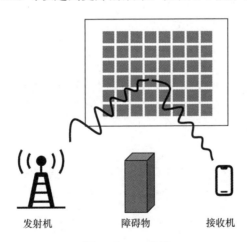

发射机　　　　　障碍物　　　　接收机

图 5-3　RIS 示例

有源 RIS 也在研究中，其具备可以实现数字信号生成的有源元件，也可以被解释为一种超大的 mMIMO。

---

① ZHANG Z, DAI L, CHEN X, et al. Active RIS vs. passive RIS: Which will prevail in 6G?[J]. IEEE Transactions on Communications, 2022, 71(3): 1707-1725.

RIS 需要低成本且功率有限的设备，能够以可编程的方式将入射波重定向到所需的方向。因此，提供对传播环境的控制反过来成为提高通信链路性能的优化变量。RIS 适用于许多用例，如性能提升、电磁场暴露最小化、定位和传感。此外，最近文献中提出的 RIS 应用涵盖了不同假设下的几种应用场景。

- RIS 增强蜂窝网络，其中 RIS 用于建立位于盲点的用户与 BS 之间的连接。这样，可改善蜂窝网络服务质量和移动边缘计算（MEC）网络中的时延性能，或者可作为信号反射，通过设备到设备（D2D）通信网络中的干扰缓解来支持大规模连接，或者增强小区边缘用户的接收信号功率并缓解来自邻小区的干扰。

- 增强 RIS 的无人系统，通过充分利用上述 RIS 的优势，增强无人机（UAV）无线网络、蜂窝连接的无人机网络、自主车辆网络、自主水下航行器（AUV）网络和智能机器人网络的性能。

- RIS 增强型物联网（IoT），利用 RIS 辅助智能无线传感器网络，如智能农业和智能工厂场景。

此外，RIS 还可潜在应用于车联网通信、多接入边缘计算等目标场景。更多新型的应用也在探索中，如用于创建无线盲区，以便尽量降低干扰或防止可疑用户设备窃取数据。

RIS 并非现有产品，其实现依赖材料科学与技术的突破。研究中的超材料需具备电磁反射和折射特性，利用这些特性是实现 RIS 技术的关键。这种材料能克服镜面反射的问题，实现任意反射角。使用透明超材料时，同样能实现任意折射角。RIS 还可以对反射信号进行波束赋形，改变波束宽度和极化方向。

5.1.4 RAN 候选技术总结

未来 6G 网络将采纳一系列具有巨大潜力的 RAN 候选技术，这些技术之间不会互相割裂，而具有很多复杂的依赖关系。对于 6G 高出 5G 一个数量级的连接数量要求，D-MIMO 是否可以提供预期的宏分集（以利用最大的分集增益）、设计灵活性并管控干扰，尚在研究中。大规模 D-MIMO 部署的主要挑战是安装成本，因为它需要高速前向回程连接。设想中的无线回程/前向回程可以通过 IAB 来满足。此外，还需要解决诸如波束管理、在更高频段中实现非相干操作的实用方法，以及满足要求的传输解决方案等问题。网元功能解耦对于创建可扩展的 D-MIMO 架构至关重要，因此 O-RAN 支持是可能的网络架构演进的技术趋势。需要根据 UE 集群及 O-RAN 的 DU 和 RU 等网元在为集群提供服务时的参与方式来定义和规划各种基于 O-RAN 的部署场景。

RIS 也是 6G 的关键技术，它具有控制传播信道以支持通信链路的低成本解决方案。它在多个用例中显示出巨大的潜力，不仅适用于蜂窝场景，还适用于无人机和卫星系统，以及 IoT 场景。多路访问连接适用于专用网络场景，是超 5G 和 6G 技术的重要且必要的特性。5G CN 支持集成非 3GPP 接入，为通过非 3GPP 接入网络接入的 UE 提供安全连接。在网络架构中，非 3GPP 接入会继续演进，并可能支持基于 O-RAN 的架构进行更灵活的操作，以提高链路的吞吐量、时延和可靠性。毫米波和 sub-THz 频段提供的大带宽有助于应对苛刻的 6G 用例的高数据速率传输的挑战。

5.2　可编程网络

伴随着持续的软件化和云化趋势，可编程性长期以来一直是网络设备的一个重要特征，在移动通信网络系统中也有加速应用的趋势。在 6G 中，仍将延续这一趋势。

在网络系统中，存在着不同层级的可编程性。

- 服务/应用程序配置级别：通过 API 等形式提供第三方与网络的交互；

- 网络和资源管理级别：系统和网元的云原生方法以及 O-RAN 定义的网元间和部件间的解耦接口。

- 网络部署和连接级别：通过专网、切片、网状网，提供网络的灵活部署和接入。

传统移动网络有望全面转型，成为开放的服务提供平台。这种转型的基石是定义通用接口和参考点，使第三方能够在不同的层级，和所有通信平面（控制、管理和数据平面）的网络功能和节点进行交互。

这种交互由可编程性框架支持，如图 5-4 所示。该框架的特点是：北向提供面向垂直行业的交互（网络感知和应用服务），南向提供与网络原生的交互（通过使用原生 API，提供第三方应用程序载入、网络管理策略实施等）。该框架还通过向第三方网络资源和服务公开的使能器，在网络能力开放的不同级别，对第三方提供交互能力。

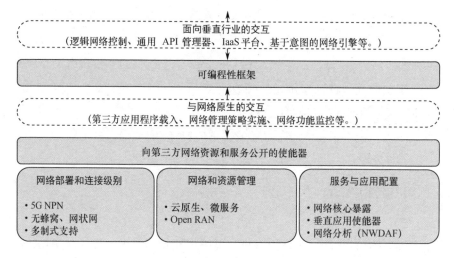

图 5-4　可编程性框架

总体而言，可编程网络通过标准化的 API 和数据模型，提供了以软件编程方式改变设备或者网络的能力。潜在的典型用例是基于意图的网络（IBN），通过在 6G 网络中引入人工智能（AI），有望解决传统网络在效率、灵活性和安全性方面的问题。这项技术通过意图进行通信，彻底改变了与系统交互的方式。

5.2.1　可编程网络的驱动力

可编程网络并非仅仅是技术方案，有来自多个方面的驱动力，驱动其尽快成熟、走向普及。

第一个驱动力来自网络部署和连接级别。

5G 中已经支持按需部署、可扩展部署，这些灵活部署方式的实现，离不开可编程网络的能力。

5G 专网（非公共网络，NPN），通过按需部署实现向垂直行业提供通信服务，能够发挥移动网络的技术和商业潜力。出于安全性、隐私风险以及性能等考虑，专网需要跟公网隔离。第一种场景是完全隔离，专网运营商，可能是垂直行业客户本身，如铁路专网，通过经授权的专用频谱提供通信服务。第二种场景涉及接入网、边缘网或者核心网的共用，以网络切片的方式提供服务。

可扩展部署是指在接入网、核心网、传输网中使用非 3GPP 网络的能力。例如，3GPP 规范定义了 N3WIF 网元，提供非 3GPP 互通功能，即使用相同的 5G 核心网（CN）为各种无线和有线接入技术提供服务，从而实现异构网络的集成和融合。

第二个驱动力来自网络和资源管理，也就是俗称的"管理平面"。

3GPP 5G 网络标准中定义了服务化架构（SBA）及其实现机制。服务化架构（SBA）提供了一个云原生服务框架，其中移动核心网络功能（身份验证、移动管理等）由网络功能（NF）实现。NF 是独立的软件应用程序，可以在云基础设施托管的商用现成的硬件上运行。

NF 在逻辑共享的基础设施或服务总线上互联，通过名为基于服务的接口（SBI）的应用程序接口（API）提供可供其他 NF 访问的服务。6G 中，SBA 可能会进一步地解耦，更灵活、更开放，支撑 6G 的关键指标。

接入网和传输网的"软件化"一直在进行中，提供灵活部署和调度的能力，并易于采用云解决方案的成熟能力实现监控。传输网的数据包处理更是"软件化"的主要目标。在基于 IP 的传输网络中，可编程性可能适用于所有三个平面：控制平面、管理平面，以及数据平面。例如，只需在可编程网络设备上加载新的 NF 程序，就可以将可编程设备上运行的功能从执行 IPv4 路由更改为其他功能。在 6G 中，可以预见三个平面有一定概率实现完全可编程性。

第三个驱动力来自服务和应用配置。

在过去的一些年内，利用运营商提供的开放能力，一系列新的创新模式涌现，给用户提供创新的服务，服务商的商业模式得以简化，运营商也获得了新的利润空间。例如，根据用户所在的位置，提供多样化的信息推送。在运营商与服务商的互操作维度，电信管理论坛（TM Forum）各成员合作开发了 70 多个基于 REST、事件驱动和领域特定的开放 API，提供跨复杂生态系统服务的无缝连接、互操作性和可移植性。电信管理论坛[1]认为，B2B、物联网、智能健康、智能电网、大数据、NFV、下一代运营支撑系统、下一代业务支撑系统等场景，均可以应用这些 API。

在 3GPP Rel-15 中，定义了网络开放功能（NEF）的相关规范，作为 5G 能力开放功能，面向应用程序功能（AF）提供 8 个标准能力开放服务，通过这 8 个服务可提供 QoS、事件监控、参数配置、设备触发、PFD（数据包流量描述）管理、流量引导、背景流量以及策略计费等服务能力。5G 开放服务能力在交通、工业、农林、能源、园区等众多行业中拥有广泛的应用场景。随后的 Rel-16 及其后续版本对能力开放服务做了进一步的补充和增强。

5.2.2　ETSI 可编程网络框架

6G 中的专用网络、切片网络会更加灵活，更广泛部署，并且需要支持各种 5G 和 6G 的新型用例，如通信感知一体化网络及新的终端类型。这引出了逻辑网络即服务（LNaaS）的概念。

6G 中的 LNaaS 需要满足如下要求。

---

① TM Forum. Introduction to Open APIs[EB/OL]. [2025-01-12]. TM Forum 网站.

- 支持现有的和 6G 的各种业务模式。

- 支持各种专有网络和公共网络之间的互联。

- 支持各种租户网络，与多个利益相关方合作。

- 更丰富的拓扑和灵活性，以适应 6G 驱动的边缘-云连续体。

上述要求需要各个标准化组织合作，以及提供开源的参考实现。ETSI 标准组织旗下的 TeraFlowSDN[①]控制器（TFS 控制器）是主流的参考实现。

TeraFlow H2020（由欧盟"地平线 2020"研究与创新计划部分资助的项目）于 2021 年 1 月开始，2023 年 6 月 30 日完成。该项目的目的是创建一种新型的安全云原生 SDN 控制器，推动超 5G 网络的发展。这种新型 SDN 控制器应能够与当前的 NFV 和 MEC 框架集成，并为流量管理（服务层）和光/微波网络设备集成（基础设施层）提供新功能，同时结合使用机器学习（ML）和基于分布式账本的多租户取证的安全性。

在 TeraFlow H2020 项目结束后，TeraFlow SDN 继续发展。TFS 控制器以及该项目中开发的服务概念和信息模型旨在为（垂直）企业客户以及运营商内部和跨运营商提供逻辑网络即服务（LNaaS）。

TFS 控制器的架构定义遵循相关行业标准和规范，并描述了相关的标准开发组织（SDO）和开源软件社区对其产生的共同影响，显然这些影响还会潜在重叠。6G 可编程网络相关行业标准如图 5-5 所示，左圈为标准开发组织，右圈为开源组织。

TFS 服务和切片模型主要基于 IETF 标准开发，这些模型允许请求端到端的第 3 层和第 2 层网络服务。

3GPP 的网络切片支持 5G 运营商内部的切片，以及切片为垂直行业提供服务。开放网络基金会（ONF）以开发云原生和可扩展的 SDN 控制器为主要

---

① VILALTA R, MUÑOZ R, CASELLAS R, et al. Teraflow: Secured autonomic traffic management for a tera of sdn flows[C]//2021 Joint European Conference on Networks and Communications & 6G Summit (EuCNC/6G Summit). IEEE, 2021: 377-382.

目标。

标准开发组织   开源组织

图 5-5   6G 可编程网络相关行业标准

电信基础设施项目（TIP）的开放光纤和分组传输（OOPT）项目致力于定义传输网络中的开放技术、架构和接口。

分布式账本技术需要 ETSI 相关工作组以及 Linux 基金会去中心化信任工作组（前 Hyperledger 项目）的共同努力。

ETSI 积极推进 TeraFlowSDN 的研究与实施。在 2024 年 11 月，推出了 TeraFlowSDN 第 4 版[①]，也就是 TFS 软件定义网络（SDN）控制器。第 4 版带来了大量新功能，旨在提供量子密钥分发（QKD）集成、端到端网络自动化和监控，以及网络管理、光纤网络、安全和区块链集成等方面的重大改进。

随着 6G 研究的继续，新兴的应用和服务包括触觉互联网、嵌入式智能、认知网络、设备和网络孪生等，都对网络的灵活性和开放性有了更高的要求。

如何创建、设计和部署逻辑网络切片以支持这些要求，将需要特定的标准和开源软件来提供构建块。

- 高度分布式的云原生基础设施和编排，支持基于容器的虚拟功能的大规模快速启动。

---

① SHARMA R. ETSI's TeraFlowSDN R4 Intros Quantum, Security, and Automation Innovations in SDN[EB/OL]. [2025-01-12]. The Fast Mode 网站.

- 位置感知和信任区域，因为用户和应用程序会连接到多个网络位置。

- 绿色和可持续的网络技术，尤其是光通信系统的增加使用（比基于电子的通信节省高达 70%的功率）。

6G 中的可编程网络仍然在研究中，需要标准组织、开源组织、运营商和设备制造商、服务提供商的共同努力。

5.2.3　GPP 可编程网络框架

早在 4G 时代，3GPP 就定义了"网络能力开放"的一系列 API，使外部应用具有访问网络的能力，如图 5-6 所示。这也被称为"北向"接口。在 4G和 5G 中，分别通过 SCEF 和 NEF 两种网元实现。例如，通过事件开放 API，可以获取 UE 的位置信息、漫游状态等。

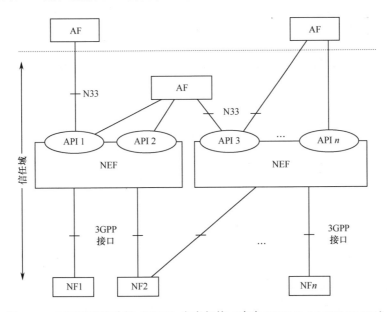

图 5-6　5G 网络开放功能（NEF）参考架构（来自 3GPP Rel-16 TS 23.501）

在应用层，针对无人机系统（UAS）、车联网（V2X）等场景，还有另外一系列的 API。这些 API 需要以高效、一致和安全的方式对外提供，所以3GPP 定义了通用的 API 开放框架（Common API Framework for 3GPP Northbound APIs，CAPIF）。

3GPP TS 23.222 "3GPP 北向 API 的通用 API 框架" 技术规范（Rel-15）介绍了 3GPP CAPIF 功能架构，以及实现 CAPIF 功能所需的 CAPIF API 规范。在这个技术规范中，描述了 CAPIF 北向 API 的交互协议，涵盖与加载和卸载 API 调用程序相关的功能、注册和发布需要公开的 API、第三方实体发现 API，以及授权和身份验证。与之相关联的 3GPP TS 33.122 "适用于 3GPP 北向 API 的通用 API 开放框架（CAPIF）的安全方面" 技术规范介绍了有关 CAPIF 安全功能和机制的信息。

CAPIF 功能被认为是实现移动网络开放性的基石，因为它允许将核心网络 API 安全地开放给第三方，并且允许第三方定义和公开自己的 API。

5.2.4　开放式 RAN 及其发展

移动通信的设备和网络，传统上是一个较为封闭的市场。在这个市场中，主要的玩家包括电信运营商和设备供应商（华为、中兴、爱立信、诺基亚、三星等）。随着电信行业从封闭到开放，电信网络从一体化到解耦的重大转变，开放式无线接入网络（Open RAN 或 O-RAN、ORAN）成为其中一种关键的驱动力。

O-RAN 是电信行业设计和部署无线接入网基础设施方式的一次转变。它旨在使无线接入网进一步开放，提高网络部署的灵活性、互操作性和创新性，并支持商业创新。

O-RAN 架构可分为三个关键组件：RAN 硬件和软件的云化/虚拟化、智能服务管理与编排（SMO）以及 RAN 不同部分之间的开放接口[包括到物理射频单元（RU）的前向回程]。

O-RAN 为运营商提供了更好的灵活性和可扩展性，并以降低成本、提高效率和改善服务质量为目标。其开放接口允许混合和匹配来自不同供应商的组件，简化网络管理，并更快地部署新服务，最终提高客户满意度。

O-RAN 的工作原理是将传统的 RAN 架构分解为模块化、可互操作的组件。关键组件包括 RAN 云化或虚拟化（vRAN），其中硬件和软件在一定程度上解耦，提供开放的可互操作接口，并提升无线接入网的智能化和自动化程度

（使用开放的管理和编排系统及接口）。其关键组件如下。

- 云化/虚拟化：硬件和软件解耦，RAN 应用软件作为云原生功能，在基于通用硬件和云平台的云架构上运行。

- 智能开放管理：利用具有人工智能功能的自动化管理和编排系统，实现网络功能的有效生命周期管理。

- 开放接口：O-RAN 依赖于开放和标准化的接口，如 O-RAN 联盟的技术规范，结合 3GPP 定义的接口，以促进分解的 RAN 组件之间的互操作性。

O-RAN 的发展并非一帆风顺，其部署的复杂度、运营的高成本，以及各设备供应商的支持力度不一，都在一定程度上阻碍了其进一步普及。

国内电信设备制造商华为公司曾公开表示不支持 O-RAN，认为其将提高运营成本，并不能真正降低风险。早在 2021 年，爱立信公司、诺基亚公司也分别向美国的联邦通信委员会（FCC）提交报告，对 O-RAN 声称的性能和部署成本表示担忧，并建议关注 O-RAN 的安全风险。

来自市场调研公司戴尔奥罗集团（Dell'Oro Group）的一份研究报告[1]显示，在 2024 年，O-RAN 的投资相对于 2022 年的峰值下降了 40%～50%。

虽然伴随着 5G 和 6G 的发展，总体上网络开放的趋势会更明显，但围绕无线接入网架构和部署方式的博弈仍然在进行，O-RAN 的未来尚不明朗。

5.3　可信赖网络

互联网以信息的分布式存储、开放式传输为主要特征。而随着移动通信网

---

[1] STEFAN PONGRATZ. Open RAN Tanks in 2024[EB/OL]. (2024-12-09)[2025-01-20]. Dell'Oro 网站.

络能力的提升，业务开放，赋能各行各业的数字化转型，移动通信网络也逐步转变成数据密集型和计算密集型网络。在该网络中，数据可能存储在多个节点，由多个参与方控制和处理，从而引发网络中的数据安全、隐私保护以及用户信任问题。此外，AI 与通信网络的融合，对于网络中的数据安全、隐私保护以及用户信任，都是双刃剑。

为此，学术界和工业界提出了多种技术，旨在解决分布式计算场景下的数据机密性问题，以及当存在多个参与方时的结果完整性问题。每种技术都不是"银弹"，均有自己的适用场景。随着区块链的蓬勃发展，很多研究者也在评估在未来的移动网络中集成区块链平台，以提升安全性、开拓新场景的可能性。

5.3.1 云存储的安全与隐私

5G 及 6G 网络是当今数字社会的关键推动因素，其提供了前所未有的网络容量和速度，支持各个领域的新应用和现有应用的性能提升。分布式传感器、移动设备以及云/边缘/雾计算和存储节点数量飞速增长，提供丰富的服务和体验。

这些应用的核心是数据，这些数据以极快的速度在 5G 和 6G 基础设施中的不同网元之间收集、生成、共享、处理和通信。此类数据可能是私人的、敏感的或公司机密的。同时，随着异构部署的普及，基础设施的各种网元并非像传统网络一样仅仅由运营商管理，而是会有不同的管理方，其可信假设也各有不同。

只有确保数据在基础设施的整个生命周期内得到适当的保护（包括机密性和完整性），才能充分发挥 6G 网络的潜力。

云数据存储常被认为是已解决的问题。其加密算法、密钥管理和访问控制都有成熟的方案和最佳实践。但是，无论数据存储多么安全，在计算前仍然要解密，从而引入了大量的攻击面和风险敞口。

对密文执行计算的能力，一直是学术研究的热点。例如，属性保留加密、可搜索加密和可信硬件等。但是这些方案要么存在潜在的安全强度问题（数据泄露风险），要么显著影响计算性能，没有得到大规模采用。

密文计算在后 5G 时代和 6G 时代仍然会继续演进。其在 6G 网络中的集成和应用方案仍待进一步探索。借鉴"AI for 6G"和"6G for AI"的概念，这类场景显然属于"6G 中的隐私计算"（Privacy Computing for 6G）。

与之相对的是"隐私计算中的 6G"（6G for Privacy Computing）。这种新颖的思路是，以 6G 来助力分布式隐私计算的发展。数据经过分片后，高性能分发到网络中的不同节点，并及时、安全、准确地获取计算结果，这个分布式隐私计算的常见任务模式和 6G 要解决的问题特征高度匹配。

5.3.2　基于区块链平台的安全与隐私

单体的移动通信网络无法满足具有不同要求和多样化应用的环境需求，由此引发网络提供商使用逻辑网络虚拟化来共享其基础设施。这些逻辑网络称为网络切片。

随着网络切片在各行业中的逐步应用，各相关方（业务方、电信运营商、虚拟运营商）频繁交易，交换资源。在理想情况下，网络切片可以自动处理、及时执行相关的交易，保证其安全性和参与方之间的互相信任，避免单点故障的影响。

这些描述很容易让人联想到区块链。

区块链是一种旨在将数据存储为记录的技术，这些记录使用加密方法安全地链接在一起，并且在不使整个链无效的情况下无法删除。它是一种特殊类型的分布式账本，被视为复制、共享和同步的数据存储，其中点对点网络中的参与节点需要将下一笔交易写入账本达成共识，即允许哪些更新，以及以什么顺序更新。这样，数据存储就不需要每个人都信任的中央机构了。

在 6G 基础设施中利用区块链以提高性能或启用新服务，存在大量的应用机会：

- 去中心化的网络管理结构；

- 身份验证、授权和审计；

- 网络服务的定价、收费和计费；

- 服务等级协定（SLA）管理；

- 频谱共享。

区块链平台有希望通过智能合约进行网络切片。区块链可以实现安全和自动化的网络切片代理，同时可以：

- 显著节省运营成本；

- 加快切片协商过程，降低切片协议成本；

- 提高每个网络切片的运行效率；

- 提高网络切片交易的安全性。

以工厂 IoT 环境为例，涵盖不同制造商的各种设备，通信交互通常以临时方式进行，且需要建立安全的通信渠道。而这些业务的前提是相互的设备识别和认证。万维网联盟（W3C）定义的可验证凭证模型及其区块链实现，是一个潜在的解决方案。

可验证凭证（VC）是物理世界凭证（如驾照、出生证明或资产标签）的数字签名、加密安全表示形式。凭证具有以下属性。

- 它标识凭证的主题（照片、姓名和身份证号）。

- 它与发行机构（政府、权威机构等）相关联。

- 它属于特定类型（如护照、驾照和社保卡）。

- 它证明了发行机构对主体的特定属性的断定（如毕业证的专业、学位需要学校认可）。

- 它告知凭证的约束（到期日期和使用条款）。

VC 将数字签名添加到身份信息中，使其比物理签名更具不可篡改性，也更值得信赖。使用此概念进行 IoT 设备识别的基本原理是对设备来源和"出厂兼容性"实施加密签名以进行证明。

VC 生态系统中的核心角色包括如下几种，如图 5-7 所示。

- 颁发者：此角色断定有关一个或多个主体的声明（一般使用断言实现），从声明创建 VC，并将凭据传输给持有者。

- 持有者：此角色持有一个或多个可验证凭证（VC）。持有者通常是 VC 中被验证的实体。例如，持有者是一个学生，颁发者是学校，VC 是"学生证"，提供该学生的学籍证明（姓名、入学时间、所在班级等属性）。持有者也可能持有其他实体的 VC，例如，父母（持有者）持有游乐园（颁发者）签发的儿童年卡 VC。

- 验证者：此角色处理持有者分享的 VP。通过验证 VP 是否有效，以确认有关实体的身份或者属性。类比于游乐园检票处检查年卡上的游乐园的签章（检查颁发者签名），年卡是否过期（验证 VP），年卡是否因挂失而吊销（检查吊销信息）。

- 可验证数据注册表（VDR）：此角色记录各角色的身份、密钥、VC 架构和定义、吊销注册表、颁发者的公钥等信息，并在查询时做出响应。

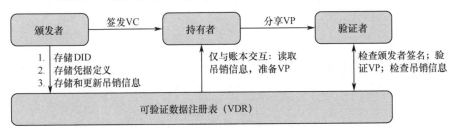

图 5-7　VC 生态系统中的核心角色

在 6G IoT 场景中，上述参与者也可以直观地映射到各实体。制造设备的公司是颁发者，给每台自己的设备签发 VC，确认其来源。设备本身是持有者，向验证者（如工厂的门卫或门禁）分享 VP，认证自己的身份。

5.3.3　可信执行环境及演进

在未来高度分布式、开放和虚拟化的电信架构中，信任根以及可信计算技术仍然会有自己的一席之地。安全且防篡改的硬件组件，称为"信任根"，用以保证不受信任的环境中数据和代码的安全。

6G 时代将带来非公共网络和专用子网络的增加，其中许多子网络可能在自己的私有云上运行。信任根（信任锚点）和可信执行环境等硬件技术将在可信计算组织（TCG）开发的可信平台模块（TPM）标准的基础上改进，并整合可信启动、可信执行环境（TEE）和安全隔区（Secure Enclave）[①]。在 6G 网络和设备中，TPM 和 TEE 的演进可能包括新的处理单元、硬件加速能力和随之而来的加速抽象层。

6G 中的边缘计算能力，目标是使计算任务出现在最需要的位置，而不是依赖于集中化的云计算。根据 ML、IoT 和 AI 等趋势，边缘计算的并行任务数量、计算的密集度都会增加。这引入了云性能和边缘通信时延之间的权衡，而且还需要考虑并行任务的安全性问题，即任务之间的进程隔离和数据隔离机制。这也是传统的虚拟化要解决的问题之一。

自虚拟机技术之后，各类轻量级容器技术、沙盒技术以及单内核（Unikernel）技术如雨后春笋般涌现。在 6G 网络和设备的软件解决方案中，部分软件组件可能审慎评估解耦、移植到隔离区域运行，以提升整体的安全性。

5.3.4　信任即服务（TaaS）

可信任代表托付对象对于托付者关于数字托付的承诺，也代表托付对象（被托付者）是否可以被托付者信任。作为一个复杂的社会学概念，数字化的信任包括一系列不同维度又相互关联的指标，如可用性、可靠性、安全性、隐私性、完整性和真实性。

---

① Apple. Apple 平台安全保护[EB/OL]. (2024-05)[2025-01-18]. Apple 官网.

一般而言，数字化信任在 6G 网络和服务中，可能存在如下几种。

第一种，用户信任服务。用户愿意与服务提供商共享其信息，以便能够使用该服务。值得一提的是，所提供的数字化服务可以是数据服务（如云存储）、智能应用程序（如基于云的语音识别），甚至是网络服务本身（如拨打电话或访问网站）。

第二种，服务提供商信任用户。服务提供商需要保证为用户提供服务，而且还允许服务提供商利用用户的可靠反馈数据来优化其服务。

第三种，一个用户信任另一个用户。这种信任使用户不仅可以与被信任的用户交换信息，还可以利用用户之间共享的数据进行决策。

5G 网络中，目前已知的网络攻击或者信任滥用，更多地针对第一种和第二种场景，第三种场景很少。网络的各个用户之间，并无通信业务上需要的信任关系。6G 中的数字化信任将涵盖第三种场景。

例如，分布式拒绝服务（DDoS）攻击，一般通过向目标服务发送大量多余的请求来实现，滥用的是服务提供商对于用户的信任（第二种）。这将导致服务提供商资源耗尽，无法提供预期的服务，损害用户对服务的信任（第一种）。勒索软件攻击一般结合网络欺骗和社会工程学技术，属于滥用用户对服务的信任或者用户对另一个用户的信任。

新兴的对人工智能模型的数据注入攻击，通过向系统提供虚假数据来毒害或操纵模型以降低其服务质量，已有很多相关研究。此外，对多传感器定位的攻击，滥用的是不同用户（传感器）之间的信任。对 GPS 导航系统的信号欺骗等攻击[①]，滥用的是用户对服务提供商的信任。

6G 的泛在智能，预期仍然依赖于数据驱动。很多智能服务的质量，来源于用户数据的上报，如无线信道预测、无线资源管理、NFV 编排等。现代的攻击，不再仅限于数据的机密性（"偷数据"）、完整性（"改数据"）。数据真实

---

① BURBANK J, GREENE T, KAABOUCH N. Detecting and mitigating attacks on GPS devices[J]. Sensors, 2024, 24(17): 5529.

性维度的攻击（"造数据"，指恶意或者无意地编造数据并注入模型）引发的威胁也不容忽视。

一种常见的应对措施是，评估每个用户和服务的"可信度"。例如，如果服务不可信（"钓鱼网站"），则需要提示用户风险。如果用户不可信，则服务在使用用户的数据，或者给用户提供服务时，需要考虑风险。

互联网作为一种分布式网络，其各个参与方之间并没有天然的互相信任。一系列信任技术早已出现，例如，基于直接观察的信任评估，基于可信第三方如公钥基础设施（PKI）的信任评估，基于声誉的信任评估（如 Google PageRank，基于网页的反向链接数，也就是到该网页的链接的个数，确定网页的可信度）。这些可信度评估的方法在 6G 时代会进一步发展。

借鉴"零信任"[①]的理念，在开放和动态的环境中，直接观察得到的信任评估存在评估周期长、具有滥用可能性、评分难以分享等风险。基于其他用户的间接观察的声誉评估可能会得到更广泛的应用。

要启用间接信任评估，声誉分数（即代理评估的用户或服务的信任值）必须在代理之间充分分布和共享。因此，必须涉及第三方实体/平台来记录、维护、更新和分发声誉分数，这个框架被称为"信任即服务"（Trust as a Service，TaaS）。

6G 运营商和虚拟运营商场景是 TaaS 的合适目标。（虚拟）运营商有最大的动力引入 TaaS。第一是 TaaS 可以在终端侧执行数据和服务的准确质量评估与安全风险评估；第二是 TaaS 可能会更方便地在 MVNO 场景实现身份识别和认证功能；第三是 TaaS 本身作为信任的来源，需要可信方运营。而 MVNO 场景，电信运营商对各参与者而言都值得信赖。

TaaS 在其他各场景的集成也在探索中，如 TaaS 和区块链平台的集成。

---

① STAFFORD V. Zero trust architecture[J]. NIST special publication, 2020, 800: 207.

5.3.5　6G 中的可信 AI

6G 毫无疑问会更加自动化、智能化和软件化。AI 在 6G 网络中也必将发挥越来越大的作用。AI 有助于增强 6G 网络的安全性，如 AI 用于威胁检测。当然，AI 本身的构建、部署、运行和维护等生命周期流程中的可信也非常重要。

可信 AI 并非仅仅是技术方面，欧盟可信人工智能道德准则中指出可信 AI 应满足：

（1）合法——尊重所有适用的法律和法规；

（2）道德——尊重道德原则和价值观；

（3）健壮——既考虑技术，又考虑其社会环境。

为满足上述目标，关键要求是人的自主和监督、技术健壮性和安全性、隐私和数据治理、透明度（包括可解释性）、多样性、可追责性、非歧视和公平性，以及社会和环境福祉。

透明度是指向用户提供有关 ML/AI 系统的信息。这包括 ML/AI 系统本身，以及系统如何决策。可追责性反映了当不良影响发生时，如何识别期望，划定相关责任。可解释性意味着 ML/AI 系统操作步骤可以理解，并且输出可以解释。这对于完成更可靠的风险评估和治理尤为必要。

ML/AI 系统应该能够抵御其整个生命周期（涵盖训练、预测等）中的对抗性攻击。6G 系统显然将更复杂，存在更多利益相关者，需要重点考虑。6G 中，泛在终端的能力进一步增强，或者出于安全与隐私的考虑，在模型构建和调优的维度，联邦学习和拆分学习等协作学习概念也很有前景。这些联合优化和数据最小化的机制，有助于保护隐私，因为它们允许在终端设备上进行本地训练，而无须集中数据训练。另外，这些方法可能会带来新的挑战，源于训练过程中可能的恶意终端设备，其可能注入错误数据甚至操纵整个训练过程。

实现值得信赖的 ML/AI 系统的另一个要求是从功能、操作和人类角度来看的安全性。ML/AI 系统应确保不会对人的生命、健康或财产造成任何损害。ML/AI 系统还应解决公平性和偏见问题。

标准化组织和监管机构也高度关注值得信赖的 AI 原则。欧盟 AI 法案由欧盟于 2021 年 4 月提出，在 2023 年 12 月获得批准，并在 2024 年 8 月实施。该法案旨在规范欧盟人工智能的开发和使用，确保以负责任和合乎道德的方式开发和使用人工智能，以保护个人的权利和安全。以风险管理视角，国际标准化组织 ISO/IEC 通过《信息技术—人工智能—风险管理指南》（ISO/IEC 23894：2023），扩展了风险管理框架（见《风险管理指南》ISO 31000：2018），为参与 ML/AI 流程（包括开发、生产或使用 ML/AI 辅助产品）的组织提供了有关如何管理 ML/AI 风险的指导。NIST 于 2024 年 7 月发布了人工智能风险管理框架（AI RMF 1.0），以促进值得信赖和负责任的 ML/AI 系统的开发和使用。ETSI 人工智能安全行业规范组（ISG SAI）也专注于这些方面，并发布了提高 ML/AI 安全性的标准。

安全性是可信 AI 原则的关键要素，需要特别关注，因为它的范围更广：ML/AI 可用于增强安全性（"AI 用于防御"），ML/AI 可用于破坏安全性（"AI 用于攻击"），ML/AI 可能成为攻击目标（"AI 是攻击对象"），如图 5-8 所示。

图 5-8　AI 和安全

应在设计、开发、部署和运营的整个生命周期中落实可信的 ML/AI 要求，并应通过在 6G 系统中启用本节所述的其他安全、隐私和信任基础来支持。6G 研究活动应密切关注 ML/AI 风险管理法规和标准的进展。

6G 的社会影响与挑战

联合国曾提出 17 项可持续发展目标（SDGs），定义了"现在和未来，人类和地球和平与繁荣的共同蓝图"。其中一些目标可以对应到 6G 的社会和经济驱动的需求。

- 数字公平：系统要求每个用户都达到三个条件，即财务可承受性、物理可及性、网络服务的地理可用性。

- 可信：该系统必须是信息服务的有效且安全的入口点，包括证明其符合道德框架，以确保用户最大限度地信任它。

- 可持续发展：全球气候变化的挑战和减少碳足迹的需要使得下一代网络的部署和运行必须体现最节能的可用技术，减少我们对不可再生能源的依赖，并尽可能多地使用可再生和环保能源。

- 经济增长：通过 6G 的研究与部署，提高生产力、促进创新、提升效率，并创造新的价值主张、商业模式和细分市场，可以促进经济增长。

- 生活质量：6G 将潜在地改善全球各地社区的生活质量，包括医疗保健、教育、安全和保障以及环境等公共服务。

6G 的研究、开发、部署、推广，有助于实现上述可持续发展目标。但是，在此过程中，也有一些突出的挑战。

6.1 数字鸿沟与普及问题

数字鸿沟泛指能够获得信息和通信技术（ICT）的人口和地区与无法获得或只能有限获得信息和通信技术的人口和地区之间的差距。

典型而言，数字鸿沟包括工业化国家和发展中国家的发展不平衡（全球化鸿沟）、国家内部的不同社会群体或者经济群体的分布不平衡（社会鸿沟）等。

在 20 世纪 90 年代中期，"数字鸿沟"的比喻开始流行。当时美国商务部的国家电信和信息管理局（NTIA）发表了"落入网中：对美国农村和城市的'没有'的调查"（1995 年）[①]，这是一份关于美国人互联网使用的研究报告。该报告揭示了信息通信技术接入方面普遍存在的不平等现象，移民或少数民族群体以及生活在受教育程度低的农村地区的老年人、较不富裕的人尤其被排除在互联网服务之外。

随着数字时代的到来，无法便利地使用互联网和通信技术的人群处于更加不利的地位。他们与其他人联系和交流变少，找到工作变得困难，无法享受互联网购物的便利，甚至无法有效地学习。在一些特殊时期，互联网连接变得更加重要。皮尤研究所（Pew Research Center）在 2021 年 9 月的一篇研究报告[②]显示："90%的美国人表示，互联网对他们来说必不可少或非常重要。"与此同时，59%的低收入家庭，在辅导孩子学习和写作业上遇到了困难。例如，家中没有电脑，没有可靠的宽带连接等。

全球的不平衡形势更加严峻。根据国际电信联盟 2024 年的报告[③]，北美

---

① MCCONNAUGHEY J, EVERETTE D, REYNOLDS T, et al. Falling Through The Net: Defining The Digital Divide[C]//Digital Divide. MIT Press, 1999.

② MCCLAIN C, VOGELS E A, PERRIN A, et al. The internet and the pandemic[J]. Pew Research Center, 2021, 1.

③ ITU. Measuring digital development[EB/OL]. [2025-01-20]. ITU 网站.

地区互联网普及率为 87%，亚太地区互联网普及率为 66%，非洲互联网普及率仅为 38%。

6G 对数字鸿沟的潜在影响是复杂和多方面的，既包括弥合差距的机会，也包括加剧不平等的风险。

6.1.1　6G 弥合数字鸿沟的关键作用

6G 作为新一代的移动通信技术，在多个方面将对弥合数字鸿沟产生积极影响。

其一是提供更广泛的移动高速互联网服务。

6G 网络的高速率广覆盖愿景，将有可能在偏远或服务不足的地区提供高速互联网连接，而这是前几代移动技术尚未实现的目标。这种增加的可接入性，使以前无法获得在线服务和资源的公众拥有了互联网宽带接入的权利，有助于弥合数字鸿沟。

其二是让网络更可负担。

随着 6G 网络的普及，规模经济可能会降低通信设备和订阅服务（"月租"）的成本，使低收入家庭更容易负担得起高速互联网。这可能使数字服务的获取更加容易，并使一些发展中国家的贫困人口也能够接入先进的电信基础设施。

其三是增强连接的应用场景。

6G 网络将支持广泛的设备和应用，包括物联网（IoT）传感器、智慧城市系统、自动驾驶汽车和远程医疗保健解决方案。这些新的服务和应用场景，潜在地使社会各阶层受益，特别是农村或欠发达地区的人口，可以进一步改善生活质量。

其四是新兴技术的融合，带来创新的解决方案。

6G 与人工智能（AI）、边缘计算和区块链等其他新兴技术的融合，有可能为不同的环境和情况，量身定制创新解决方案。通过提供满足不同社区特定需求的定制化数字服务，来促进包容性。

其五是政策和监管措施的引导。

政府和监管机构可以通过实施促进普遍接入的政策，如优先考虑覆盖范围而不是容量的频谱分配策略，或者为服务欠缺地区的网络基础设施提供补贴，在确保 6G 部署具有包容性方面发挥作用。

6.1.2　6G 影响数字鸿沟的潜在挑战

像人工智能、区块链等很多新技术一样，6G 在避免地区发展不均衡，实现可持续发展等维度，也有很多关键的挑战。

其一是部署不均衡。

回顾 5G 的发展历程。5G 的网络部署显示出集中在城市中心和人口稠密地区的趋势，而广大的农村和偏远地区尚未实现完善的覆盖。如果这种模式在 6G 中持续，则可能会进一步将资源和机会集中在网络连接良好的地区，从而加剧数字鸿沟。

从宏观层面，6G 技术的开发和应用将产生"虹吸效应"，带动相关产业的发展。部署不均衡将进一步拉大发达国家和发展中国家的经济差距。

其二是成本考量。

部署先进的通信网络基础设施需要大量的资本投资。这可能导致不太繁荣的国家或地区无力承担向 6G 的过渡，从而扩大发达国家和发展中国家之间的差距。此外，如果电信服务提供商专注于高收入人群和发达地区，则意味着某些人群可能永远无法获得负担得起的 6G 服务。

其三是技能差距。

电信技术的发展往往超过某些个体和社区的适应能力。这可能会造成技能差距，受教育水平较低的群体可能缺乏充分受益于先进网络所需的数字素养，导致与 6G 相关的社会和经济优势分布不均。

其四是隐私和安全问题。

随着连接变得越来越普遍，对隐私和安全的担忧也越来越多。如果处理不当，则这些问题可能会不成比例地影响弱势群体，他们可能不太了解潜在风险或如何保护自己的数字资产。

此外，发达国家可能拥有更多的资源和技术来保障网络安全，而发展中国家可能在这方面存在较大的不足。

其五是环境影响。

6G 网络新基础设施的部署会带来环境成本，包括能源消耗和碳排放。这可能会给已经处于不利地位的社区带来额外的负担，这些社区更有可能遭受气候变化的负面影响，而没有从先进技术中获益。

为了减轻这些风险并确保对数字鸿沟产生积极影响，政策制定者、行业利益相关者和民间社会组织必须共同努力。这种合作应侧重于包容性部署战略、负担得起的接入模式、能力建设举措和监管框架，以促进 6G 利益在不同社会群体和地区之间的公平分配。

6.1.3　6G 弥合服务鸿沟的关键技术

对全球泛在可靠连接的期望，在 6G 时代有望实现。特别是，一些技术有潜力在传统网络基础设施不足的情况下，提供海量、高速、低时延的互联网接入。

第一种潜在技术是非地面网络（NTN）。在特定的情况下，如地震、飓风等自然灾害发生后，地面网络可能会发生故障，而每个人都能及时获得网络连接非常必要。NTN 可以发挥作用，保障大量万物互联（IoE）设备的连接，弥合通信服务的鸿沟。

NTN 包括星载和机载通信系统。卫星可以在地球静止轨道（GEO），也可以在低地球轨道（LEO）或中地球轨道（MEO）绕地球运行。一些新型的小型化卫星，以其非常小的尺寸和低成本而闻名，因此能够将其部署在大型空地网络中，以提供全球连接和大吞吐量。同样，无人航空载具（无人机，UAV）也可以成群部署，以在需要时提供空中的通信基础设施。

通过这些方式，NTN 支撑了泛在连接的服务连续性要求和可扩展性要求。

第二种潜在技术是太赫兹通信。5G 网络中大量利用毫米波频段，而 6G 服务的超高速通信的要求，促成了对太赫兹频率通信甚至是可见光波段的通信方式研究。电子工程领域的最新进展，使得制造在这些频段工作的便携式设备成为可能。然而，空中传播的路径损耗严重、各类障碍物的高吸收比例、天线需要具备精确的指向性等太赫兹通信的缺点，使之尚不具备商业部署的成熟度。学术界和各研究机构正在开展一些突破性的研究。发表在《自然·电子学》的一篇文章[①]认为，在太赫兹频率下，实现长距离高速高带宽无线通信是可能的。这种高速、高带宽连接有着巨大的应用前景，它甚至能为农村社区提供更高的数据速率和更多的连接。如前文所述，农村社区更容易处于数字鸿沟之中，因为构成通信网络主干的光缆在长距离上铺设成本高昂。但在无线太赫兹通信技术方面，农村社区的广袤环境可能使其劣势变成优势。

此外，一些研究指出，通过智能反射面（IRS）[②]，一种包含大量低成本无源反射元件的集成平面，通过控制元件的幅度和/或相位来独立反射入射信号，从而协同实现细粒度三维（3D）无源波束赋形，以增强或消除信号，智能地重新配置无线传播环境。

第三种潜在技术是设备到设备（D2D）通信。D2D 通信已经是 5G 网络演进中的关键驱动力之一，它提供了分布式的网络部署，以扩展网络覆盖范围，

---

① SEN P, SILES J V, THAWDAR N, et al. Multi-kilometre and multi-gigabit-per-second sub-terahertz communications for wireless backhaul applications[J]. Nature Electronics, 2023, 6(2): 164-175.

② WU Q, ZHANG R. Towards smart and reconfigurable environment: Intelligent reflecting surface aided wireless network[J]. IEEE communications magazine, 2019, 58(1): 106-112.

提高了可扩展性。针对未来的 6G 网络采用高频段导致覆盖距离有限的问题[①]，D2D 也提供了潜在的解决方案。在 D2D 网络中，中继节点可以建立直接通信并转发信号，从而扩展网络覆盖范围，甚至服务于天线视线线路（LoS）之外的设备。由于终端设备之间的距离较近，D2D 通信天然具有高速和低时延的特点，能更好地符合 6G 网络的要求。

第四种潜在技术是多接入边缘计算（MEC）。

多接入边缘计算（MEC）可以从很多层面改善服务的交付。首先，MEC 服务器的资源通过虚拟化，根据最合适的服务模型[基础设施即服务（IaaS）、平台即服务（PaaS）、软件即服务（SaaS）]提供给资源有限的消费者。其次，MEC 天然地与用户更接近，可以带来各种优势，包括低时延和情境感知，这使根据消费者的需求定制服务交付成为可能。MEC 在提供通信、计算和存储支持上也非常有效[②]，进而提高了向用户提供的服务质量（QoS）。这被视为弥合数字鸿沟的一个优势，因为较差的 QoS 导致用户无法及时使用带宽密集型服务。

6G 的非地面网络、太赫兹通信、设备到设备通信、多接入边缘计算等各项关键技术的突破，使弥合服务鸿沟成为可能，如图 6-1 所示。

图 6-1　6G 弥合服务鸿沟的关键技术

① ZHANG S, LIU J, GUO H, et al. Envisioning device-to-device communications in 6G[J]. IEEE Network, 2020, 34(3): 86-91.

② SAARNISAARI H, DIXIT S, ALOUINI M S, et al. A 6G white paper on connectivity for remote areas[J]. arXiv preprint arXiv:2004.14699, 2020.

6.1.4　6G 弥合体验鸿沟的关键技术

除地区间发展不平衡的服务鸿沟外，还有特定个体或者群体，因为自身的内外部条件，如老年人、残疾人等，无法方便地获取数字服务。6G 的技术和应用场景进一步承诺，数字化的产品和服务体验不再有一系列的约束。例如，使用宽带的互联网连接，不必再连接一根网线到设备上。随着各类移动设备的普及，也不需要驱车到公共图书馆寻找可以联网的计算机了。

一些新型的人机交互体验，提升了易用性，做到了"以人为本"，对时延、可靠性的要求更加严格，5G 无法很好满足。

其中，最突出的是扩展现实技术。扩展现实（XR）包括虚拟现实（VR）、混合现实（MR）和增强现实（AR）等，人们一般认为其将在 6G 时代推动多项杀手级应用的发展。由于这些应用需要超可靠的低时延通信，5G 的带宽和时延尚不足以支持此类应用场景。特别是，XR 的普及不仅取决于网络限制，还取决于感知和感官限制，即容忍的时延应该是人类感官无法察觉的水平。数据速率是另一个主要障碍，因为即使现在，许多现有的 XR 应用仍然是有线的，无线的无法提供相同的数据速率。未来，广域 VR、AR、MR 旨在为 XR 场景提供泛在的无线服务，更需要 6G 技术来实现，其数据速率要求（1 Tbit/s 峰值速率）无法通过当前的 5G 部署来满足。理想的场景中，即使是对数字化产品和服务不熟悉的用户也能够通过利用所有五种感官（视觉、听觉、触觉，甚至是嗅觉、味觉）的行动和感知与数字世界进行交互。XR 在弥补数字鸿沟的多个场景，如乡村教学活动和残障人士协助上有过应用探索，但是，这些用例通常是实验性的。如果这些技术变得普及，则克服体验鸿沟的潜力可能会大大增加。

其二是脑机接口（BCI）。脑机接口（BCI）已被广泛用于帮助老年人或残障人士。有线 BCI 已经活跃多年，但由于其严格的服务质量（QoS）和体验质量（QoE）要求，无线 BCI 尚未得到广泛应用。在过去的几年里，一些无线 BCI 通过局域网中的短距离通信技术实现，用于家庭自动化和数字医疗等用例。然而，这些技术的普及仅限于局部区域和受限功能（如打开和关闭智能灯泡等）。6G 网络有潜力满足大规模 BCI 的要求，并且可以在城市环境中部署，提供全新的体验。像 XR 一样，BCI 可能是人机交互的新前沿，一系列物联网（IoT）设备将渗透到我们的城市现实中，并将实现 6G 超低时延连接。展望 2030 年，BCI 在克服体验鸿沟方面的巨大飞跃甚至有可能标志着智能手机时代的结束。使用无线脑机交互技术代替智能手机，人们将使用多种设备与环境和其他人进行交互，这些设备有些是佩戴的，有些是植入的，有些是嵌入到人们周围的世界中的。

其三是情感计算[①]。情感计算主要是指能够根据用户的情绪，调整其服务方式的技术。关于这一概念的首次研究是在几十年前提出的，但一直没有合适的用户应用场景。最近由于智能手机的蓬勃发展，在智能手机上情感计算有着天然的适用性，丰富的场景和使用方式应运而生。现在，6G 带来了一系列新的概念，这些概念将增强情感计算服务提供的方式。其中之一是以人为本的服务（HCS），这是一系列将最终用户的需求与网络性能匹配的服务[②]。6G 可能使情感计算比以往任何时候都更加普遍。例如，在教育案例中，在线自动学习过程提供物理信息（如姿势、言语和表情），增强在线课程中师生之间的关系。对于注意力不集中的同学，可以提醒其更多地互动和参与。

6.1.5　6G+AI：影响数字鸿沟的双刃剑

"人工智能造福全球峰会"（AI for Good Summit[③]）在 2024 年 5 月底于日内瓦召开。国际电信联盟秘书长多琳·伯格丹·马丁在峰会开幕式上强调了人工智能的变革潜力，并强调了包容、安全的人工智能治理的必要性。

多琳·伯格丹·马丁表示："2024 年，人工智能时代，机遇难以想象，但三分之一的人类仍处于离线状态，被排除在人工智能革命之外，没有发言权。""这种数字和技术鸿沟已不可接受。"

[①] PICARD R W. Affective computing[M]. MIT press, 2000.

[②] SAAD W, BENNIS M, CHEN M. A vision of 6G wireless systems: Applications, trends, technologies, and open research problems[J]. IEEE network, 2019, 34(3): 134-142.

[③] UNITED NATIONS. AI for Good Summit: Digital and technological divide is no longer acceptable[EB/OL]. (2024-05-30) [2025-01-12].

联合国秘书长安东尼奥·古特雷斯也在峰会上通过视频致辞，强调了人工智能在推动全球可持续发展方面的变革潜力。他强调了人工智能的双重性，概述了其巨大的前景，并强调了其负责任和包容性治理的必要性。他宣称："人工智能可能会改变可持续发展目标（SDGs）。"然而，他警告，要充分发挥人工智能的潜力，就需要解决其风险，包括偏见、错误信息和安全威胁。

人工智能在无线网络的演进过程中发挥着至关重要的作用。对于6G中悬而未决的技术和业务问题，人工智能有潜力给出解决方案，至少能提供相关备选方案。

机器学习技术，作为人工智能的一个分支，能够训练系统，处理收集的数据，通过经验学习模式，提高所提供服务的性能和质量。特别是，深度学习的最新进展以及能够在边缘处理深度学习模型和人工智能算法的智能设备的出现，将在6G的关键场景和用例中得到更有效的应用。一种潜在的用例是，借助边缘人工智能和机器学习的异构自组织网络，在恶劣的场景中也可以通过强化学习，满足6G的高KPI要求。人工智能组件未必仅部署在核心网或者云端。随着人工智能组件融入6G网络，机器学习预计将成为6G的实际组成部分，而不是像前几代那样，属于应用层的使用场景之一。有观点甚至认为，在6G中，向人工智能的转型将横向影响几乎所有的6G技术[①]。

从弥合数字服务鸿沟的角度看，在网络流量和网元（网络中的各个节点）层面，人工智能技术都有明确的应用前景。

例如，在网络流量层面，如果人工智能可以实现自动化的解析和调度，则能够更好地保障一些流量（如远程手术、远程教育）的优先级。在网络动态规划层面，在演唱会、节日庆典和足球赛等环境中，会更好地应对移动通信资源使用的"潮汐效应"。人工智能技术可用于网络资源的按需分配、动态分配，降低资源使用潮汐引发的短缺风险。更高级别的是"集体网络智能"，满足6G服务交付的高KPI要求，将资源分配给最需要的人和地方。

---

① CHATAUT R, NANKYA M, AKL R. 6G networks and the AI revolution—Exploring technologies, applications, and emerging challenges[J]. Sensors, 2024, 24(6): 1888.

在网元层面，6G 网络中的各个节点都是大数据的生产者和消费者。网元产生大量有关连接、环境等的数据，特别是物联网中的各个节点，其作用更为明显。边缘节点观察到的历史网络数据可以为雾计算/边缘 ML 模型提供数据，以便可以本地自动化网络资源的分配。通过机器学习分析这些数据，有助于提升网络性能，优化网络基础设施，创建更具包容性和可扩展性的网络。

有论文指出[①]，机器学习可以赋予无线网络"智能"。例如，利用智能和预测数据分析来增强态势感知和网络运营能力，实现智能资源管理和自动化的无线网络优化，部署和调度以用户为中心的无线服务（如虚拟现实等）。甚至，在物理层的发射机和接收机编码和调制技术中，机器学习也可以用于降低误码率、增加无线信道的稳健性。

从弥合体验鸿沟的角度看，人工智能也提供了很多的想象空间。

人工智能可以提高数字素养水平低的人群（尤其是老年人、残疾人和生活在欠发达地区的人们）获得创新数字服务的可及性。有文献[②]介绍了使用人工智能技术，优化和创新博物馆参观的无障碍体验以及文化遗产的保护和传承，也强调了人工智能针对不同的目标受众，提供差异化体验的重要性。

显而易见，本书 6.1.4 节"6G 弥合体验鸿沟的关键技术"提到的扩展现实、脑机接口、情感计算等大多数技术都以人工智能和机器学习作为其核心要素。这意味着人工智能可以成为克服数字技能和认知差距的有力工具，更好地帮助在数字化时代可能被"数字排斥"的人。

在区域发展不均衡的经济鸿沟中，医疗和教育两个领域经常被提及。而6G 中的多种技术的综合应用，可以迅速弥合这些差距。

设想一个居住在农村地区的患者的护理场景。如果网络覆盖不完善，可以使用 NTN，提供对患者居所的互联网接入。通过医疗物联网（IoMT）设备，

---

① CHEN M, CHALLITA U, SAAD W, et al. Artificial neural networks-based machine learning for wireless networks: A tutorial[J]. IEEE Communications Surveys & Tutorials, 2019, 21(4): 3039-3071.

② PISONI G, DÍAZ-RODRÍGUEZ N, GIJLERS H, et al. Human-centered artificial intelligence for designing accessible cultural heritage[J]. Applied Sciences, 2021, 11(2): 870.

可以进行健康监测。利用设备之间的 D2D 通信来扩大室内覆盖范围。由于患者可能无法与电子健康设备进行交互，人工智能和脑机接口可以提供合适的补救措施。例如，可以语音操控、自然语言对话的 IoMT 设备，使患者能够更好地监控自己的健康指标，并提醒及时服药等。

6.2　隐私与安全问题

在探讨 6G 时代的隐私与安全风险之前，回顾移动通信各时代的安全与隐私的演进，特别是 4G 和 5G 时代，可以为未来的方向提供有益的参考。

6.2.1　4G 及之前的隐私与安全挑战

1G 时代很少被人提及。其于 20 世纪 80 年代推出，是一种使用频段为 150～450 MHz 的无线信号的模拟系统，仅支持语音传输。1G 的语音通信并未加密，可能被窃听，也易受身份仿冒等攻击方式的影响。

2G 网络于 1991 年推出，采用数字信号，可通过手机清晰地拨打语音电话、发送短信。2G 网络的数据隐私性有了显著改善，数字信号通过加密和用户临时标识符进行保护，以实现传输加密以及一定程度的用户身份匿名。

在 1983 年欧洲各国的监管机构和技术专家组启动 GSM 标准（2G）的制定时，也许从未想到 GSM 的生命周期将持续 40 年左右的时间。当时互联网尚未普及，网络安全也并非公众和科技圈关注的热点。即便如此，GSM 的各项安全设计，在一定程度上算是比较成功的。截止到今日，安全研究者并未能够以工程上可行的方式攻破 GSM 网络的加密以及基于 SIM 卡的身份认证。

以现在的技术视角看，GSM 网络存在一些突出的安全问题。

首要问题是缺乏网络和用户设备（UE）的相互认证。

根据 GSM 网络协议定义，身份验证是单方面的。网络对 UE 进行身份验证，但 UE 不验证网络的合法性。因此，只要网络接受 UE 的接入，UE 就会接入并通信。因此，仿冒基站，诱使 UE 接入，并仿冒短信或者拦截电话，是 GSM 网络最严重的问题。

其次还存在弱加密问题。2G 网络支持但非默认开启 A5/1 流加密算法，理论上容易受到窃听和拦截攻击。

此外，2G 网络容易受到拒绝服务（DoS）攻击、中间人攻击和短信拦截攻击等。例如，使用未经身份验证的设备，可能进行各种类型的 DoS 攻击，如信令风暴、短信泛滥、资源耗尽等。

3G 网络的各种制式在 2000 年左右相继标准化。UMTS 网络最早由 3GPP 在 2001 年标准化，并且在欧洲、中国，以及其他使用 GSM 网络的国家和地区部署。3G 网络还有另外两种制式。CDMA2000 由 3GPP2 标准组织在 2002 年提供，主要在北美和韩国部署。TD-SCDMA 制式主要在中国部署。本书所指的 3G，是以在中国和世界各个国家应用更广泛的 UMTS 网络制式为主的。

3G 网络相比于 2G 网络，解决了一些突出的问题。例如，3G 网络引入了相互认证，UE 和网络需要双向认证。仿冒基站并诱使 UE 接入的难度系数大大提升。

但是，3G 网络仍存在一些典型的脆弱性。例如，3G 网络使用 KASUMI 加密算法，该算法存在一些可被攻击者利用的漏洞。3G 网络中只通过 RRC 安全模式命令对 RRC 消息进行保护，但没有非接入层（NAS）的完整性保护。

为满足高性能要求，4G 网络架构做了一定的简化，特别是取消了无线网络控制器（RNC）网元，多个基站（eNodeB）组成了演进的通用电信无线接入网（E-UTRAN）、基站直连分组核心网（EPC），如图 6-2 所示。

用户设备（UE）是指实际的终端通信设备，由全球用户识别卡（USIM）标识。USIM 中存储国际移动用户标志（IMSI），并作为身份验证凭据。

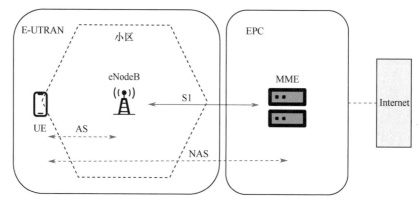

图 6-2 4G 网络架构

eNodeB 使用一组称为接入层（AS）的接入网络协议与 UE 交换信令消息。这些 AS 消息包括无线资源控制（RRC）协议消息。每个 eNodeB 都通过 S1 接口连接到 EPC。

在 EPC 网络中，移动性管理实体（MME）负责在 UE 连接到网络时对其进行身份验证和分配资源（数据连接）。MME 的其他重要功能包括安全性（为信号设置完整性和加密）和在宏观层面跟踪 UE 的位置。在 UE 和 MME 之间运行的协议集称为非接入层（NAS）。

对 4G 系统的攻击包含如下内容。

- 对 4G 协议的攻击：例如，对于 NAS 的协议、S1 协议的攻击，将影响所有运营商网络，一般不区分运营商和设备商。协议的漏洞可能导致信息的泄露或者拒绝服务等问题。

- 对 4G 设备的攻击：可能针对网络设备（如 eNodeB）或者用户设备（UE）。由于设备的硬件、软件、网络的功能缺陷或者脆弱性，对网络或者系统发起的攻击。

- 互操作或者降级攻击：利用与 4G 网络有互操作其他网络的弱点的攻击。比如，利用电信基础设施的七号信令系统（SS7）的弱点，对 4G 网络发起的攻击，可能会跟踪用户、窃取数据或者破坏服务。

- 拒绝服务攻击：攻击者利用其控制的用户或者设备，对网络发起的旨在影响网络可用性的攻击。

论文①描述了三种不同的攻击模式。

第一种称为**被动攻击**。

攻击者采用观察和解码无线电广播信令消息所需的硬件设备，静默嗅探 LTE 无线广播频道。这种攻击一般用于实际攻击之前的信息收集，对网络和用户设备而言都难以发现。

第二种称为**半主动攻击**。

半主动攻击者除具备被动攻击的能力外，还能够使用 LTE 或互联网系统中的合法可用的接口和操作向用户触发信令消息。例如，假定半主动攻击者知道某用户的社交身份（如用户的 Facebook 账号或手机号码），其可以通过社交网络发送消息或发起呼叫来触发从网络侧向用户发送寻呼消息。半被动攻击者类似于加密协议或隐私计算中的"诚实但好奇"②或"半诚实"攻击者模型。

第三种称为**主动攻击**。

主动攻击者除具备前两种攻击能力外，还具有积极模仿网络的能力，设置仿冒的 eNodeB，诱使用户连接，并发送恶意数据给用户，或者窃取用户的数据。主动攻击者类似于加密协议中的"恶意"攻击者模型。

在 4G 协议攻击维度，三种攻击方式均可能触发，以窃取用户地理位置。

论文③发现，4G 协议虽然采用了 GUTI（全球唯一临时标识符）来在一些

---

① SHAIK A. Practical attacks against privacy and availability in 4G/LTE mobile communication systems[J]. arXiv preprint arXiv:1510.07563, 2015.
② PAVERD A, MARTIN A, BROWN I. Modelling and automatically analysing privacy properties for honest-but-curious adversaries[J]. Tech. Rep, 2014.
③ SHAIK A. Practical attacks against privacy and availability in 4G/LTE mobile communication systems[J]. arXiv preprint arXiv:1510.07563, 2015.

场合替代用户标志 IMSI，但该标志并不会经常变化，给跟踪用户的地理位置提供了机会。这被称为"位置泄露攻击"。与 GSM（2G）的小区覆盖面积约为 100 km² 不同，4G 的典型覆盖面积仅有约 2 km²，对用户的定位更准确，潜在侵犯被定位用户的隐私。

通过被动攻击的方式，攻击者从小区广播消息、用户设备（UE）的测量报告消息、无线电链路故障（Radio Link Failure）等未做机密性防护的消息中提取网络和终端的相关参数。此后，攻击者可以通过半主动攻击，利用建立通信业务前的智能寻呼的信令流程，更准确地获取用户的位置。如果采取主动攻击的手段，恶意基站甚至可以诱导用户终端在测量报告中上报 GPS 精确位置。

在拒绝服务攻击和降级攻击维度，也有相关的研究和发现。例如，恶意基站通过移动性管理流程中的不受完整性保护的"TAU Reject"（TAU 拒绝）消息，对终端拒绝服务，如图 6-3 所示。此时，受攻击的终端必须关机或者重新插拔 USIM，才可能恢复 4G 通信服务。此时，攻击者如果通过组合攻击手段，甚至可以滥用终端搜索 GSM 或者 3G 信号的流程，进一步实现基于 2G 或 3G 网络已知漏洞的攻击。

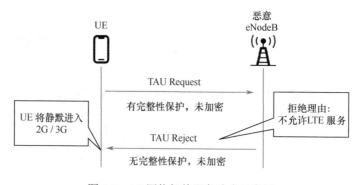

图 6-3　4G 网络拒绝服务攻击示意图

4G 协议规定的 UE 注册和请求业务时的相关流程，如"Attach Request"（附着请求）信令、"Service Request"（服务请求）信令，因保护手段的不完善，也容易受到攻击，这里不再一一赘述。

6.2.2　5G 时代的隐私与安全挑战

在 5G 时代，通信场景进一步丰富，移动宽带渗透到了社会的各个领域。3GPP 标准中规定了 5G 的三大场景，如图 6-4 所示。

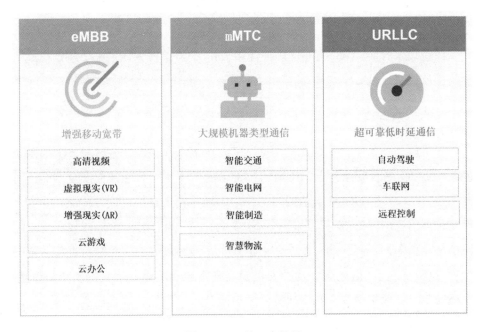

图 6-4　5G 的三大场景

eMBB 聚焦对带宽有极高需求的业务，是"移动宽带"的演进，满足人们对数字化生活的需求。

mMTC 覆盖连接密度要求较高的场景，如智慧物流等，满足人们对数字化社会的需求。

URLLC 聚焦时延敏感的业务，如自动驾驶（辅助驾驶）、车联网、远程控制等，满足人们对数字化工业的需求。

5G 面临新业务、新架构、新技术带来的安全挑战和机遇。

在新业务方面，5G 承载垂直行业的业务，需要为行业应用提供更好的安全能力，支撑垂直行业的安全诉求。

在新架构方面，5G 新的软件架构和网络部署架构等的变化引入了新的接口和边界。基于服务的架构（SBA）和切片的软件新架构需适配新安全诉求，如基于 SBA 的身份认证、切片的安全防护及多切片的风险管理等，防止恶意攻击。5G 网络部署时，核心网用户平面功能（UPF）从中心机房下沉到多接入边缘计算（MEC）设备，增加了新的边界，连接与计算的融合也带来了新的安全挑战。

在新技术方面，5G 核心网广泛使用云化/虚拟化技术，带来了基础设施资源共享及虚拟化的安全风险。

在 5G 时代，用户也有很高的隐私保护需求。

在多样化场景中，系统性地定义 5G 安全需求和技术，来应对 5G 的安全风险，是 5G 中的最佳实践。3GPP TR 33.899 的"下一代系统的安全方面的研究"定义了 17 种 5G 安全的威胁与风险，涵盖安全架构、接入认证、安全上下文和密钥管理、RAN（无线接入网）安全、下一代 UE 安全、授权、用户注册信息隐私保护、网络切片安全、中继安全、网络域安全、安全可视化和安全配置管理、安全可信凭据分发、安全的互联互通和演进、小数据安全、广播/多播安全、管理平面安全和密码算法的风险分析。虽然该报告已经不再演进，但这个威胁分析还是非常丰富和全面的。

黑客攻击无线网络的动机主要是窃取、篡改用户的隐私和数据，或者破坏网络、计算资源的可用性。以数据视角，5G 网络中，归属用户的资产是用户的个人信息和通信数据。归属运营商的资产包括 5G 无线和核心网的软硬件资产和计算资源。根据 3GPP TS 33.501 的"5G 系统的安全架构和流程"技术规范定义，在 5G RAN 中，仅做密文传输，不识别和保留用户的个人信息和通信数据。空中接口和传输通道分别采用分组数据汇聚协议（PDCP）和互联网络层安全协议（IPsec）加密等保证用户信息的机密性和完整性。5G 核心网网元如 UDM（统一数据管理）会处理、保存用户的个人信息，故 5G 核心网面临用户信息泄露的攻击。但由于核心网部署的中心机房普遍采用高级别的安全防护措施，恶意入侵的风险能得到有效削减。可用性是另一类问题。无线网和核心网的业务可用性和数据可用性都会面临潜在的挑战。对无线网而言，空中接口的网络干扰和协议攻击的风险相对较高；对核心网而言，其可用性风险和技术更接近于云和互联网。

5G 非独立组网网络和 4G 网络具有相同的安全机制，并通过统一的标准制定和实践不断提高其安全级别。5G 独立组网网络支持更多的安全特性，以应对未来 5G 生命周期内可能出现的安全挑战。

- 更好的空口安全：在 2G/3G/4G 中，在用户和网络之间的用户数据加密保护的基础上，5G 标准进一步支持用户数据的完整性保护机制，防范用户数据的篡改攻击。

- 用户隐私保护增强：在 2G/3G/4G 中，用户的永久身份 IMSI 在空口是明文发送的，攻击者可以利用这一缺陷追踪用户。在 5G 中，用户永久标识符 SUPI 必须以加密形式发送，以防范这种"IMSI 收集器"（IMSI catcher）攻击。

- 更好的漫游安全：运营商之间通常需要通过中继运营商来建立连接。攻击者可以通过控制转接运营商设备的方法，假冒合法的核心网节点，发起对七号信令系统（SS7）的攻击。5G 中的 SBA 下定义了 SEPP，在传输层和应用层对运营商间的信令进行端到端安全保护，使得运营商间的转接设备无法窃听核心网之间交互的敏感信息（如密钥、用户身份、短信等）。

- 密码算法增强：为了应对量子计算机对密码算法的影响，5G 在未来版本可能需要支持 256 bit 算法。5G Rel-15 标准已定义 256 bit 密钥传输等相关机制，为实施 256 bit 算法做好准备。同时，3GPP 已建议 ETSI 安全算法专家组（SAGE）开始 256 bit 算法评估工作。

6.2.3　5G-A 时代的隐私与安全挑战

对每代移动通信制式而言，在约为每十年的大版本升级间隔中，各种改进技术层出不穷。5G 到 6G 的演进也是如此。

3GPP 等国际标准组织正在积极推进相关标准化工作，其进程如图 6-5 所示。5G-A 时代的第一个版本 Rel-18 的技术规范已于 2024 年 6 月冻结，这意味着该标准已达到稳定状态，不允许进一步进行技术更改。这是标准化过程中的关键一步，为这项新技术的开发和部署提供了明确而稳定的基础。5G-A 的第二个也是最后一个主要版本 Rel-19 也已经启动，并计划于 2025 年底完成。

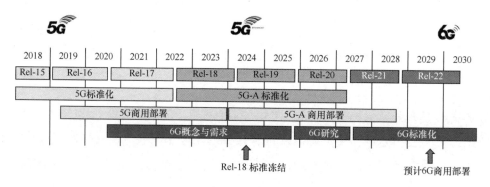

图 6-5　3GPP 5G 6G 进程

虽然从名字上是 5G 的演进和增强，但实际上 5G-A 有非常多的特点。最突出的是，在核心网（CN）、无线接入网（RAN）和网络管理中引入人工智能技术，提供新业务，并且提升能源效率。

诺基亚指出[1]，"5G-A 不仅仅是与 5G 相比的功能增强和集成。相反，我们将其视为服务提供商以重大且明确的方式彻底改变其网络的变革工具。具体而言，5G-A 将从四个维度改善网络功能：体验、扩大、延伸和卓越。我们将这些维度称为"四个 E"，如图 6-6 所示。

首先是增强用户的**体验**。5G-A 将彻底改变数字体验，使其真正具有沉浸感，并使用户以全新方式与遥远的物理环境和人互动。5G-A 将支持沉浸式 XR 体验，如体育活动、音乐会。

通过**扩大**，5G-A 可以瞄准新的细分市场。宽带对于社会生活和经济活动至关重要，但世界上的许多地区仍然缺乏覆盖。随着非地面网络（NTN）的

---

① NOKIA. 5G-Advanced explained[EB/OL]. [2025-01-12]. Nokia 官网.

进步，5G-A 将有助于缩小这一差距，让更多人和行业能够享受移动连接带来的经济效益。

图 6-6　5G-A 的"四个 E"

通过**延伸**，5G-A 将超越传统通信的能力。当今的 5G 网络在"传递信息"方面表现出色，5G-A 将在提供"何时"和"何地"问题的精确答案方面表现出色。高精度定位、泛在感知、精准授时等技术的创新将使网络的作用超越通信。

最后是"**卓越**"网络的运营目标。5G-A 将继续发展 5G 功能，如网络切片和有线无线融合，增强移动性，并引入新功能以实现卓越的运营性能。能源效率是重点，人工智能和机器学习推动了整个无线接入网（RAN）和核心网的显著节能。

5G-A 的安全风险，主要与上述新增的功能相关。

其一是高安全要求的垂直行业应用场景。

首先是高可靠要求。例如，在电网、港口、矿山的应用中，配电线路差动保护、起重机远程操纵等，需要高可靠性。5G-A 提供的高可靠性增强技术包括 PDCP 复制、混合自动重传请求（HARQ）重传、智能自适应调制与编码（AMC）控制重传和低码率调制编码方案（MCS）调整等。

其次是高可用要求，涵盖连接可用性、业务可用性以及相关的安全要求。实践中，一般通过设备和链路冗余提升高可用性，包括热备份、温备份等，以抵御设备或者网络的可能故障。垂直行业的高可用性更为重要，如矿山场景。如果井下基站无法连接到地面的核心网，则也应采取措施确保业务不中断。值得注意的是，传统上安全相关功能在核心网实现，高可用场景要求基站也具备一定的安全控制措施和安全管理能力。

其二是 5G-A 的新功能，需要相应的安全保障。

例如，高精度的定位，可以使能室内导航、移动电子商务等诸多场景。而定位功能本身既涉及用户隐私，又需要保障安全。定位数据在各个传输和存储环节需要有生命周期的安全保护，每个环节的加密和访问控制等安全措施需要详细设计，以防止数据泄露。定位业务的前端对接海量的各类终端，后端对接定位服务的各场景，其 DDoS 攻击的风险也不容忽视，对公网暴露的接口需要做防护设计。

其三是部分场景的数据隔离要求。

5G 行业应用中的数据安全是保障企业开展正常生产经营活动的重要前提。各类技术资料可能含有重要的商业机密，一旦泄露将导致企业失去核心竞争力。生产线、数据库服务器等核心系统一旦遭遇勒索软件攻击将导致严重的财产损失。此外，生产控制指令、工况状态等信息若被不法分子篡改，将引发系统设备故障甚至生产安全事故，影响企业生产运行。在行业应用中，很多行业对 5G 网络有"数据不出园区"的安全需求。在无线网、核心网和业务网络的设计中，需要综合选择数据网关、VLAN 隔离、隐藏 UE IP 等多种措施，保障数据流的安全性。

6.2.4 6G 时代的安全挑战

长期以来，与互联网相比，移动网络的安全架构更复杂、更标准化，很少受到高影响的网络攻击。然而，随着移动网络在关键基础设施中的作用越来越显著，威胁程度越来越高，也越来越复杂。各行各业越来越依赖通信网络，对可信、韧性的移动通信网络系统的要求也越来越高。

根据分类维度，6G 的安全挑战可以分为如图 6-7 所示的六种类型。这六种类型之间相互关联，形成总体的安全挑战。

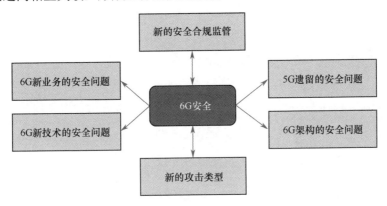

图 6-7 6G 的安全挑战

第一类是新的安全合规监管。在当今的 5G 时代，数据安全和隐私风险，一直是立法和执法机构关注的重点。这些新增和修订的法律法规和监管要求，将在很大程度上影响联网的终端和网络设备制造商、销售商，互联网和电信服务提供商，应用程序和业务服务提供商，依赖于安全的网络连接的企业，甚至是最终的用户。

例如，《无线电设备指令》（RED）是欧盟境内关于商用无线电设备的统一监管框架，对安全、健康、电磁兼容性和无线电频谱的有效使用等提出了基本要求。2022 年 1 月 12 日，欧盟委员会发布了 2022/30/EU 法案，将《无线电设备指令》（RED）纳入立法 （2022/30/EU）。欧盟委员会通过《无线电设备指令》的授权法案，实施《无线电设备指令》第三条中第 3 款的（d）项、（e）项和（f）项的要求（分别是设备安全性、个人数据保护、防欺诈条款），用于特定类别的无线电设备，以提高网络安全、个人数据保护和隐私水平。

在美国，针对新型和蓬勃发展的 5G 用例（物联网等），在联邦层面，联邦贸易委员会（FTC）、美国国家标准与技术研究院（NIST）均在权衡物联网安全的风险，评估对隐私的影响，并斟酌如何长期发挥作用。在州一级，加利福尼亚州和俄勒冈州已通过物联网安全法，对制造商施加安全要求，并影响供应和分销链中的其他参与者。

展望 6G 时代，安全与隐私仍是各国监管机构的重点方向。此外，因地缘政治和经贸关系的影响，6G 的关键参与者（国家政府、国际标准组织、行业联盟、各制造商和运营商、服务提供商）之间，存在一定的分歧。2024 年 2 月，美国白宫发布《关于支持 6G 安全、开放、韧性设计原则的联合声明》[①]，指出"……通过共同努力，我们能够支持开放、自由且具有全球性、互操作性、可靠性、韧性和安全性的互联互通。我们相信这是为所有人建设一个更加包容、可持续、安全和和平的未来不可或缺的贡献……"值得注意的是，该声明由美国联合澳大利亚、加拿大、捷克等发达国家发布，中国和其他发展中国家并不在名单中。

第二类是 6G 架构的安全问题。其中比较突出的是网络架构云化的风险与挑战。网络的进一步虚拟化、云化和分布式异构的网络部署，造成直接或间接参与移动通信系统的角色增加。因此，信任模型，包括云解决方案各层（IaaS、PaaS、SaaS）间的垂直信任以及云平台与服务提供商之间的水平信任，需要重构和演进。

第三类是 6G 新技术的安全问题。6G 引入了一系列革命性的新技术。首要的并值得提及的是人工智能（AI）。

人工智能作为"黑匣子"，输出的可解释性一直是一个潜在风险。在关键任务中，我们需要理解人工智能模型的决策模式和结果。人工智能技术与 6G

---

① The White House. Joint Statement Endorsing Principles for 6G: Secure, Open, and Resilient by Design[EB/OL]. (2024-02-26)[2025-01-12]. The White House 网站.

各个网元和系统的耦合度越来越高，智能体是否以及如何执行其任务，至关重要。此外，部分场景中，公平性、健壮性、隐私性和透明度也非常重要。

在如图 6-8 所示的数据生命周期的三种典型状态中，长期以来，移动通信系统关注的是"传输中"数据的安全保护。

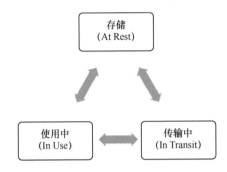

图 6-8　数据生命周期的三种典型状态

多种多样的"使用中"的数据或存储的数据如何保护，以确保 6G 的端到端数据安全，是一个巨大的风险与挑战。不经意传输技术、机密计算、同态加密和基于隐私的标识符，是一些潜在的适合这些场景的关键技术。

第四类是 6G 新业务的安全问题。

6G 架构和网络、业务，在很大程度上依赖人工智能模型。而移动通信网络中传递的数据类型非常复杂，既包括商业秘密、通信内容，还包括其他敏感或个人信息，如车辆的数据、健康设备的数据等。因此，6G 架构中的数据保护功能必须默认启用，并且能够兼容未来可能出现的新的场景或者应用技术。

第五类是新的攻击类型。此处略。

最后一类是 5G 遗留的安全问题。本书 6.2.1 节、6.2.2 节和 6.2.3 节已有讨论，这里不再赘述。

此外，如上文指出，不同类别之间会有交融，引发更深层次的安全风险。例如，6G 架构与 6G 新业务的融合。6G 中的新应用场景，将导致最终用户设备的数量和多样性增加。6G 整体的安全性，依赖于对不同设备类型的差异化安全要求，并确保所有设备以安全的方式无缝工作，单点的设备故障或者设备的恶意操纵，不应该影响网络的正常运行。

值得着重提及的是人工智能。人工智能在 6G 时代扮演极为关键的角色，同时是使能者、防御者、攻击者和攻击目标。

6.2.5　6G 时代的隐私风险

在 2030 年，人们将沉浸在新的数字世界中，进行更多的互动和交流。比如，人们随身的多指标健康设备检测和提示潜在的健康风险，使用全息技术与远在另一城市甚至世界各地的家人共度亲密时光，机器人进入家庭协助照顾家中老人，等等。这些 6G 将要承载的用例要求人们更加信任网络，需要更高级别的安全性、网络韧性、隐私保护。

高度复杂和实时的 6G 网络能够确定一个人在房间内的精确位置，以及跟踪和预测人们的习惯。如果它与生物传感器相结合，则可以了解人们的健康状况，监测人们的医疗状况和药物水平，甚至警告人们心脏病或癫痫发作的风险。然而，这些数据也可能被用于日益复杂的欺诈、勒索等行为。

当然，业务数据的机密性，作为隐私保护的前提之一，也非常重要。伴随着移动化和数字化的转型，很多企业等组织的客户数据、企业工作流和业务数据都基于网络、云、存储等基础设施。在数据的获取和使用层面，新的威胁形式也是层出不穷的，如勒索软件攻击。传统的网络攻击的目标是影响数据的机密性，而勒索软件主要影响数据的完整性和可用性。可以预期的是，在数据的应用层面，"深度伪造"[①]可能会产生更广泛的挑战和风险。

量子计算仍有很大的不确定性。特别是，量子计算机、量子通信信道的设计与实施，存在着物理学和工程能力上的根本挑战。但是在 6G 时代到来前，需要深入分析量子计算在 6G 网络攻击和防御两个维度的影响。

非对称加密算法受量子计算机的影响最为显著。对于使用非对称加密算法

---

① WESTERLUND M. The emergence of deepfake technology: A review[J]. Technology innovation management review, 2019, 9(11).

保护的敏感数据和个人数据的场景，需要在 6G 标准中分析和替换算法，以避免"现在保存，将来解密"的风险。量子密钥分发（QKD）等新型量子算法可能为保护 6G 网络和协议提供新的解决方案。同时，基于格密码或编码密码学[①]等后量子安全加密方案显示出广阔的应用前景。

园区网络、本地专用网络可能成为 6G 网络的常态。对工业专用网络的攻击导致的影响更为显著，例如，可能会导致工厂停工。更糟糕的是，未来工厂的高自动化水平可能会导致更复杂的工业破坏。攻击者可能控制大量的机器人和智能体，在工厂车间制造混乱，导致大量损失，甚至对在工厂的工作人员造成伤害。

如果没有安全、隐私和信任，6G 将毫无意义。6G 将为网络带来令人惊叹的新功能，并支持无数新应用场景，带来数字化、智能化、全连接的世界。但除非消费者、企业和行业确信这些网络和应用是安全、隐私保护和值得信赖的，否则 6G 的接受度存在重大挑战。

6.3　环境与可持续性考虑

早在 20 世纪 80 年代，"可持续发展"的概念就已经被提出[②]。联合国在 2002 年地球峰会的报告[③]中指出，有必要"促进可持续发展的三大组成部分——社会发展、经济发展和环境保护——的整合，使其成为相互依存、相辅相成的支柱"。自此，"社会、经济、环境"作为三个主要的维度，构成了可持续发展的基础，如图 6-9 所示。

---

① SENDRIER N. Code-based cryptography: State of the art and perspectives[J]. IEEE Security & Privacy, 2017, 15(4): 44-50.

② World Wildlife Fund. World conservation strategy: Living resource conservation for sustainable development[M]. Gland, Switzerland: IUCN, 1980.

③ SUMMIT J. World summit on sustainable development[J]. Johannesburg, South Africa, 2002, 9(3): 67-69.

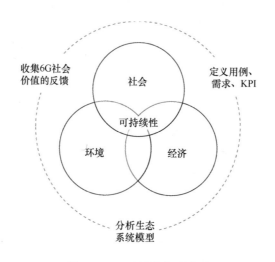

图 6-9　6G 可持续发展模型

　　6G 的研究、开发和部署、运维，想要取得预期的成功，需要在可持续性的三个维度上，都取得突破性的进展，满足消费者、产业甚至社会的期望。

　　社会可持续性涉及确保社会制度和组成结构具有包容性、非歧视性，并促进平等获得机会和资源。社会可持续性还旨在通过促进社会信任、合作和共同价值观来培养社会凝聚力和社区意识。数字包容和可信度，也是越来越重要的话题。本书 6.1 节"数字鸿沟与普及问题"对此有较多描述。

　　经济可持续性的目的是以具备韧性、适应性和包容性的方式发展经济体，同时确保经济增长不会以牺牲环境或社会公平为代价。它是指一个经济体支持其人民福祉的能力以及随着时间的推移维持其功能的能力。经济可持续性旨在通过创造条件，使企业、个人和社区都能够蓬勃发展，从而实现长期的经济增长和稳定。

　　环境可持续性以保护自然资源和生态系统为目标。它指的是负责任地、有效地利用自然资源，保护生态系统和生物多样性，并随着时间的推移保持其健康和生产力。它涉及减少浪费、污染和过度使用自然资源，并确保人类活动不会损害自然环境。

　　上述三个支柱并非相互割裂，而是相互关联的，并且经常需要在这三者之间取得平衡。

联合国可持续发展目标（UN SDGs）中定义的 17 个指标，也是按照可持续发展的三个维度分组的，其中 4 个涉及环境维度，9 个涉及社会维度，4 个涉及经济维度。

6.3.1　环境可持续性

联合国称气候变化是"我们这个时代的决定性危机"[①]。避免全球环境灾难的关键缓解措施包括到 21 世纪中叶，甚至是 2040 年前，将排放量降至零，并将全球平均变暖限制在 1.5℃以内。所有公司都将面临减少碳足迹和尽量减少对环境影响的压力。

ICT 产业本身是可持续发展战略的关键行业，且为其他行业的可持续发展如碳减排提供解决方案和技术支持。考虑到 6G 的商用部署时间在 2030 年及以后，提前识别和应对供应链可持续性风险非常必要。

一般从如下维度衡量对环境和可持续性的影响。

- 能源利用：包含能源消耗情况、能源效率、可再生能源使用。

- 温室气体和其他排放：温室气体的简单定义是将热量滞留在大气中的气体，包括二氧化碳（CO_2）、甲烷（CH_4）、一氧化二氮（N_2O）、氢氟碳化物（HFC）、全氟碳化物（PFC）、六氟化硫（SF_6）和三氟化氮（NF_3）等。

- 废弃物回收：产品循环利用的各个方面，包括再利用、回收和翻新，从而减少废弃物。

- 水足迹：水源取水、水消耗量、水排放和水再利用效率。

- 土地与生物多样性：尽量减少对陆地生态系统的影响并促进其可持续利用。

---

① United Nations. The Climate Crisis – A Race We Can Win[EB/OL]. [2025-01-21]. United Nations（UN）网站.

6G 网络关键组件（最终用户通信设备、RAN、核心网，以及云、边），与可持续发展的重点领域的对应关系，如图 6-10 所示。各个结合环节都需要考虑。

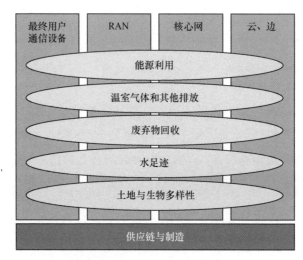

图 6-10　6G 网络关键组件与可持续发展的重点领域的对应关系

例如，云数据中心机房需考虑更好的散热条件，所以其经常建设在高纬度寒冷地区。这些地区的植被等生态环境脆弱，机房建设时需要考虑尽量降低对生态环境的负面影响。

2024 年，欧盟《可持续产品生态设计法规》（ESPR）正式实施。在 2025 年及以后，其各项要求将对 6G 产业的多数设备产生广泛的影响。例如，ESPR 对手机和平板电脑有详细的生态设计要求。

- 耐意外跌落或刮擦，防尘防水。

- 足够耐用的电池，可以承受至少 800 次充电和放电循环，同时保留至少 80%的初始容量。

- 拆卸和维修规则，包括生产商有义务在产品型号于欧盟市场上停止销售后 5～10 个工作日内以及 7 年内提供关键备件。

- 操作系统升级可用时间更长（自产品型号的最后一台设备停止投放市

场之日起至少 5 年）。

- 专业维修人员可以不受歧视地获取更换所需的任何软件或固件。

伴随着 6G 网络的研究进展和实施，现有的和新型的各类终端设备，需要关注相关法律法规和监管要求，以利于成功推向市场。

在 6G 的供应链和制造过程中，确保使用的材料和能源的透明度及可追溯性，不仅对于可持续性非常重要，对于网络安全、隐私保护和产品可信也是重要的基石。

6.3.2　社会可持续性

长期以来，人们一直畅想着世界各地的人可以方便地连接与沟通，加深了解，扩大文化和价值观的包容，共同建设一个美好的"地球村"①。随着 6G 时代的到来，泛在的连接和数字化的交互，使这一梦想有望成为现实。"数字地球""智慧地球"等各种各样的提法也充斥在媒体和研究报告中。联合国期待②，到 2030 年，每个人都应该有安全和可负担的互联网接入。而世界银行预测，到 2030 年，90%的人将能够访问互联网。

在移动宽带的接入和部署层面，5G/6G 应用于智慧城市（如智慧港口和机场）、卫生服务、食品生产和安全监测、物流和运输、公共安全和关键基础设施等领域，将在很大程度上改变城乡居民的生活。

一个数字化、智能化的未来，离不开对于安全性和可信网络的诉求。根据 ISO/IEC 《可信——词汇表》（TS 5723：2022）国际标准的定义："可信度是以可验证的方式满足利益相关者期望的能力。根据具体环境或部门的不同，以及所使用的具体产品或服务、数据、技术和流程的不同，适用不同的特征，需要进行验证，以确保满足利益相关者的期望。"长期以来，用户对于网络服务预期的复杂性，以及用户对电信运营商的不同信任程度，已经导致一些网络功

---

① MCLUHAN M, POWERS B R. The global village: Transformations in world life and media in the 21st century[M]. New York: Oxford University Press, 1989.

② United Nations. Achieving universal connectivity by 2030[EB/OL]. [2024-07-10]. United Nations 网站.

能存在争议。例如，对"网络中立"的分歧，也就是电信运营商是否有权识别和决策不同类型的数据包的传输速率和优先级。还有关于隐私权的分歧，也就是电信运营商是否或者能在多大程度上向政府机构或行业合作伙伴分享用户的信息。在这些问题上，监管机构的态度非常重要，其价值判断和监管要求，会显著影响各利益相关者的相互信任。

在 6G 时代，可信网络的诉求高涨，实现难度显著提高。

在泛在互联的世界中，网络节点或者网络服务的故障，不再像以往可能仅仅影响到通信的及时性或者生产力，而是会更深刻地影响人们的生活，例如，在远程医疗、自动驾驶场景中。黑客如果能够篡改医生的处方，给患者提供错误的药品，其影响远比无法发送邮件严重。同时，人类社会的价值选择也更加多元化，各种价值观、政治观点、生活方式的选择和变化，都会潜在地影响 6G 的部署和使用的各种场景和用例。

移动网络的有用性与其复杂性直接相关：功能、接口、无线技术、人工智能模型的数量。然而，复杂性也与不信任直接相关。特别是人工智能系统，潜在作为 6G 网络的关键技术和使能因素，其可信度和可解释性，将在很大程度上影响其接受程度和采纳范围。

6G 时代，对数字化信任网络，提出了更高的要求和挑战。

- 隐私的挑战：6G 的网络结构更为复杂，更动态地变化。例如，基于通信流量和最终用户位置的人工智能驱动的网络编排，可以更好地提供通信服务，但同时引发在收集和使用数据时保护隐私的问题。

- 公平性和避免偏见：网络资源在应用程序及其用户之间的分配方式，可能会引发关于决策公平性的问题。事实上，早在 3G 时代，这个问题就已经存在了。例如，短消息、邮件传输、浏览互联网、电话呼叫等业务的优先级该如何排序，又该如何保障这种排序的公平性和实施的有效性。

- 数字自主：关于"可信供应商"的争议由来已久。6G 硬件和软件组件的多种来源及其使用方式可能会引发担忧。

- 韧性与互操作性：用户期待在紧急情况下，或者在漫游情况下，仍然能够得到其需要的通信服务。

6G 服务于社会可持续性的另一个维度是数字包容性。信息通信技术不仅应是可获得的和负担得起的，还应是可及的，这意味着旨在满足尽可能多的人的需求和能力。6G 应该从设计上保障，不区分人群的特征或能力，都能便利地获取 6G 服务。

促进 6G 包容性的可能举措如下。

- 政府制定鼓励性政策和举措，联合社会力量，在目前无法使用 5G 等数字技术的地区建设 6G 基础设施。

- 提供负担得起的 6G 设备和网络接入，包括针对低收入个人和家庭的补贴计划。

- 为个人和社区提供数字技能培训和支持，包括专注于培养有效使用 6G 技术所需技能的计划。

- 创建对不同人群（包括残疾、语言障碍或其他特殊需求的人）具有可访问性和包容性的数字内容和服务。

通过上述措施，每个人都可以受益于 6G 新技术，减少现有的国家、人群和社区间的不平衡。

6.3.3　经济可持续性

在 5G 时代，围绕着运营商的 5G 战略投资，是否能带来比较好的回报，从而具备经济可持续性，是一个社会各界都比较关心的话题[①]。6G 是否可以提供更好的机会，来解决投资回报率低和整个行业缺乏投资的问题，对于 6G 的成败至关重要。

在 6G 实现经济可持续性的驱动因素和关键目标中，首要是**价值导向的**

---

① GRIJPINK F, MÉNARD A, SIGURDSSON H, et al. The road to 5G: The inevitable growth of infrastructure cost[R]. Singapore: Mckinsey, 2018.

6G 设计。基于第四次工业革命、人工智能推动劳动力市场变革、确保社会可持续性等趋势，6G 需要利用融合技术，创造一个以客户需求为导向的包容、面向未来的发展，而不是传统的技术驱动发展。

第二是**可持续性的 6G 商业模式创新**。商业模式只有不断地创新，才更具生命力。不管是可持续性的生产力增长，还是环境可持续性遵从，抑或是发现新的商业机会，新的商业模式创新都应推动 6G 发展，解决各种可持续性的挑战，并具有自身的可持续性。企业在实现自身利润最大化和建立新的可持续性经营方式之间需要取得平衡。

第三是**多样化的开放式价值配置**。传统上电信行业为垄断行业，具备天然的平台垄断优势。在 6G 时代，新的共享经济、循环经济模式层出不穷，6G 可能催生出新的共享商业模式，或者至少需要适配共享商业模式，如去中心化的协作平台、交易模式等。

第四是对运营商而言的**商业变现**。像其他成熟的公用事业一样，电信运营商对商业化、数字化的连接和传输服务的定价权在逐步弱化，而运营商在网络和基础设施建设上的投资居高不下。6G 想要在不同的地理环境、用户密度、数据密度和能量密度的场景中取得成功，投资回报和持续运营能力非常关键。

最后是**降低运营的风险**。世界经济发展的进程不是一路高歌猛进的，气候灾害、极端天气、生物多样性等环境风险，以及债务危机、地缘经济对抗、数字不平等、网络攻击等社会风险，将对国家、企业和个人产生潜在的重大影响。6G 发展和部署需要做好准备，提前识别和应对，降低不断变化的运营环境中日益增长的风险。

6.4　法律与监管挑战

移动通信是各行各业数字化转型的使能器和推动力，直接或间接影响世界经济的方方面面。据统计[①]，美国的电信运营商在 2022 年投入了 390 亿美元建设 5G 网络，在 5G 网络的建设上总体投资将达到 2750 亿美元，预期推动 5000 亿美元的经济增长。

超高速的连接、低时延的网络，以及海量的设备接入，支撑了很多新兴的商业模式和企业运营，从智慧农业解决方案到机器人快递分拣，以及互联网健康初创公司等。万物互联的未来，将驱动生产力的进一步发展。与此同时，全球贸易和安全形势日趋复杂，各国各地的监管机构，也在寻求保障网络安全、数据安全和用户隐私的监管方案。

6.4.1　差异化的频谱接入

移动通信的"移动"，是指终端设备和网络设备之间采用空中接口连接，而这就必然涉及采用在空中传播的电磁波的发送和接收。从 2G 到 5G，终端设备的发送和接收采用不同的频段，也就是不同的频率范围。

各代移动通信技术，采用了不同的频段部署。如图 6-11 所示。

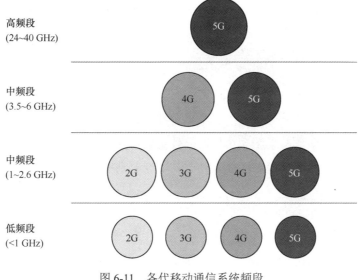

图 6-11　各代移动通信系统频段

---

① CTIA. 5G in America[EB/OL]. [2025-01-14]. CTIA 网站.

3GPP TS 38.101 的 "NR：UE 无线传输与接收" 和 TS 38.104 的 "NR：基站无线传输与接收" 规范分别描述了用户设备（UE）和基站（BS）的传输与接收。5G NR 定义了两个频段：FR1 频段，称为 6 GHz 以下频段（sub-6 GHz），在 TS 38.101-1 标准中定义；FR2 频段，称为毫米波频段，在 TS 38.101-2 标准中定义。在 3GPP Rel-18 中，原有的 FR2 频段改称 FR2-1 频段，新增了 FR2-2 频段，如表 6-1 所示。

表 6-1　3GPP Rel-18 频段表

指定的频段		对应的频率范围
FR1		410～7125 MHz
FR2	FR2-1	24250～52600 MHz
	FR2-2	52600～71000 MHz

在 FR1 频段范围中，Rel-18 标准定义了从 n1 ～ n109 的 60 多种上下行工作频段，支持不同的制式和场景。这种划分方式，考虑了世界各国频谱划分和使用的不一致性，但是给终端和网络设备引入了非常大的复杂度。

6G 的部分业务场景，如全息显示和扩展现实（XR），可能需要数百兆赫至数十吉赫的连续带宽的频谱，将给频谱接入带来更多的不确定性。

6.4.2　6G 部署与互操作

如同之前各代移动通信制式一样，6G 的部署离不开国际化的协作。长期以来，良好的漫游和互操作性一直都是全球电信业成功的标志。消费者可以使用自己的手机漫游到其他国家和地区，使用自己熟悉的通话、短消息和互联网服务，而不必关注漫游服务的技术细节和实现复杂度。

事实上，由于 6G 引入的技术，承载的业务得到了巨大的扩展，在 6G 业务部署和互操作层面，存在几个突出的风险和挑战。

一是上文指出的，由于国家间的指定频谱范围和部署授权的要求不同，跨国运营商部署 6G 网络存在一些挑战。对于终端、通信设备的制造商，这一挑战尤为突出。

表 6-2 列出了典型国家或地区 5G 频段划分。

表 6-2　典型国家或地区 5G 频段划分

频 段 范 围	国家或地区	分配的频段
6 GHz 以下	欧洲	3.4 ～ 3.8 GHz
	中国	2515 ～ 2675 MHz
		3.3 ～ 3.6 GHz
		4.8 ～ 5 GHz
	韩国	3.4 ～ 3.7 GHz
	日本	3.6 ～ 4.2 GHz
		4.4 ～ 4.9 GHz
	印度	3.3 ～ 3.4 GHz
25 ～ 30 GHz	美国	27.5 ～ 28.35 GHz
	欧洲	24.25 ～ 27.5 GHz
	韩国	26.5 ～ 29.5 GHz
	日本	27.5 ～ 29.5 GHz
35 GHz 以上	美国	37 ～ 40 GHz

二是行业标准组织极为多样化，给互联互通和互操作带来较大的挑战。展望未来，6G 甚至存在碎片化的可能。传统上，国际电联（ITU）等国际组织，3GPP、ETSI 等国际标准化组织和下一代移动网络（NGMN）等行业联盟在标准制定的进程中发挥重要作用。随着移动网络的进一步开放，GSMA、IETF 等标准组织定义的各类标准，也被更多地纳入移动通信的网络标准中。例如，5G 安全架构中的互联网络层安全协议（IPsec）、可扩展认证协议（EAP）和传输层安全协议（TLS）等由 IETF 定义。5G 网络采用的云和虚拟化技术由 ETSI NFV 行业规范组定义。高级加密标准（AES）等加密解决方案由美国国家标准与技术研究院（NIST）标准化。还有 IEEE 标准组织，它也定义了大量的网络与设备标准。

6.4.3　大量基础设施建设与改造

移动通信基础设施的建设需要海量的投资，其中大量资金投资于基站的选址、建设和运维。以 5G 为例，其原因主要有两点：一是 5G 的信号传播频率包含毫米波频谱，该频谱的物理学特点是无线信号传播衰减严重，无法有效穿透建筑物的墙壁或者其他障碍物，导致基站需要密集部署；二是对高移动性、数据速率、海量终端接入的高要求，带来基站的进一步"密集化"。

中国的 5G 建设在网络规模和网络质量上走在世界前列。据 2024 年 1 月发布的《2023 年通信业统计公报》[①]，从 2019 年 5G 商用以来，通信业投资已连续 5 年保持正增长，连续 4 年的年投资规模超 4000 亿元，其中 5G 累计投资超过 7300 亿元。

美国的 5G 建设，以市中心区域以及热点区域的容量提升为高优先级业务。据 CTIA（美国无线通信和互联网协会）统计[②]，美国的电信运营商在 2022 年投入了创纪录的 390 亿美元建设 5G 网络，在 5G 网络的建设上总投资将达到 2750 亿美元。

这种投资在一定程度上超出了电信运营商的能力范围，且需要各行业在政策、资金、业务、技术、商务上的有效协作。并且，通信行业作为强监管行业，5G 和 6G 的普及，在基础设施维度，还有许多监管方面的难题要解决，而且很多创新、普惠和基础设施支撑的移动通信业务，也需要监管机构的支持。

例如，在美国，针对 5G 网络中回程网络的部署困难问题（依赖于光纤网、电线杆等基础设施），联邦通信委员会（FCC）在美国联邦层面，优化了相关的监管规则[③]。此外，FCC 于 2020 年 10 月设立了美国农村 5G 基金，为运营商提供高达 90 亿美元的通用服务基金支持，用于在美国农村部署 5G 移动服务。该基金还专门拨出至少 10 亿美元用于促进农业场景的部署。

在印度等发展中国家，监管的情况更加复杂。印度的电信行业主要由电信部（DoT）和印度电信管理局（TRAI）监督，负责制定政策、授权、频谱管理以及确保公平竞争和消费者保护。相关法律包括《印度电报法》（1885 年）、《无线电报法》（1933 年）和《印度电信管理局法》（1997 年）。这些法律法

---

① 工业和信息化部运行监测协调局. 2023 年通信业统计公报[EB/OL].(2024-01-24)[2025-01-14]. 工业和信息化部网站.

② CTIA. 5G in America[EB/OL]. [2025-01-14]. CTIA 网站.

③ FCC. America's 5G Future[EB/OL]. [2024-06-23]. FCC 网站.

规、政策和其他指导方针共同构成了电信行业监管的顶层框架。而在 5G 时代，这些顶层框架同样需要与时俱进，解决诸如 5G 频谱划分、回程网络建设、物联网网络威胁、消费者隐私保护等诸多问题。

6.4.4　供应链安全风险

随着移动通信网络的进一步开放，移动通信网络中的设备类型逐渐增多，来自不同供应商的复杂硬件和软件的依赖都会给供应链带来潜在的漏洞。例如，恶意行为者可能会在设备的制造过程中注入后门或篡改软硬件。

6G 网络部署中，潜在的供应链安全风险如下。

- 6G 的运营商有可能从传统的电信运营商扩展到更多的公司和商业组织。这些组织不一定具备和电信运营商同等的安全能力。部署、配置或管理不当的 6G 设备和网络更容易受到干扰、操纵和破坏。

- 在 6G 的复杂供应链中，恶意软件和硬件、仿冒组件以及不良的设计、制造工艺和维护流程，可能增加网络资产被入侵的脆弱性，并最终影响数据的机密性、完整性和可用性。

- 6G 建立在前几代网络的基础上。一些旧的互操作漏洞、兼容性漏洞和基础设施漏洞（无论是意外还是恶意行为）仍可能影响 6G 设备和网络。

- 移动通信一直是有限竞争市场。主流厂商如爱立信、诺基亚、华为、中兴等在设备制造和服务提供中占据很大份额。很多厂商提供专有接口和解决方案，限制了运营商和客户选择其他产品和服务。

另外，也许正是因为有限竞争市场、电信行业的监管要求严格、漏洞和故障处罚严厉的原因，并没有过多的移动通信网络中的供应链安全漏洞成为媒体头条或者业界热点。

欧盟网络与信息安全局（ENISA）发布的《供应链攻击威胁态势（2021）》中分析了 2020 年 1 月到 2021 年 7 月的 24 起供应链安全攻击事件，

只有一个事件属于电信行业。也就是说，部分低端智能手机出厂预置的手机软件中包含恶意软件[①]，按照其生产厂商的回应，多数和开发者不经意集成的第三方 SDK 或者软件包相关。

对华为、中兴等主流的 5G 设备生产厂商的一些供应链漏洞或者后门的指控，事后证明要么捕风捉影，要么子虚乌有。曾被 The Register 等海外媒体炒作的华为海思视频编解码器 CVE-2020-24215 漏洞[②]，经分析属于硬件编解码器生产商从商业渠道采购了华为海思芯片，在其自研软件中包含漏洞，和华为海思芯片硬件以及软件 SDK 无关。

值得注意的是，以"供应链安全"为话题的贸易保护和排除竞争的趋势日渐明显。

2019 年 5 月，在捷克首都布拉格举行的 5G 安全会议上，32 个国家通过了一份非约束性立场文件，即"布拉格提案"。该提案要求"应该考虑第三国对供应商影响的总体风险，特别是其治理模式、缺乏安全合作协议等"。此外，它还有更具体的描述："供应商和网络技术的安全和风险评估应该考虑法治、安全环境、供应商渎职行为，以及对开放、可互操作、安全的标准和行业最佳实践的遵守情况。"事实上，日本、澳大利亚、瑞典和英国等国也以"国家安全"等理由，将华为排除在 5G 网络之外。

电信行业解决方案联盟（ATIS）于 2020 年 10 月成立了 Next G 联盟，旨在"提升北美在 6G 领域的领导地位"。该联盟的成员包括苹果公司、美国电话电报公司（AT&T）、高通公司、谷歌和三星电子等科技巨头，但不包括华为、中兴等中国厂商。

2021 年 11 月，美国的《安全设备法案》（*Secure Networks Act*）要求联邦通信委员会（FCC）停止向处于"涵盖设备或服务清单"上的公司发放许可

---

① BlueVoyant . Chinese Cell Phones Ship Preloaded with Malware[EB/OL]. (2020-09-24)[2025-01-21]. BlueVoyant 网站.

② WU Y, WANG J, WANG Y, et al. Your Firmware Has Arrived: A Study of Firmware Update Vuinerabilities[C]// USENIX Security Symposium. 2023.

证。华为、中兴通讯在列。

在地缘分歧愈演愈烈，贸易保护主义抬头的全球政治经济局势下，围绕 6G 的国际标准、国际协作、监管要求、业务模式、技术路线，将会有一系列的分歧、争议和不确定性，待全行业甚至全社会的关注和解决。

6.4.5　特定行业监管

通信行业在各国都属于监管的重点行业。而在当今的 5G 时代和即将到来的 6G 时代，随着移动通信的场景越来越丰富，越来越多地应用于各行各业，特别是有着更高的业务合规要求的行业，其监管策略带来的挑战不容忽视，6G 监管风险考虑如图 6-12 所示。

垂直行业的 5G/6G 监管可以分为：

图 6-12　6G 监管风险考虑

- ICT 行业监管：指传统上对于电信行业的法律法规和监管要求。

- 可用频谱划分：指政府或者监管机构划分，用于不同的移动通信场景和制式的频段范围。本书 6.4.1 节 "差异化的频谱接入" 已有描述。

- 垂直行业监管：5G/6G 的目标行业，特别是金融、医疗、教育、交通、能源，也属于强监管行业，已有各项明确的监管要求。6G 能否很好地适应这些要求，存在风险和挑战。

- 多头监管的碎片化：一些行业已经是各类监管机构共同关注的重点。来自不同监管机构的要求纷杂，甚至一些具体要求可能有潜在的冲突。此时合规成为关键的挑战。

各国政府和监管机构首要关注的是电信用户的人身安全、财产安全，以及电信网络的安全、环境安全。此外，公众利益也是监管的考量重点。

值得提及的第一个案例是射频设备。例如，在美国，联邦通信委员会

（FCC）负责监管所有射频设备，也就是"辐射、传导或其他方式发射射频能量的设备"。在授权频谱中运行的设备，如手机、基站，是 FCC 的监管范畴。

在 6G 中，可能会涌现出一系列新的设备类型和生态系统。对其制造商、进口商和销售商而言，了解各个国家和地区的射频设备授权和监管的法律法规，特别是认证、授权和批准流程，非常重要。这样，可避免因为法律遵从导致的设备上市延迟，甚至是来自监管机构的高额罚款。

6G 中引入的新的太赫兹频段的通信形式，也会引发对于城市公共设施、公众健康和隐私的担忧，从而可能反映到监管政策中，对 6G 网络的部署和运维引发关键的挑战。太赫兹通信的物理传播方式很难穿透障碍物，而该频段的视距传播特点，以及高速率泛在连接要求，潜在导致超密集的基站网络，甚至是随身设备中多样化的射频接收和发射功能。

各国的电信业监管普遍要求"公共服务"，也就是说，鼓励向全体民众提供服务，并且充分保护消费者利益。特别是核心电信服务，如语音通话、短消息、网络连接都属于这一类。部分场景，如远程医疗，也应该尽量以普遍服务的类型提供，而不是仅仅提供给大城市的用户。监管机构需要制定类似的法律法规或者监管要求，鼓励向偏远地区的公众提供相同的服务。甚至，因为偏远地区的医疗条件有限，所以该服务的社会价值更大。

另外，一些服务场景，没有必要满足"公共服务"的监管要求。5G 网络的一些企业应用，仅在企业环境中提供不涉及普通消费者的移动通信服务。例如，煤矿的远程监控或者自动化采矿设备，采用 5G 信号回程网络。此时，网络运营者能否向监管机构方便地申请"例外"，或者监管能否做到更主动、更细致，将直接影响 5G/6G 的移动生态系统是否有活力。

5G/6G 的部分场景，需要监管机构间的密切合作。对于跨国、跨地区的行业解决方案，如医疗、航空、交通运输，多种监管机构的政策协调一致更为重要。例如，自动驾驶汽车，涉及电信、交通运输、汽车行业、网络安全、数据合规等多种监管要求。

5G/6G 的部分新场景，将触及更复杂的网络监管和政策环境。例如，NTN（非地面网络，泛指卫星通信等方式提供的 5G/6G 服务）。其涉及地面和非地面网络之间的频谱共享，运营商使用特定频谱的权利、服务提供商发射卫星的权利以及在特定地理区域提供服务的权利。此外，网络韧性要求（在自然灾害、网络攻击等条件下保障电信服务的连续性和可靠性）、数据安全和隐私保护要求、消费者权益保护要求，都是值得考虑的监管合规内容。

6.4.6　执法和诉讼信息调取

长期以来，围绕网络犯罪以及恐怖袭击等严重刑事犯罪的调查取证，执法部门的数据获取要求、方式和手段存在一些争议。例如，欧盟为打击儿童色情作品等犯罪，要求弱化端到端加密，立法机构、隐私保护机构、媒体和互联网行业提供了很多不同的观点[①]。

在美国，情况与之类似。来自哈佛大学伯克曼互联网与社会研究中心的一篇文章[②]认为，随着苹果、谷歌在其移动设备、智能手机和应用程序中默认启用端到端加密，美国情报和执法部门拦截信息的能力"正在衰退"。此外，该文章指出："联网传感器和物联网预计将大幅增长，这有可能彻底改变监控方式。"

在 2016 年底，美国阿肯色州本顿维尔警方向亚马逊发出搜查令，要求其交出嫌疑人家中亚马逊智能音箱（Echo）的录音，以调查一起热水浴缸谋杀案。这引发了社会各界对于物联网适用的法律标准不明确、执法机构数据获取方式以及新的消费者隐私问题的关注。值得一提的是，该事件本身在冗长的法律诉讼中，并未裁决基于美国各项法律是否允许亚马逊提供智能音箱数据，警方是否有权要求获取该数据，在有法院搜查令的前提下是否不需要用户同意等社会各界关注的问题，而是在犯罪嫌疑人同意提供智能音箱录音的前提下结束了争议。

可以预见的是，在 6G 时代，执法机构访问各类通信数据的要求、用户对

---

① KOOMEN M. The encryption debate in the European Union: 2021 update[J]. Carnegie Endowment for International Peace, 2021, 31.

② GASSER U, GERTNER N, GOLDSMITH J L, et al. Don't panic: making progress on the "Going Dark" debate[J]. Berkman Center Research Publication, 2016.

于通信服务中隐私保护的预期、互联网平台和通信服务提供方的业务合规、媒体的报道权和监督权保障，诸多利益相关者的诉求和价值判断的博弈仍会继续。甚至，各国的立法机构可能会更多地出台便利执法机构的数据收集能力的法律法规，这对 5G/6G 运营商提出了较高的要求。

对于 6G 新增的一些场景，通信运营商、服务提供商、公众和执法机构之间的关系会变得更加复杂。智慧农业场景，部署和运营农作物长势监控摄像头的公司可能会接到执法机构的数据调取请求或者法院的搜查令，而传统上这类企业很少与执法部门打交道，在理解和执行执法机构要求方面要付出额外的成本。

部分场景中，监管机构本身可能是一种行为方，或者有自己的业务诉求。例如，航空监管部门可以通过移动通信网络的无线信号采集和感知功能，识别低空无人机等被监测物的信息，可以通过建设运营商到监管机构的专用网络来解决，但其传输加密、访问控制需要经过精心的设计，甚至不向运营商等无关方透露保密信息。

第 7 章

6G 关键技术

2022 年 6 月，国际电信联盟无线电通信部门（ITU-R）发布了面向 IMT-2030（6G）的技术趋势报告。该报告从三个维度，总结了面向 6G 的关键技术，包括以 AI 为代表的新兴技术、增强型无线空口技术和增强型无线网络技术。本章针对 6G 潜在的部分关键技术进行介绍。

7.1 原生 AI（AI 空口设计和 AI 无线网络）

无论是 IMT-2030，还是欧洲 6G 旗舰项目 Hexa-X-Ⅱ，均指出 AI 技术将在 6G 网络中得到原生支持。随着通信产业界、学术界对 6G 的讨论越来越深入，6G 支持原生 AI 已基本形成业界共识。

原生 AI 的典型特征是，不再像 5G 系统中通过将部分已有组件替换为 AI 组件、新增 AI 组件以及管理面 AI 增强等方式，有限度地增强部分组件的能力，而是所有组件及其交互都可能使用 AI。6G 系统原生 AI 如图 7-1 所示。

AI 技术将在 RAN 侧、终端侧、核心网侧均发挥重要作用。

1. RAN 侧

在 2024 年华为分析师大会上，电信设备供应商华为针对 AI 技术和 AI 在无线接入网（RAN）中的应用，提出了 AI for RAN 和 RAN for AI 的双向融合概念，即将 AI 技术应用于 RAN 的频谱效率提升、运维管理（AI for RAN），以及借助 RAN 技术服务于 AI（RAN for AI），两者进行双向结合和发展。

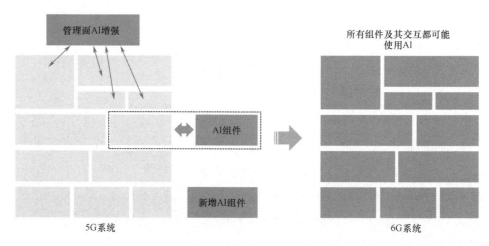

图 7-1　6G 系统原生 AI

AI for RAN：利用 AI 提升 RAN 能力，即用 AI 技术来优化和提升 RAN 的性能，如网络部署、运维、节能等方面的提升。将 AI 集成到 RAN 解决方案中可以为移动网络运营商带来价值。

RAN for AI：利用 RAN 技术支持 AI 在数据收集、处理和分析等方面的能力，如在自动驾驶、物联网等场景下的应用。RAN 支持 AI 能力开放，为上层智能应用提供 AI 算力，并提供低时延的 AI 服务。

2. 终端侧

AI 模型在终端侧的训练与更新，可提升终端用户的体验，这些终端包括智能手机、智能车机、智能穿戴、智慧大屏等。未来终端侧将标配智能体作为用户的智慧助手，支持人机对话、帮助用户规划行程、提供全新的娱乐方式。但目前终端侧生成式 AI 技术的创新受限于终端侧有限的算力，混合 AI 技术有望在短期解决这一瓶颈问题。

混合 AI 技术：相比于 AI 算力集群，终端往往算力和存储资源有限，难以满足对算力资源要求高的智能应用。该技术利用两者的优势，即云端较强的算力优势和终端较低的时延优势，进而实现混合 AI 架构，提升不同场景下大量数据处理和决策，从而满足需要更高算力、更低时延的 AI 应用，提升终端用户的 AI 体验。2023 年，高通发布的《混合 AI 是 AI 的未来》白皮书[①]指出，混合 AI 技术可根据 AI 模型复杂度和存储需求的不同，在云端和终端侧灵活分配处理负载。对于简单的 AI 模型，推理可以直接由终端算力完成；对于复杂的 AI 模型，则需要云端与终端的协同处理，实现"云助端"。此外，该技术支持在终端运行轻量化模型，同时云端协同处理，共同提高终端处理结果的精确性。随着生成式 AI 模型的迭代升级和终端性能的提升，不排除将来在终端上运行参数超过百亿模型的可能性。

3. 核心网侧

核心网云化已成熟商用，随着 AI 大模型技术的爆发性发展，核心网智能化也越来越受运营商的关注。核心网自动驾驶网络技术在核心网运维效率提升、降本增效方面具有重要价值，业界典型代表是华为的核心网自动驾驶网络（简称 ADN）解决方案（注，并非汽车的自动驾驶）。

核心网自动驾驶网络技术：核心网通过自动化和智能化手段可提升网络的稳定性和可靠性，提高运营和维护效率，降低成本。核心网自动驾驶网络技术结合了大数据分析、智能决策与自动控制，针对网络切片、边缘计算和电信云等场景，可提升核心网的运维效率、灵活性和可靠性，实现智能资源调度，加速业务部署。这一技术的核心功能是网络数据的分析功能，用于提升分析、决策质量，但存在数据采集效率低及 AI 信令处理等挑战。

此外，核心网自动驾驶网络技术利用 AI 实现对网络资源的自动化管理，可以优化网络性能并提高运维效率。以华为自动驾驶网络（ADN）解决方案为代表的自动驾驶网络技术，将数字孪生、大模型及意图驱动等技术应用于运维工作流中，构建了数字助理和专家方案，通过多智能体（AI Agent）协同实现自动化的投诉处理、故障分析等，推动运维系统从被动到智能辅助的转变，增强了网络稳定性，提升了网络智能化运维水平。

[①] 高通公司. 混合 AI 是 AI 的未来[EB/OL]. (2023-05)[2025-02-13]. 高通公司官网.

7.2 AI for RAN：AI 用于无线网络

AI for RAN 要解决的本质问题是利用 AI 管理无线接入网络的复杂性，目标是实现更加高效、自适应和智能的网络运营。

7.2.1 AI 用于射频规划与优化

射频（RF）规划与优化对于部署和运营 5G/6G 网络至关重要。但射频优化并不是一件简单的事情，工程师需要综合网络架构、天线特性、信号传播、信号干扰和流量要求等各种因素，才能给出一个高效利用频谱的射频规划，实现最佳质量保证（QoS）。

下面举几个例子，介绍 AI 可以在哪些场景中提升射频规划和优化能力。

- 深度学习利用卷积神经网络、循环神经网络等模型，对毫米波信道中的多径效应、衰落特性等复杂参数进行数据特征提取与建模，可对毫米波信道状态进行精准、高效预测，从而实现毫米波基站的最佳部署。

- 太赫兹通信虽然在高带宽的应用中有优势，但其传播特性受环境、天气以及障碍物遮挡等因素影响。而基于 AI 的信道建模技术，有望通过强化学习、生成对抗网络等方法，再结合太赫兹频段的传播特性与环境参数，提升信道模型的准确性。

- VLC 室内无线连接系统涉及的 LED 布局、调光策略、信号调制解调方式是一个很复杂的问题，AI 可通过遗传算法、粒子群优化算法等进行优化，优化后的系统能够有效提升数据速率。

7.2.2 AI 用于无线网络覆盖和容量优化

与前几代移动网络相比，6G 网络将显著提高网络容量和覆盖范围。预计

6G 网络的容量将比 5G 网络的容量高出 100 倍，而 5G 网络几乎可以提供 4G 网络 10 倍的容量。这依赖于传统的优化手段可能很难完全满足。

通过借助 AI 辅助方案，有效地利用无线电频谱，智能地管理无线资源，可以增加移动网络的容量，同时改善用户体验。此外，AI 的使用，还可以通过使用预测分析来为网络部署助力，目的是向信号覆盖较弱的区域部署更多基站来提升信号覆盖范围。

LTE 和 5G 网络已经运用了 AI 来提高网络效率和性能。相比之下，LTE 中的 AI 主要用于通过对网络的智能化管理和资源分配，来提高网络效率和性能。而基于 AI 的 5G 网络在网络性能、资源共享和运营管理方面优化更为明显。AI 预计在 6G 网络架构中较前几代通信制式发挥更加重要的作用。特别是，AI 在 6G 网络容量优化中，能基于实时状况，通过智能算法动态分配频谱和功率等资源；借助机器学习模型预测信道，提前调整传输参数；分析网络数据，挖掘问题来优化网络架构，如基站布局；识别干扰源，动态调整传输策略，从而全面提升资源利用率、保障通信质量、扩大覆盖范围、增强网络可靠性，实现 6G 网络容量的有效优化。

7.2.3　AI 用于移动性管理

移动性和切换是无线网络的关键功能，当用户在跨小区之间移动时，它们的通话、上网服务仍可以实现业务连续。此外，为了向用户提供更高质量的不间断的服务交付，未来的网络将使用多种技术和方法，如切换决策方法、小型蜂窝、波束赋形和大规模 MIMO 技术等。这些技术有助于提高网络覆盖率和容量，同时减少干扰并提高网络性能。

在 6G 网络中，通过波束赋形实现的移动性和切换管理可实现无缝切换、更强的移动性支持、自适应波束管理和更大的网络容量，从而实现高效、稳健的通信。通过采用先进的波束赋形技术，6G 网络可以在动态和移动环境中提供更好的用户体验、更高的网络性能，并可以更好地利用网络资源。

在 6G 网络中，切换和移动性管理开辟了新的技术路径，如深度学习

（DL）、多接入边缘计算、基于 DL 的智能双连接、动态点选择（DPS）、AI 移动感知资源分配、基于机器学习的切换决策、基于 DL 的主动切换、快速小区选择和上下文感知切换以及智能反射面（IRS）。简单地讲，在 6G 网络中，上述多种智能技术能助力切换和移动性管理。DL 从大量数据中提取模式，预测用户行为并优化切换决策，适应动态网络条件；多接入边缘计算（MEC）将计算和存储移至网络边缘，通过本地决策降低时延，实现资源有效分配和内容缓存；基于 DL 的智能双连接结合多种接入技术，依据实时状况确定最佳接入，优化切换；动态点选择技术根据实时网络状况确定合适的通信点，提升切换性能；AI 移动感知资源分配通过分析用户移动等因素优化资源分配；基于深度学习的主动切换依据用户移动模式等预测并提前切换，减少时延；情境感知切换和快速小区选择基于信号质量等快速寻找合适小区并优化决策；智能反射面（IRS）通过改变反射质量提高信号强度等，优化切换性能。这些技术共同作用，可全方位提升 6G 网络切换和移动性管理水平，保障用户高质量体验。

7.3 通信感知一体化

IMT-2030（6G）推进工作组于 2024 年发布的《2024 年 6G 通信感知一体化安全需求与技术研究报告》和《6G 通信感知一体化协作感知关键技术》指出，未来的无线接入，不仅能提供信息通信功能，也能基于毫米波、太赫兹的高频段特点提供细粒度的环境感知功能，使得无线通信更加"智能"。这是 6G 区别于前几代通信制式的重要特征。

毫米波和太赫兹波段具有更高的频率和更短的波长，这使得它们能提供更高的带宽和更快的数据速率。同时，这些高频段的信号能够更好地穿透物体，提供更精确的定位和感知能力。这也构成了无线基站通信感知一体化的理论基础。同时，高频信号还有利于实现细粒度数据采集，基于高频信号的反射和散射特性，可实现对周围环境的高分辨率成像。该能力使得无线接入基站能够实时监测环境变化，如人流量、车流量及其他物体移动等，从而提供更丰富的上下文信息。

有了这些感知数据，无线接入网络可以实现相比于 4G/5G 更加丰富的智能化应用。结合 AI 技术，环境感知数据可以被用于训练、处理、推理，从而实现智能决策。例如，在智能交通场景，基站感知到的环境数据可用于优化交通堵点，提升通行效率。此外，未来的无线接入将与物联网设备紧密集成，不仅传输数据，还能感知和响应环境变化，利用环境感知能力来实现智能家居、智慧城市等应用场景。

但是，未来无线接入的通信感知一体化能力虽然好处多多，但实现起来需要攻克以下关键技术。首先是天线与高频信号处理技术，这是基础。开发高增益、高带宽的天线阵列对实现高频信号传输和接收十分重要，毫米波和太赫兹频段应用要求天线具备宽带性能，且为提高传输效率和覆盖范围，天线需具有高增益和良好方向性。同时，毫米波和太赫兹信号处理需要高效算法和硬件，如高性能的 ADC、DSP 和 ASIC，以应对高频带来的噪声和衰减问题。其次是算法与系统融合技术。先进的环境感知算法，如机器学习和深度学习技术，用于处理分析环境数据，实现模式识别、目标检测和环境建模。融合传感器技术将无线通信与其他传感器结合，形成多模态感知系统，提供更全面的环境信息。低时延通信协议则确保数据快速传输处理，实现实时环境感知和响应。最后是网络与安全层面的架构设计。若要支持大规模设备连接和数据流量管理，则需采用边缘计算和分布式网络架构减少数据传输时延。高频信号传输处理能耗大，开发高效能量管理和节能技术可延长设备使用寿命。此外，随着环境感知能力的增强，数据安全和用户隐私问题凸显，研究新的加密和隐私保护技术势在必行。

只有攻克这些关键技术，未来的无线接入才能够实现更智能的通信感知一体化能力，推动各类应用的发展。

7.4 通信与计算架构融合技术

面向 6G 的无线接入设备，还将具备超强算力，用于支持边缘侧高性能、低时延应用。截至目前，"通算一体"在业界尚未形成共识。一方面，通信与计算架构的融合十分复杂，涉及网络、云计算、边缘计算等多种技术和系统，技术的多样性和复杂性阻碍了共识的形成。另一方面，融合架构的实现需要大量投资和资源，运营商对投资回报的谨慎态度影响了推动积极性。并且，网络切片、边缘计算等关键技术成熟度不足，相关生态系统建设也不完善，这些都限制了融合架构的推广和普及。

在通信与计算架构一体化融合进程中，需要融合当前日新月异的计算技术，包括边缘计算、异构计算等。边缘计算将计算能力下沉至网络边缘，减少数据传输带来的时延和带宽损耗，为实时性业务提供有力支撑；异构计算则融合 CPU、GPU、FPGA 等多种计算资源，打破单一计算模式的局限，显著提升计算效率与灵活性，满足复杂多样的计算任务需求。

从应用层面来看，还需要云原生技术与容器化、虚拟化技术，这些技术对于应用创新、应用快速上线、迁移，以及高效利用计算资源都十分关键。云原生架构搭配微服务设计，让应用部署更为迅速，面对业务量变化时能够灵活弹性扩展，适应快速迭代的市场环境。而容器化与虚拟化技术则聚焦资源调配，可根据不同应用场景的需求，灵活分配和管理各类资源，极大地提升了资源利用率。

在资源管理方面，涉及智能调度与资源管理技术以及标准化与互操作性。基于人工智能和机器学习技术，智能调度系统能对计算和通信资源进行智能调配，全面提升系统性能与运行效率，同时开发统一管理平台，实现资源的集中管控，简化运维流程。标准化与互操作性工作则致力于打通不同系统和设备间的壁垒，促进整个生态系统的互联互通与协同发展。

7.5　分布式信任技术

信任技术按集中度来分，主要经历了集中式信任、联邦式信任，再到逐渐趋于成熟的分布式信任。集中式信任的代表技术有账号密码认证、PKI 等，联邦式信任的代表技术有 OAuth 2.0、SAML 等，分布式信任的代表技术有 W3C 的去中心化标识符（DID），以及分布式公钥基础设施（DPKI）。

PKI 技术最早在信息技术（IT）领域引入，随后扩展到通信技术（CT）领域，并逐渐成为无线通信安全的基石。在浏览器时代，PKI 主要用于超文本传输安全协议（HTTPS）。由于证书成本高、手动配置信任根效率低，HTTPS 并未得到充分应用。在云时代，HTTP 2.0 广泛实施，强制使用传输层安全协议（TLS）加密。服务之间的 RESTful 接口采用 HTTPS 保护，加上不同厂商之间基于云的互联互通互信困难，这些因素导致了免费认证中心（CA）和 DPKI 的出现。PKI 在电信领域引入较晚，在 2G/3G ATM 专网时代，网管系统（NMS）与基站/控制器之间建立 SSL 需要证书，但该证书十分简单，并非一个全面系统的 PKI。LTE 时代引入了全 IP 网络，3GPP 标准中引入了安全网关（SeGW），基站与 SeGW 之间通信需要进行 IPsec 认证，因此在移动通信网络中引入了 PKI，为基站颁发证书。基站在申请运营商颁发的设备证书之前，必须预先配置好出厂证书。随后，5G 继承了 LTE PKI 相关特性。

6G 时代，万物互联，随着接入的终端种类越来越丰富，并且要兼容 4G、5G 的既有网络，IMT-2030（6G）推进组提出了需要引入多模信任，即集中式信任、联邦式信任、分布式信任多种信任模式共存，并实现互操作。IMT-2030（6G）推进组认为区块链服务是 6G 的重要服务场景，特别是分布式 PKI 体系。其认为，目前中心化的 CA 存在单点故障，CA 本身不可靠，存在证书伪造风险。另外，不同企业各自构建信任体系，不同 CA 形成多个孤立的信任域，导致跨 CA 证书认证不畅，用户通常需要持有多个 CA 证书来满足不同场景的认证需求。2019 年，国际电信联盟（ITU）提出了分布式公钥基础设施（DPKI）的概念，即分布式 PKI。ITU 提出 DPKI 技术有两个原因：一是传统 CA 各自为政，难以相互信任；二是证书吊销列表（CRL）/在线证书状态协议（OCSP）存在性能瓶颈和安全问题。

DPKI 技术基于区块链构建去中心化的 CA 联盟链，通过智能合约提供证书状态查询。每个 CA 都由一个映射的区块链节点参与联盟链的交互。CA 不需要重建，只需要实现与区块链节点连接的接口。因此，DPKI 并不是对传统 PKI 体系的颠覆。它通过区块链将 CA 连接起来，实现全球 PKI 互联互通。DPKI 技术的优势总结如下。

（1）自动化信任根管理提升运维效率和体验，打破运营商多个 CA 孤岛，实现 CA 间互通。

（2）从标准遵从性角度看，根据历史经验，预计 3GPP/IETF 将继续参考 ITU 定义的这一 DPKI 标准。

（3）DPKI 天然支持容灾，可降低 PKI 容灾成本。

7.6　后量子安全技术

预计 6G 时代和量子计算时代将有一定的交叠。理想的量子计算机，能够快速破解目前网络中使用的一些加密算法。能够抵抗量子计算机破解的算法，正处于研究和标准化的进程中。6G 的技术标准，需要跟进后量子密码算法的进展，并考虑各种攻击场景，系统性地制定方案。

7.6.1　量子计算对传统密码算法的破解

量子计算在近年来发展迅速，美、欧、日等发达国家均将量子计算研究作为优先发展技术。量子计算是一种基于量子力学原理的计算模型，其潜在的计算能力远超传统计算机，尤其在某些特定问题上，如大数分解和离散对数问题。这两个问题是许多传统密码算法，如 RSA 密码体制和椭圆曲线密码学（ECC）的安全基础。量子计算通过量子比特（qubit）并行处理信息，能够在多项式时间内破解这些传统算法。对于对称算法，量子计算机虽然未完全破解，但仍然能大大降低对称密码的破解难度。下面从硬件进展、量子算法、商业化进展角度分析量子计算机的进展。

- 硬件进展：近年来，量子计算机的硬件架构不断发展，包括超导量子比特、离子阱量子比特、拓扑量子比特等。超导量子计算机如 Google 的 Sycamore 和 IBM 的量子计算机都在不断提升量子比特的数量和纠错能力。量子比特的错误率逐渐降低，量子纠错技术的进步使得量子计算机能够进行更长时间的计算。

- 量子算法：量子算法的研究也在不断推进，Shor 算法（用于大数分解）和 Grover 算法（用于搜索未排序数据库）是最具代表性的量子算法[1]。随着量子计算机性能的提升，Shor 算法对 RSA 和 ECC 的威胁愈发明显。

- 商业化进展：一些公司（如 IBM、Google、D-Wave 等）已经开始提供量子计算服务，推动量子计算的实际应用和研究。

7.6.2　NIST 后量子密码算法的进展

NIST（美国国家标准与技术研究院）于 2016 年启动了后量子密码算法的标准化项目，以应对量子计算对现有加密算法的威胁。以下是近两年的重要进展和关键技术。

- 标准化进程：2022 年 7 月，NIST 正式发布了首批后量子密码算法的标准，包括公钥加密和密钥交换（CRYSTALS-Kyber）以及数字签

---

① SHOR P W. Algorithms for quantum computation: discrete logarithms and factoring[C]//Proceedings 35th annual symposium on foundations of computer science. IEEE, 1994: 124-134.

名，即 CRYSTALS-Dilithium、FALCON 和 SPHINCS+。

这些算法设计旨在抵御量子计算的攻击，具备较高的安全性和效率。

- 关键技术：

格基密码：CRYSTALS-Kyber 和 CRYSTALS-Dilithium 都是基于格的密码学，利用格问题的困难性来确保安全性。

哈希基密码：SPHINCS+是一种基于哈希的数字签名方案，具有较强的安全性和灵活性。

多变量多项式密码：FALCON 是一种基于多变量多项式的数字签名方案，强调高效性和小尺寸。

7.6.3 移动通信面临的量子攻击场景

量子计算的强大处理能力，给移动通信领域带来了一系列潜在威胁。它能够利用 Shor 算法快速破解传统公钥加密算法，对移动通信的安全性构成严重威胁。

在通信环节，攻击者拦截加密通信数据后，借助量子计算机破解密钥，就能窃听通信内容。此外，依赖数字签名进行验证身份和确保数据完整性的移动应用，量子计算机可破解现有数字签名算法，将导致身份伪造与认证仿冒攻击风险增加。移动通信常用的安全协议同样会因量子计算机在中间人攻击中可快速破解非对称加密算法，使得攻击者能解密保密信息或伪装成合法参与方。

在数据安全方面，移动通信中存储的需长期保密的数据，可能因量子计算机的发展而被轻易破解，威胁数据长期保密性，这种攻击方式称为囤积攻击。对于物联网设备，因相关的轻量化协议和加密措施薄弱，更容易遭量子计算机攻击，进而危及整个 IoT 生态系统。此外，移动用户通过 VPN 保护隐私与安全，若不采用抗量子计算加密措施，VPN 加密保护将失效，用户真实位置和活动也会暴露。

量子计算的发展对传统密码算法构成了严重威胁，推动了后量子密码算法的研究和标准化进程。NIST 目前已经取得了显著进展，发布了一系列抗量子攻击的密码算法。移动通信领域需要提前采取相应的安全措施，包括研发和实施抗量子密码算法，以确保在未来量子计算技术成熟后，移动通信系统仍能保持其安全性和可靠性。

7.7　能力开放技术

6G 能力开放概念是指在未来移动通信技术中，将网络的核心能力、资源和服务开放给第三方开发者、企业等，以促进创新、提高灵活性并加速应用开发。通过能力开放，6G 网络能够支持不同的业务需求和新兴应用场景，推动更广泛的生态系统发展。

6G 开放的能力将丰富多样。网络切片技术能根据应用和业务需求创建虚拟化网络切片，提供定制化服务；边缘计算在边缘节点提供计算和存储资源，支持低时延、高带宽应用；AI/ML 服务开放人工智能和机器学习能力，用于优化网络管理与资源分配；开放 API 提供网络功能接口，方便开发者利用实时数据流等网络能力；多频段资源支持多种频段开放，可提升数据速率和覆盖范围。

为了实现这些能力，需要储备和增强一系列关键技术。例如，网络切片技术，它依托软件定义网络（SDN）和网络功能虚拟化（NFV），依据不同业务需求将物理网络划分为多个相互隔离、具备独立网络资源和配置的虚拟逻辑网络切片，不同的应用可利用开放的切片能力实现行业定制化服务，提升网络资源利用效率。边缘计算技术虽然在前几代通信制式中已经引入，但并未大面积落地，预计在下一代通信中它将发挥重要作用。它将计算和存储能力下沉至数据源附近的边缘节点，降低数据传输时延和带宽占用，边缘的智能应用可以基于此技术为用户提供实时性高和带宽大的智能场景。此外，安全与隐私保护技术有可能也会成为开放能力，作为网络的原生能力开放给第三方业务使用。由于 6G 安全和隐私技术可能会采用新的加密算法对传输和存储的数据进行加密，并结合先进的身份管理解决方案，它的能力开放不仅能降低应用的安全采购成本，还能提供更安全、更标准化的防护能力，全方位保障开放网络中的数据安全和用户隐私。

6G 能力开放为各行业提供了广阔的创新空间和应用机会，有望推动新一代的智能应用和服务的发展。随着关键技术的深入发展，能力开放将成为 6G 生态系统的重要组成部分，促进不同领域间的协同创新。

7.8 地面网络与非地面网络互联技术

NTN 是指利用非地面平台（如卫星、无人机、气球等）进行通信的网络技术。NTN 技术旨在补充传统的地面网络，提供更广覆盖、低时延和高可靠性的通信服务，尤其在偏远地区或灾后恢复场景中显示出其重要性。NTN 的出现是为了支持 5G 和即将到来的 6G 网络，对移动通信的全球覆盖、低时延和高容量的需求做出回应。

NTN 涉及的网元众多，主要包括卫星节点、地面网关、终端、服务管理中心、卫星通信平台等。它们需要密切配合以实现 NTN 组网。

1. 卫星节点

功能：作为数据转发中心，通过天线与用户设备和地面站进行通信。

能力需求：

高容量的数据处理能力。

先进的信号处理技术以适应动态环境。

支持多种信道接入方式（如广域覆盖与宽带连接）。

2．地面网关（Ground Station）

功能：连接卫星与地面网络，进行信号转换和数据传输。

能力需求：

满足高带宽、低时延的通信需求。

实时数据处理和信号解调能力。

高可靠性和稳定性以应对极端天气和恶劣环境下的通信。

3．终端（UE）

功能：与卫星或无人机等非地面设备进行通信，提供用户所需的服务。

能力需求：

支持多种频段和调制解调技术。

提供强大的信号接收和处理能力。

能够在不同环境下保持连接稳定。

4．服务管理中心（Service Management Center）

功能：负责网络资源管理、监控和优化 NTN 的运行。

能力需求：

实时网络监控与分析以优化资源配置。

自动化的故障检测与恢复机制。

能够进行用户身份管理和服务质量保障。

5．卫星通信平台（Satellite Communication Platform）

功能：提供 NTN 服务所需的软件平台用于业务部署和应用。

能力需求：

支持开放的 API 和标准化接口以方便集成。

能够管理多种应用在卫星上的调度与资源分配。

安全性防护，保障数据传输的隐私与安全。

NTN 技术的发展依赖于多种网元的协同工作，每种网元都需具备特定的能力和功能，以确保整个 NTN 的高效性和可靠性。通过合理布局和资源调配，NTN 将为未来的通信网络，特别是 5G 和 6G 的发展提供更广泛的覆盖和更多样化的服务。

7.9　太赫兹通信技术

太赫兹通信技术利用频率范围为 0.1～10 THz（太赫兹）的电磁波进行数据传输。它处于微波频段（1～300 GHz，射频工程领域也常见 1～100 GHz 的定义）和红外线（200 GHz～430 THz）之间，能够提供比传统无线通信技术（如 4G 和 5G）更高的频谱效率和数据速率。太赫兹波具有极短的波长，使其能够支持高带宽传输以及较低的时延。

在 6G 移动通信中，太赫兹通信技术将发挥以下关键作用。太赫兹通信技术拥有较强的传输性能，其频谱提供的超宽带资源，能支持数千兆比特每秒的传输速率，契合未来对超高数据速率的严苛需求。同时，它可显著降低通信时延，为高清视频传输、虚拟现实（VR）、增强现实（AR）这类实时应用提供坚实保障。此外，太赫兹通信支持较高的频谱效率，能实现更高的用户密度，为构建超密集的无线网络环境助力。在定位和安全领域，太赫兹通信技术因其短波长特性，太赫兹波可实现高精度的定位服务，可应用在物联网（IoT）和智能交通系统等场景。而且，太赫兹波的传输特性使其信号难以穿透墙壁，提供了物理层面的安全性。

太赫兹通信涉及的关键技术包括太赫兹器件、信号处理与调制技术、波束赋形（Beamforming）技术、信道编码与调制解调技术、多用户接入技术等。

7.10　隐私保护技术与应用

有观点认为，当今世界在一定程度上是由数据驱动的。从数字金融到工业 4.0，从教育到医疗，数据作为关键资产，支撑着当前和未来社会的长远发展。显然，在有效利用数据的同时，保护个人隐私，可以更好地支撑新型商业模式，也是可持续增长的推动力。

数据的正确收集、分析和决策，有助于生产力的提升和社会福祉的增加。例如，对于新型药物的长期副作用的研究，将对人们的健康产生非常大的促进作用。但是，这些数据的收集，不应该以个人隐私受损为代价。寻求技术以实现"有效保护"和"合法利用"的平衡，可以重构数据的使用方式，使得移动通信产业的上下游，包括运营商、行业客户、消费者都受益，同时更好地满足隐私法律法规和监管要求。

部分隐私增强技术，如假名化、匿名化、哈希等，已经广泛应用，这里不做重点讨论。其他一些隐私增强技术（或称隐私保护技术），仍然在快速发展和演进的过程中，将可能对 6G 网络产生影响，在 6G 的各个网络、系统和业务中具有落地场景和价值。其中，比较突出的是同态加密、安全多方计算、联邦学习、合成数据和差分隐私等技术，如图 7-2 所示。

图 7-2　隐私增强技术与 6G

7.10.1　同态加密

同态加密[①]是有希望的候选技术之一，也是当前学术界的研究热点。因其极高的难度和价值，被称为隐私增强技术的"圣杯"。从原理上看，同态加密使数据无须解密即可执行分析、计算和统计等工作，而结果与对明文的计算相同。这样，不管是金融数据、消费者隐私数据还是其他机密数据，在不影响数据机密性和隐私保护的前提下，对数据进行分析和计算将更为容易。

7.10.2　安全多方计算

安全多方计算[②]让各参与方共同计算一个输出，而同时保持各参与方输入数据的机密性和隐私，更精确地表述为："n 个参与者在不泄露自己输入数据的情况下，使用预先商定的函数进行安全联合计算的问题。"在移动通信的很多场景中，参与方可能是实际的用户，其隐私保护非常重要，因此安全多方计算技术具有实际的应用场景和价值。

7.10.3　联邦学习

自 2016 年谷歌提出联邦学习的概念[③]，并在 Gboard（Google 键盘）中实现以来，因其具备隐私保护模型训练的优势，得到了越来越多的研究、改进和应用。简而言之，联邦学习使得海量的边缘计算设备（如手机）可以通过下载模型并使用本地数据进行训练，训练后的模型可以更新到云端，而不再需要把本地的隐私数据上传到云服务器。

7.10.4　合成数据

合成数据是为了模仿真实数据而生成的人工数据。通常，合成数据是使用

① YI X, PAULET R, BERTINO E, et al. Homomorphic encryption[M]. Cham: Springer International Publishing, 2014.
② CANETTI R, FEIGE U, GOLDREICH O, et al. Adaptively secure multiparty computation[C]//Proceedings of the twenty-eighth annual ACM symposium on Theory of computing. Philadelphia PA, USA: Association for Computing Machinery, 1996: 639-648.
③ MCMAHAN B, MOORE E, RAMAGE D, et al. Communication-efficient learning of deep networks from decentralized data[C]//Artificial intelligence and statistics. Fort Lauderdale, FL, USA: PMLR, 2017: 1273-1282.

复杂的生成式人工智能技术生成的，以创建与实际应用中的数据在结构、特征和特性上相似的数据。2024 年 8 月生效的欧盟人工智能法案进一步强调了对合成数据重要性的认可，该法案在第 10 条和第 59 条以及其他相关条款中明确提到了合成数据。这一监管框架强化了合成数据的重要性。在金融、医疗保健和保险行业中，数据隐私和安全要求通常会限制对现实世界数据集的访问。

7.10.5　差分隐私

差分隐私[①]的非正式定义并不是那么浅显易懂："分析师在分析数据后不应该对任何个人有更多了解。此外，任何潜在的攻击者在数据库的不同视图中无法识别具体的个人。"一般而言，差分隐私技术通过向聚合查询结果添加随机"噪声"来实现差分隐私，以保护单条记录而不显著改变统计汇总的结果。例如，通过差分隐私技术，汇总计算某部门的月工资均值，而不需要透露该部门内每个人的实际月工资。

7.10.6　应用现状与前景

在 6G 系统和通信服务中，使用各类隐私保护技术（如表 7-1 所示）可以最大限度地减少对个人数据的收集和使用，更好地遵守隐私保护的法律法规要求。

表 7-1　隐私保护技术

隐私保护原则	候选技术	描述
采集目的限制原则	合成数据、差分隐私	减少个人数据采集
数据最小化原则	合成数据、差分隐私	支持数据存储最小化
数据主体权利（删除权等）	合成数据、差分隐私	个人（数据主体）可以主张删除原始数据，结果受影响小
隐私融入设计（PbD）	全部 5 种	支持"设计时保护隐私"的原则
安全传输	联邦学习	个人数据不传输
	合成数据、差分隐私	仅传输必要数据
	同态加密	量子安全的数据传输

---

① DWORK C. Differential privacy[C]//International colloquium on automata, languages, and programming. Berlin, Heidelberg: Springer Berlin Heidelberg, 2006: 1-12.

在这五种匿名化和隐私保护技术中，应用较广泛的是差分隐私技术。经过一系列研究人员对差分隐私算法的发明和改进，其中一些算法已被苹果公司的 iOS 和谷歌公司的 Chrome 浏览器采用。6G 网络在业务平面和管理平面提供非常多的统计、汇总、分析的功能，在这些功能的设计和实现中，可以实施各类匿名化和隐私保护技术，做到"设计时保护隐私"。

此外，值得提及的基础性技术包括可信平台模块（TPM）和可信执行环境（TEE）等信任技术，将继续保护数据完整性，并提供基于芯片和硬件的数据所有权证明；区块链技术将通过安全地跟踪数据访问权限来继续支持分布式数据交易。

有效地实施隐私保护技术，甚至有潜力利用之前受到高度监管而无法利用的数据，更好地发挥数据的潜在价值，如数据资产化、数据协作、数据委托、数据创新等，如图 7-3 所示，解决运营商常见的"增量不增收"问题，也使运营商更有动力建设和运营 6G 网络。

图 7-3　6G 数据新商业模式

1. 数据创新

移动通信网络中存在大量的敏感数据和受监管数据。例如，海量移动终端的精确位置。传统上，这些数据集因为过于敏感或者泄露的风险太大，长期未得到充分的利用。如果隐私保护技术能证明这些数据集可用，而不会侵害消费者的隐私，则新的价值场景就可以被挖掘出来，从而有利于市政规划、道路交通等事业的发展。

2．数据协作

只有数据在不同主体之间协作或者共享，才能发挥数据的最大价值。传统上同一区域的移动通信运营商之间属于市场竞争关系，数据也互相割裂。借助隐私保护技术，在一些价值场景如电信欺诈场景中，移动通信运营商可以共享数据，创造新的价值，或者更好地保护自身的利益。

3．数据委托

联邦学习和同态加密技术的进展，可能在人工智能领域催生出数据委托等新型商业模式。例如，将机器学习的训练、预测或者算法及模型的调优，委托给庞大的移动通信边缘设备执行，而同时保护边缘设备上的个人数据的机密性——个人数据甚至不用离开边缘设备。将来我们可能会看到运营商提供"隐私计算即服务（另一种 PaaS）"。

4．数据资产化

随着数据的价值越来越大，各类数据市场、数据交易也将越来越多。以隐私保护技术能够证明用户的隐私不受损为前提，运营商和垂直行业（如 6G 物联网设施的拥有者）将更好地实施数据资产化。数据的持有方和数据的需求方可以以更安全、更高效的方式联系和交互，实现产品和服务的创新。

第 8 章

6G 典型行业应用

在移动通信发展史上，几乎每个时代，研究者对于该代移动通信的核心业务预测都有一定的偏差。3G 时代，从业者曾设想视频通话是主力场景，很少有人能够成功预测杀手级应用是移动互联网。4G 时代，移动游戏、移动应用程序生态在一定程度上也超出了标准制定者的预期。5G 时代的杀手级应用逐步浮出水面，以国内的快手、抖音和海外的 SnapChat、Instagram、TikTok 为代表的短视频社交应用取得了前所未有的成功。据统计，抖音加 TikTok 的月度活跃用户数接近 20 亿，而全球用户数超过 20 亿的应用程序均为社交媒体和视频媒体类型。这又与电信运营商、设备制造商的预期场景有一定差别。

2024 年底，在全球 6G 发展大会上[①]，爱立信标准专家 Janne Peisa 略带幽默地感叹："我也无法预测什么是最受欢迎的 6G 应用，就待人们去尝试创造更有吸引力的 6G 应用吧。"

尽管现象级的应用场景难以预测，但从目前的数字化转型实施情况、5G 和 5G-A 应用的行业趋势中，可以推测出一些未来的方向。

国际电联"网络-2030"预测，未来网络生活方式和社会变革的关键驱动因素如下。

- 新型通信模式：减少现场成本或支出的技术，提供更多交互式的远程呈现和协作，创建一系列应用程序，如基于行业的数字孪生和医学成

---

① 第一财经. 6G 预计 2030 年左右商用，应用范围更广阔[EB/OL]. (2024-11-16)[2025-01-13]. 第一财经网.

像数据。

- 多感官网络：创建涉及多种物理感官（包括嗅觉和味觉）的完全沉浸式体验。

- 时间约束的应用程序：体验超流畅的连接和更好的服务质量（QoS）。

- 关键基础设施：尽管存在位置障碍，但仍为用户提供安全、可靠的连接。

论文①系统地介绍了 ITU、欧盟 Hexa-X、欧洲 6G-IA、北美 Next G 联盟（NGA）、NGMN 等各标准组织和行业组织中定义的 6G 应用场景，并归类为16 种行业，如图 8-1 所示。

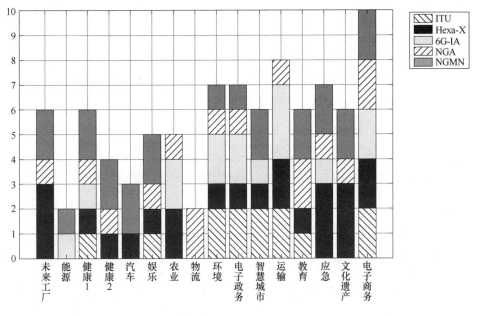

图 8-1　6G 应用场景

其中一些通用的场景在本书第 4 章中已有介绍。本章针对一些业界有共识的典型行业应用展开介绍。

---

① VIZZARRI A, MAZZENGA F. 6G Use Cases and Scenarios: A Comparison Analysis Between ITU and Other Initiatives[J]. Future Internet, 2024, 16(11): 404.

8.1　6G 在交通运输中的应用

在交通运输行业，不断有乐观者预测，"再过五年，全自动驾驶将正式商用"。截至 2024 年底，这一预测尚未成为现实。不过显然，互联自动驾驶汽车新时代的曙光就在前方。全自动驾驶将带来前所未有的用户体验、极大改善的道路安全和空气质量、高度多样化的交通环境和用例，以及大量先进的应用场景，如无人出租车等。实现这一宏伟愿景需要一个显著增强的车联网（V2X）通信网络，该网络需要非常智能，并能够同时支持超高速、超可靠和低时延的海量信息交换。

尽管 5G-NR 网络提供了 V2X 能力，但其改进是通过在频谱和硬件资源上投入更多，同时继承了基于 LTE 的 V2X 的底层机制和系统架构来实现的。同时，由于城市化、生活水平的提高和技术进步，预计未来自动驾驶汽车的数量将迅速增长。这将推动通信设备和数字应用的爆炸式增长。此外，对自动驾驶汽车中许多新兴服务的需求不断增长，以提供更深入和更自然的观看体验，如自由浮动的 3D 显示器、全息控制显示系统、沉浸式娱乐，都将给 V2X 带来新的通信挑战。所有这些进步都将极大地突破现有无线网络的容量极限，在数据速率、时延、覆盖范围、频谱/能源/成本效率、智能水平、网络和安全性等方面对车载网络提出了新的科学和技术挑战。

6G 将地面和多个非地面通信网络相结合，如卫星和无人机通信网络。这将使未来智能和泛在 V2X 系统具有显著增强的可靠性和安全性、极高的数据速率（如每秒 TB 级）、大规模及超高速无线接入（在连接数十亿台通信设备的情况下，低至亚毫秒级），以及更智能、更环保（节能）的 3D 通信覆盖等特性。由于网络组成极其异构、通信场景多样、业务需求严格，未来 V2X 需要新的技术来实现自适应学习和智能决策。6G 泛在智慧网络的一个典型应用就是自动驾驶汽车和更广泛的交通运输场景。

可以直观地将现有和设想的 V2X 用例分为 10 个场景，如图 8-2 所示。

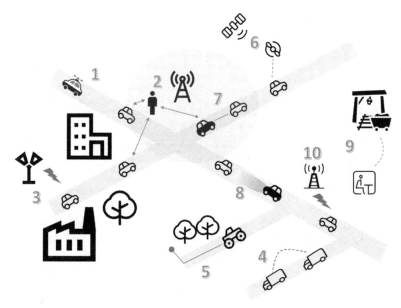

图 8-2　6G V2X 用例场景示例

（1）警报信息传播：在公共安全维度，一些信息需要以高优先级通知附近的车辆、道路设施甚至公众，如交通事故、火灾等信息，需要安全可靠的机制支持。

（2）车到行人（V2P）通信：车辆和行人的相互感知，可以降低交通事故发生率，保护人员安全。

（3）基于可见光的 V2X 通信：可以实现超高数据速率，并有效降低部署成本，实现低功耗和增强安全性。

（4）智能编队：对于货运、跟车等场景，智能编排车队，保持队形和车距。

（5）实时地图绘制：对于不熟悉的路况和地形，利用 6G 的通信感知一体化的能力，实时地图绘制，导航到目标。

（6）无人机和低地球轨道卫星 V2X 通信：与地面网络相比，其覆盖范围显著扩大且传播无阻挡，有助于提高通信质量。

（7）基于区块链的 V2X：旨在提高 V2X 通信的安全性、不可篡改性和去中心化。

（8）波束定位：通过波束管理，可以精确估计车辆和其他车的相对速度、位置、距离。

（9）远程驾驶：对于矿山、工厂等环境，采用远程驾驶方案可以提高效率、保护环境。

（10）边缘/雾计算：帮助 V2X 设备实现更快的计算、更优的决策和更长的电池寿命。

显然，上述的部分示例在当前的 5G V2X 并不支持，依赖于 6G 的关键技术的突破，将是 6G 的潜在核心场景。

8.2 6G 在智慧农业中的应用

农业是国民经济的基础，事关民生福祉和经济社会发展全局。传统农业劳动密集、资源利用效率低、环境友好度低，难以应对人口爆炸式增长、极端气候、资源短缺等问题，农业技术亟待进化。与加拿大等发达国家相比，我国在农业的数字化转型上仍有较多的提升空间。在连接维度，6G 潜在连接多样化的供应链，涵盖生产者和消费者，并作为数字化农业的推动者，发挥重要作用。在感知和计算维度，6G 智慧农业有望利用先进的计算技术（大数据、云、边缘计算）和节能的无线物联网传感器来提高可持续性、提高效率并简化物流运营。

6G 智慧农业的 6 项关键能力如图 8-3 所示，其在农业生产中都存在潜在的应用场景[①]。

---

① ZHANG F, ZHANG Y, LU W, et al. 6g-enabled smart agriculture: A review and prospect[J]. Electronics, 2022, 11(18): 2845.

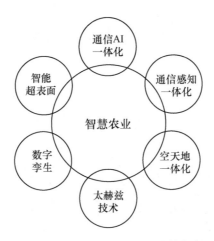

图 8-3　6G 智慧农业的 6 项关键能力

1. 通信 AI 一体化

无线通信与人工智能相结合在农业中的应用，现有文献大多聚焦于将人工智能引入无线传感器网络，实现智能感知和监测。论文①设计了一种自动灌溉系统。该系统使用无线传感器网络收集农田的环境参数（如湿度、水分等），并采用人工神经网络对收集到的参数进行分析，以确定何时适合灌溉。与传统灌溉系统相比，该系统可节水 92%。其他现有的应用场景包括监测土壤状况，分析和调节温室环境参数，基于温度、湿度和土壤质量参数推荐适合种植的作物等。

6G 的通信 AI 一体化的潜在应用场景如下。

- 低能耗绿色农业：农业物联网的一大瓶颈是能耗问题。基于 AI 的农业物联网是发展低功耗绿色农业的关键，利用 AI 来配置无线资源，可以提高资源利用效率，降低能耗。

- 自适应和灵活部署：通过引入 AI，网络将能够根据应用场景和需求自主决策和演进，网络架构也将更加灵活地部署，从而提高网络运行

---

① VIJAYAKUMAR V, BALAKRISHNAN N. RETRACTED ARTICLE: Artificial intelligence-based agriculture automated monitoring systems using WSN[J]. Journal of Ambient Intelligence and Humanized Computing, 2021, 12(7): 8009-8016.

效率，实现节能、负载均衡、覆盖优化，提升农业生产水平，推动农业智能化。

- 基于 AI 的无线传感：在农田或温室大棚中，由于作物枝叶茂密等因素，很难通过图像识别了解作物的详细分布情况。而无线传感受这些因素的影响较小，因此更适合作物定位。

2. 通信感知一体化

通信感知一体化提供通信和感知两种能力的融合、增强。目前关于其应用于农业的研究非常少。但是其各项能力具备应用于农业的可行性：节省成本、减小设备尺寸、降低功耗、提高频谱效率以及减少通信和传感系统之间的干扰。而且在很多场景中，农业活动同时需要通信和传感，通信感知一体化在农业中大有可为，以下是其在一些农业中潜在的应用示例。

- 农作物病害的预防：由于农作物叶子的遮挡，摄像机可能无法捕捉到温室或农田中的害虫。毫米波成像等非光学成像技术具有很高的穿透能力，可以穿透叶子来检测害虫，从而及早预防农作物的病虫害。

- 家畜养殖中的监控：毫米波技术可用于高精度监测动物行为，具有非可视距离的优势。同时，通信感知一体化的能力可以支持传输监测数据，如动物异常行为的警报信息、相关的音视频等。

- 森林保护：仅依靠固定的摄像机、无人机进行监测成本高、能耗高，而且对于复杂的自然环境识别度和感知程度低。利用空天地一体化网络进行传感可以全面监测和提前发现森林异常。

3. 空天地一体化

无人机（UAV）在农业中的应用，已经有了众多的案例。例如，使农药喷洒更加高效，可提高森林火灾监测效率等。卫星系统在农业中也有广泛的应用，如用于土壤和作物信息诊断的高分辨率卫星，利用卫星图像和无监督学习通过遥感进行作物产量预测。

由基站、无人机和卫星组成的空天地一体化通信网络可以发挥网络融合优势，更好地助力农业活动。潜在应用场景如下。

- 偏远农场通信与物联网：一些农场处于偏远地区，规模较大，部署基站等通信网络基础设施成本高，效益不高，而空地一体化组网更适合此类部署。

- 大规模复杂农业活动：农业生产和种植活动逐步趋向于规模化和复杂化。一些场景需要更深入地感知和预测。这正是 6G 提供的关键能力。

- 森林保护：森林一般面积较大，位置偏远，地形复杂。而且茂密植被对地面信号衰减严重，单纯依靠地面基础设施实现森林全覆盖，成本高、效率低。无人机与卫星网络深度结合，可以支撑无线传感器网络对森林进行监测，预防森林火灾等事件发生。

4. 太赫兹技术

太赫兹波既具有属于微波波段的穿透性和吸收性，又具有光谱分辨的特性。目前，已有一些太赫兹技术应用于农业的案例。

论文[①]介绍了一种利用太赫兹技术测量叶片含水量并检测叶片中农药残留的系统。这项工作开创了太赫兹波段在感知植物生命质量方面的应用。此后，在监测植物营养成分、发现农业病害、检测储粮状况等场景，都有太赫兹技术的应用探索。

潜在的应用场景如下。

- 环境污染检测：通过太赫兹的光谱，可以分辨水质和污染物，实现对农业生产中水质的检测。

- 作物精确检测：太赫兹波穿透能力强、能耗低，其通信感知一体化

---

① ZAHID A, YANG K, HEIDARI H, et al. Terahertz characterisation of living plant leaves for quality of life assessment applications[C]//2018 Baltic URSI Symposium (URSI). IEEE, 2018: 117-120.

的能力可以监测作物状态，发现害虫和营养不良等情况，实现精细化农业。

- 食品安全检测：利用太赫兹波来检测食品中的农药残留和重金属。

5. 数字孪生

数字孪生具有将物理世界映射到虚拟世界的强大能力。农业应用场景已有一些相关的研究。Ghandar 等[1]设计了一个低成本、高精度的农田数字孪生框架，由农业无线传感器网络和云服务器组成。其最显著的优势是对农场状况进行近乎实时的远程自动监控，这使得该系统适合在大规模农场部署。其他还有利用深度学习和数字孪生技术[2]实现水产养殖（鱼和农作物的共生），结合数字孪生、大数据和物联网技术的温室农业新模型[3]等。数字孪生技术将在农业的许多场景中得到应用。

- 精准农业：通过传感器的数据采集，精确的数据分析和数字孪生模型交互，优化方案，实现精准施肥，智能灌溉，提高农作物产量和质量。

- 智能养殖：在畜牧业和渔业中，监控饲料、水质等参数，提高养殖效率。

- 市场预测：通过大型数字孪生系统，精确预测市场需求，减少库存损耗和物流成本。

6. 智能超表面

智能超表面（RIS）是一种基于超材料技术发展而来的具有可编程特性的

---

① GHANDAR A, AHMED A, ZULFIQAR S, et al. A decision support system for urban agriculture using digital twin: A case study with aquaponics[J]. IEEE Access, 2021, 9: 35691-35708.

② BATTY M. Digital twins[J]. Environment and Planning B: Urban Analytics and City Science, 2018, 45(5): 817-820.

③ HOWARD D A, MA Z, AASLYNG J M, et al. Data architecture for digital twin of commercial greenhouse production[C]//2020 RIVF international conference on computing and communication technologies (RIVF). IEEE, 2020: 1-7.

人工电磁表面结构，可以智能地重新配置通信系统中的无线传播环境。

太赫兹频率的传播衰减和分子吸收损失非常高，导致传输距离和覆盖范围有限。利用 RIS，太赫兹通信系统的覆盖范围可以大大提高。

RIS 在农业直接应用研究的资料仍然较少。潜在的场景如下。

- 偏远地区通信：在偏远农村地区密集部署基站等通信基础设施成本过高，而 RIS 可以通过调整传播环境来提高通信系统的覆盖范围和服务质量，部署和维护成本较低，适用于农村通信。

- 农业精准传感：RIS 可以增加通信链路数量，从而提高无线传感的精度，且成本低、部署方便，非常适合精准农业传感活动。

8.3　6G 在智慧城市中的应用

在世界范围内，城市化的趋势仍在延续。据世界银行的数据，当今全球 56%的人口集中在城市[①]。预计到 2050 年，将有 70%的人口居住在城市中。世界银行同时指出，全球 80%的 GDP 来自城市，因此提高生产力，实现可持续发展非常重要。第 11 项联合国可持续发展目标也明确了可持续城市和社区的重要性。6G 可能是实现智慧城市和可持续发展的重要推动力。

在发展的过程中，城市化也带来了一些问题，如交通拥堵、清洁水供应、垃圾清理、电力供应、医疗保健、环境卫生等。城市的资源利用需要更有效率，更加可持续，这也是数字化技术和智能化技术的发挥空间。

针对智慧城市涵盖的大多数场景（如表 8-1 所示），6G 都可以潜在地提升其能力，甚至开辟新的场景。

---

① World Bank Group. Urban Development[EB/OL]. (2023-04-03)[2025-01-13]. World Bank Group 网站.

表8-1　智慧城市典型场景

智慧城市场景	业务描述
卫星互联网	无人机通信、航运通信、水下通信、地面通信
无人机互联网	自动送货、公共安全事件监控等
机器人互联网	未来工厂
智能交通	自动驾驶，交通事故预警，拥堵判断，信号灯智能调度
泛在物联网	污染物处理、空气质量监控、水电等基础设施维护
城市管理	公共事件通报和实时事件转播
智慧医疗	居家照顾，健康监测，传染病调查，智能诊疗

我们也可以从另外的维度，对6G智慧城市的场景细化分类，如图8-4所示[①]。

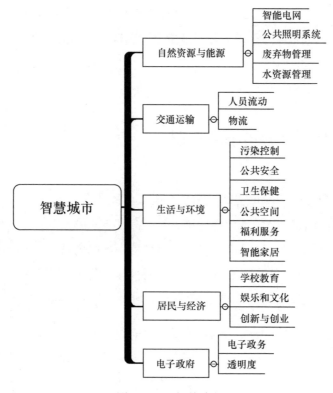

图8-4　6G智慧城市

6G提供的各项新能力，在智慧城市中都有潜在的应用空间。

---

① SHARMA S, POPLI R, SINGH S, et al. The Role of 6G Technologies in Advancing Smart City Applications: Opportunities and Challenges[J]. Sustainability, 2024, 16(16): 7039.

1. 通信 AI 一体化

最成熟、应用最广泛的可能是通信 AI 一体化网络。

智慧城市离不开海量的物联网设备。智慧城市的物联网系统包括各种智能设备，如各类传感器、安全摄像头、健康传感器、车辆传感器、支持 GPS 的设备、家用设备等。从物联网系统收集的海量多模态数据量呈指数规模增长，必然带来对处理方式的自动化和智能化的要求，以实现及时分析和决策。

智慧城市的有效覆盖依赖于 AI 能力，这也是通信 AI 一体化的典型特征。由于智慧城市应用对超低时延、高速度、超高密度和高可靠性的要求，各种新兴的 6G 技术都会有更多利用价值，如太赫兹、智能超表面、超大规模 MIMO、VLC、NTN 等。这些技术的使用将使无线通信信道更加复杂。基于数学的信道计算从效率到复杂度都难以满足要求。AI 可用于及时和精确地估计信道特性。

智慧城市应用依赖于分布式 AI 的能力，如车联网、物联网、工业互联网等，其本质上都是分布式的。智慧城市应用的严格的性能要求可以通过分布式的计算、存储能力来满足。这也是分布式 AI 的典型场景，在更贴近使用者的位置计算，以减轻海量数据传输和集中式计算瓶颈的压力。

其他诸如分布式缓存、能源管理、能量收集等功能也离不开 AI 的支持。

2. 通信感知一体化

通信感知一体化在智慧城市中的应用，也有充分的想象空间。通信和传感技术相结合，将成为未来智慧城市降低通信成本、实现更高能源效率和更高频谱效率的潜在解决方案。

6G 将不仅提供通信服务，还将提供泛在的传感功能，能够对周围环境和物体进行成像或测量。

其一是定位及其应用。在涉及人类生命的危险场景，高精度定位尤为重要。室内的智能仓储应用，也需要厘米级的精度。

其二是手势和活动识别在智慧城市场景中的应用。在公共安全和财产安全场景，可以应用于入侵检测，且不会侵犯无关人员的隐私。一些医疗场景的探索也在进行中，例如，感应患者的呼吸情况，识别潜在的健康风险。

其三是增强传感及其应用。通信感知一体化提供高分辨率成像功能以及可用于智慧城市基础设施的通信功能。它可用于监测空气质量和污染情况、检测可吸入颗粒物（PM10、PM2.5）、检测爆炸物、行李安全扫描等。

此外，基于 6G 的高精度、超分辨率传感在 3D 成像和测绘方面具有广泛的应用前景。在智慧城市场景中，3D 定位和环境重建生成的地图可用于智能交通监控、事故检测和拥堵长度检测等应用，这些应用是智慧城市环境中的重要用例。

3. 泛在连接

泛在连接和智慧城市的场景高度匹配。物联网可应用于农业、交通、医疗保健、家用设备、制造业、废物管理、天气监测等多个领域，6G 将在感知、分析、处理和计算等功能的整合中发挥重要作用。

之所以需要 6G 的支持，是因为物联网在智慧城市中的用例将有所不同。

其一是数量极其庞大。物联网设备的数量将继续大幅增长。预计将出现多种新型设备类型，如扩展现实智能设备，以提供更高的性能。自动驾驶汽车、工业自动化、电子医疗、交通等应用也将需要大量传感器。全息通信等新场景的出现将更需要高端设备。

其二是更加密集，安全和隐私也更为敏感。随着沉浸式通信、虚拟现实、增强现实等新应用的引入，未来基于 6G 的物联网将具有数据多模态且规模庞大、计算量大、易受安全/隐私攻击、泄露影响更严重等特点。

其三是对传感和定位功能的依赖。在自动驾驶汽车和全息通信等应用中，需要利用传感和定位功能来精确定位周围物体。因此，除了通信、计算和缓存功能外，物联网需要处理传感和定位任务。

其四是实时通信。对于远程手术、自动驾驶汽车、工业自动化等应用，物联网需要以超低时延实时传输数据。

4．太赫兹技术

太赫兹技术在智慧城市中也有多样的应用场景。

太赫兹波段位于毫米波和红外频段之间，使用 0.1～10 THz 的频段，等效波长范围仅为 0.03～3 mm。其蜂窝覆盖范围很小，且需要新型的天线阵列等技术的支持，以实现有效的波束赋形。

太赫兹技术最直观的应用是车联网通信，特别是其高度定向的链路特征，可以用于协同驾驶的自动驾驶车队，汽车之间需要频繁、高速率、低时延的数据交换。

在会议室、办公室等场景中，太赫兹技术的视距传输能力可应用于 Wi-Fi 接入点之间的互联，而不再依赖于改变室内装饰的走线。近距离高速率传输在火车站、机场、购物中心等公共场所的使用场景还在探索中。

一些创新的场景也在研究中。太赫兹波长极小，可以设计出尺寸极小的天线（依据理论模型，天线的长度为无线信号波长的 1/4 为最理想），从而提供纳米级通信、纳米级物联网、片上通信的能力，可以应用于随身互联网甚至身联网（IoB）的各种用例。

新兴的"低空经济"也被认为是 6G 智慧城市的典型应用场景。基于无人机的覆盖和服务，在快递业、交通运输、低空巡检、污染控制、公共安全等场景可以发挥价值。2024 年，中国电信围绕低空蜂窝系统覆盖进行了多方面探索，在 8 个城市进行了试验验证。

其他如区块链技术、量子通信技术、可见光通信技术、沉浸式通信技术都在智慧城市中有明确的应用前景，这里不再一一赘述。

8.4　6G 在采矿业中的应用

采矿业是社会生产的一个重要行业。它本身是主要的经济贡献者和就业贡献者，也是其他行业的原料来源。通过进出口，采矿业的影响力遍及全球。

采矿业本质上是动态和复杂的。随着数字化转型，它也在不断发展，以更多地利用数据洞察、数字化生产和机器人技术来满足生产力、效率、环境和安全要求。

采矿涉及独特的自然环境、通信环境和操作环境。矿井深入地下，隧道曲折和狭窄，部分区域可能难以进入，甚至难以看到。这导致通信、网络安全和人身安全的问题，潜在的事故风险始终存在。确保安全和福祉，以及提供具有高韧性的可靠和可信连接，有助于满足更广泛的社会需求。

生产力也有内在的提升需求。采矿作业本身昂贵、复杂，从而给资本支出、运营支出和劳动力市场带来压力。这些问题都需要更具成本效益的解决方案。

能源效率和环境可持续性也是采矿业的关键需求之一。提高能源效率和减少对环境的负面影响具有巨大的社会、环境和经济效益。采矿需要减少并希望消除对环境生物多样性、土壤和水资源系统的有害影响。

采矿涉及勘探、开采、管理、加工和运输，以及相关的供应链和计划、运营活动。因此，采矿业对数字化的需求非常迫切，一个数据驱动并利用分布式智能概念的集成平台对采矿业的数字化转型非常重要。数字化的旅程将致力于解决与安全、生产力和环境可持续性相关的基础需求。

随着 6G 的到来，数字化的场景将进一步扩展，涉及集成 AI、通信传感一体化以及高可靠通信技术的应用。6G 沉浸式数字世界体验是否可以在采矿业中应用，仍存在一定的不确定性。5G 已经实现部分用例，但 6G 可以更好地满足对安全、效率、环境保护和商业化日益增长的期望。

高精度的远程操作是另一个关键用例，如用于钻孔和取样，尤其是新发现的矿石。无人机和自动导引车（AGV）将越来越多地应用于高风险场景，如在潜在有毒气体泄漏、爆炸风险或者塌方等危险条件下完成任务。

实时监控和自动操作将是未来采矿环境的基本特征。6G 通过大规模连接和数字孪生副本，有助于实现安全性、移动性和可接入的智能设计。6G 的实时资源配置、诊断、预测分析和更新能力将有助于预防事故和危害。

远程操作和自主机器交互的日益普及将推动对同步成像、地图构建和定位功能（见本书 4.6.2 节中的介绍）的需求。这些技术是目标对象识别、移动性和机器人技术的关键推动因素。

第 9 章

6G 全球发展与竞争态势

《"十四五"数字经济发展规划》（国发〔2021〕29 号）提出，加强数字基础设施建设，完善数字经济治理体系，推动数字经济健康发展，为数字中国的建设提供有力支撑。目前，我国在第五代移动通信系统（5G）领域处于国际领先水平，无论是 5G 的主要专利申请量、商业化部署情况，还是全球性的通信标准参与，都具有一定的竞争优势。

5G 已经规模化商用，第六代移动通信系统（6G）成为产学研各界新的关注热点。6G 是获取全球网络空间竞争新优势的重要基础领域，也是构建平台经济、数字经济，推动电子消费、数字贸易的重要"新基建"，将为我国数字经济发展、数字中国构建提供新助力。

目前，国内外的 6G 研究处于起步阶段，但已经呈现百花齐放的竞争态势。中国、美国、日本、韩国、欧盟等主要国家和地区都在积极推进 6G 布局，通过联盟合作等方式，加快推进 6G 关键技术研究，抢占 6G 标准制定高地。主要的联盟组织有中国的 IMT-2030（6G）推进组、美国的 Next G 联盟、欧盟的 Hexa-X（后演进为 Hexa-X-Ⅱ）、日本的后 5G（Beyond 5G）推进联盟、印度 6G 联盟（Bharat 6G）等。这些组织通常由各自地区的主要网络运营商、电信设备制造商、研究机构和大学组成。

在与 6G 相关的潜在技术研究上，发达国家已有较大优势，如美国的太赫兹频段研究、日本的轨道角动量技术等在 6G 通信上都取得了阶段性成果。我国在技术研发方面存在基础薄弱等短板，面临着发达国家主导技术垄断的风险，表现在 6G 潜在关键技术储备不足、6G 发展计划的时间靠后、理论创新尚需突破等。因此，为了继续在移动通信领域保持领先地位，打破发达国家的技术垄断，我国亟须开展针对 6G 的技术和标准化研究。

9.1 主要国家和地区的 6G 发展战略

当前，全球 6G 的技术研究和标准化已经如火如荼地开展，各国都积极抢占 6G 技术战略优势，争取通信领域的主导权。各国以国际电信联盟无线电通信部门（ITU-R）、第三代合作伙伴计划（3GPP）等联盟组织为平台，针对 6G 研究提出了规划、方向建议以及总体时间表。

2023 年 6 月，ITU-R 完成了《IMT 面向 2030 及未来发展的框架和总体目标建议书》研究工作，完成了面向 IMT-2030（6G）的愿景建议，就 IMT-2030（6G）的愿景达成全球共识，将于 2026 年确定需求和评估方法，2030 年完成 6G 技术规范输出。

2023 年底，3GPP 正式宣布将开发第六代移动系统。3GPP 于 2024 年 3 月在荷兰马斯特里赫特（Maastricht）举行的全会期间确定了 6G 标准化的时间表。3GPP 的工作通常以版本（Release）的形式完成，Release 19（Rel-19）的工作已于 2024 年初开始。在 Rel-19 和 Rel-20 期间会进行用例和需求研究的工作，技术研究预计将自 Rel-20 开始，持续到 Rel-21（预计将在 2028 年底完成，可能是 6G 的第一个规范）。与此同步，预计 2028 年下半年将会有 6G 设备产品面市。

移动通信领域正以 6G 为契机进行着一场新的技术竞争。

中国在 6G 标准、关键技术研究和部署方面走在世界前列。目标是在 2030 年前推出 6G 的商用网络。

早在 2019 年，工业和信息化部联合科学技术部、国家发展和改革委员会等部门成立 IMT-2030（6G）推进组，推进 6G 研发工作实施。中央网络安全和信息化委员会在 2021 年 12 月印发的《"十四五"国家信息化规划》中明确要求："加强新型网络基础架构和 6G 研究，加快地面无线与卫星通信融合、太赫兹通信等关键技术研发。"

美国认为 6G 不仅是产业竞争力，还是与国家安全直接相关的基础技术。早在 2016 年，美国国防高级研究计划局（DARPA）就与半导体和国防工业的公司启动了联合大学微电子项目（JUMP），包含太赫兹通信和融合传感等"未来蜂窝网络基础设施"的技术。

欧盟将 6G 视作数字基础设施和"具有战略重要性"的关键技术，并通过欧洲智能网络和服务联合体（SNS JU）汇集欧盟和工业界在智能网络和服务方面的资源，促进与成员国在 6G 研究和创新以及先进 5G 网络部署方面的协调。SNS JU 在 2021—2027 年有约 9 亿欧元的欧盟预算。

韩国有意愿成为"首个部署 6G 网络的国家"。2020 年 8 月，韩国总理丁世均宣布将在 2021—2026 年投资 2000 亿韩元（1.7 亿美元）用于 6G 研发[①]。韩国各企业也积极投入 6G 研发。早在 2019 年，三星宣布启动 6G 研究，SK 电讯（SK Telecom）宣布与诺基亚和爱立信合作开展 6G 研究。

日本总务省于 2020 年 6 月发布"超越 5G 推进战略——6G 路线图"以构建下一代信息和通信基础设施，并实现"社会 2030"的愿景。"超越 5G 推进战略"为 6G 研究提供资金，总预算为 5.55 亿美元。

9.1.1　中国

中国在 6G 发展上起步较早，布局具备战略性、前瞻性和系统性，并且体现了一定程度的先发优势。早在 2018 年，时任工业和信息化部部长苗圩在接受采访时指出"中国已经着手研究 6G"[②]。

在宏观政策层面，2021 年 3 月发布的《中华人民共和国国民经济和社会发展第十四个五年规划和 2035 年远景目标纲要》提出"前瞻布局 6G 网络技

---

① JIANG W, SCHOTTEN H D. The kick-off of 6G research worldwide: An overview[C]//2021 7th International Conference on Computer and Communications (ICCC). IEEE, 2021: 2274-2279.
② 苗圩. 中国已经着手研究 6G[EB/OL]. (2018-03-09)[2025-01-13]. 中国政府网站.

术储备"。《"十四五"数字经济发展规划》也做出相关部署，要求"前瞻布局第六代移动通信（6G）网络技术储备，加大 6G 技术研发支持力度，积极参与推动 6G 国际标准化工作"。2021 年 11 月，工业和信息化部发布《"十四五"信息通信行业发展规划》，将开展 6G 基础理论及关键技术研发列为移动通信核心技术演进和产业推进工程，提出构建 6G 愿景、典型应用场景和关键能力指标体系，鼓励企业深入开展 6G 潜在技术研究，形成一批 6G 核心研究成果。

2021 年 6 月，中国主导的 IMT-2030（6G）推进组发布了《6G 总体愿景与潜在关键技术》白皮书，提出了 6G 的总体愿景、八大业务应用场景以及十大潜在关键技术方向。这些技术方向包括新型无线传输技术、通信感知一体化技术、分布式网络架构等，旨在满足未来社会对通信技术的多样化需求。

2023 年底，6G 推进组发布了《6G 网络架构展望》和《6G 无线系统设计原则和典型特征》等技术方案。《6G 网络架构展望》提出了关于 6G 网络架构的设计原则与网络能力，而《6G 无线系统设计原则和典型特征》结合 6G 部署和组网需求，形成了 6G 无线系统功能和运行特征以及设计原则，这将为 6G 从万物互联走向万物智联提供技术路径。

在产业界，中国具备产业链丰富全面的优势。中国的电信运营商服务了全世界最多的移动用户，华为、中兴等通信设备制造商在全球具备较高的市场占有率，荣耀、小米、OPPO、vivo 等终端厂商拥有全球前列的终端出货量。此外，中国在无人机、新能源车、工业制造、电商等领域均具备良好的基础或先发优势。展望未来，产业链优势将有助于 6G 的业务创新、技术突破和生态构建，驱动"万物互联"到"万物智联"的跃迁。

面对全球 6G 竞赛，中国积极参与国际合作，与全球各方共同构建 6G 产业生态。

伴随着 5G 网络在中国的成功部署和商业推广，中国运营商和电信设备制造商在国际组织中的话语权也在逐步增强。2024 年 9 月，在澳大利亚墨尔本召开的 3GPP 业务与系统技术规范组 105 次全会上，3GPP 首个 6G 业务研究项目——6G 场景用例与需求研究项目获得通过。该项目主报告人由中国移动代表担任，得到全球超过 90 家公司的支持。同月，国际电信联盟在瑞士日内瓦召开的 ITU-T SG17（ITU-T 第 17 研究组）全会上，中国移动成功主导完成 ITU-T 首个 6G 安全立项《IMT-2030（6G）网络的安全考虑》，致力于推进全球业界在 6G 安全驱动力、6G 安全挑战及关键问题等方面取得共识。

在 5G 时代，全球统一了标准。截至 2024 年底，国际电信联盟已经发布了 IMT-2030（全球 6G 愿景）框架建议书，3GPP 组织也宣布了 6G 标准的路线图。但从全球的政治经济层面的不确定性而言，6G 标准的潜在分裂风险仍然存在。6G 多学科多领域交叉的技术内生的需求，以及横跨众多垂直行业、纵贯产业链上下游产业生态发展决定开放、合作一直是 6G 研发的主流。中国信息通信业在 6G 领域的前瞻布局、领先成果、开放姿态无疑将推动中国成为全球 6G 发展的核心力量。

9.1.2　美国

5G 行业的发展由一系列知名电信运营商以及华为、中兴、爱立信、诺基亚等电信设备制造商主导。除高通、思科等企业外，美国企业整体上在 5G 产业生态中并未扮演关键性的角色。因此，美国期望通过制定 6G 政策，牵引 6G 战略规划，把握 6G 主动权。2023 年 4 月，白宫与美企业、政府技术官员和学术专家会晤，着手制定 6G 通信技术的目标和战略，旨在吸取 5G 技术发展的教训，重新确立美国及其盟友在电信领域的领导地位。美国众议院建议联邦通信委员会（FCC）成立 6G 工作组，以统筹 6G 标准制定和 6G 应用案例的验证工作。截至 2024 年底，美国联邦政府层面并未公开宣布 6G 战略。

从频谱监管上看，美国通过创造宽松的监管环境，鼓励创新。2019 年 3 月，美国频谱监管机构联邦通信委员会（FCC）宣布为 6G 及更高级别的技术开放 95 GHz 至 3 THz 之间频率的实验授权[①]。这是各国监管机构中相对较早的 6G 频谱授权。2023 年 11 月，美国发布国家频谱战略，确定将超过 2700 MHz 带宽的无线电频谱用于私营部门和政府机构创新的新用途，包括 5G 和 6G。

---

① JIANG W, HAN B, HABIBI M A, et al. The road towards 6G: A comprehensive survey[J]. IEEE Open Journal of the Communications Society, 2021, 2: 334-366.

其中，包括 3 GHz 频段、7 GHz 频段、18 GHz 频段和 37 GHz 频段在内的频谱资源，可用于无线宽带、卫星运营和无人机管理的商业用途。

从鼓励市场竞争上看，针对 5G 市场上的供应商集中风险（2020 年，华为、爱立信和诺基亚 3 家供应商占据了全球市场份额的 80%），预期美国政府将通过大力倡导开放式无线接入网络（O-RAN），利用美国高科技企业在 IT 软件和硬件市场的领先优势，引入更广泛的竞争，来缓解供应商垄断的风险。

从"不可信供应商"和供应链风险维度上看，预期由于地缘政治分歧、抵御"针对性的服务中断或操纵、间谍活动，以及对依赖 5G 网络的关键基础设施的威胁"的诉求，美国政府将继续甚至强化针对中国的华为、中兴等设备制造商的限制措施。美国还联合盟友加强国际 6G 技术与标准化合作。2023 年，美国先后与欧盟、韩国、英国、日本、印度、芬兰等国家和地区就 6G 合作发表联合声明或签署合作协议。2023 年 10 月，英、澳、日、美等五国宣布成立全球电信联盟（GCOT），该联盟将围绕 6G 和未来电信标准的制定加强成员国内部的信息共享和联合研究。同月，美国与欧盟发布联合声明，双方将制定 6G 无线通信系统研发共同愿景和行业路线图。

9.1.3　欧盟

欧盟将 6G 作为"数字基础设施"，有针对性地进行投资，期待欧洲成为全球领先的 6G 提供商。此外，欧盟认为："通过与欧洲工业界合作，维护欧洲在 6G 和先进 5G 领域的主权和市场地位至关重要。"

在实施层面，欧盟对行业组织和产业协会提供资金支持，资助项目研发。

欧盟委员会于 2021 年成立了智能网络和服务联合体（SNS JU），以支持向 6G 的转变。SNS JU 在 2021 年至 2027 年期间拥有 9 亿欧元的欧盟预算，同时行业相关方也有等量资金支持。

SNS JU 的两个主要使命是：

* 通过开展相关研究和创新，促进欧洲在 6G 领域的技术主权；

- 通过发展数字领先市场和实现经济社会的数字化和绿色转型，推动整个欧洲的 5G 部署。

该联盟自 2022 年起，负责"地平线欧洲"战略计划中的 6G 技术研究计划及推进。其中，欧盟重要的 6G 旗舰项目 Hexa-X，在 2023 年 1 月已启动第二阶段工作（Hexa-X-Ⅱ），预计持续时间为 2.5 年，成员单位增至 44 家，扩充增加了设备和芯片组厂商、著名的研究机构和大学、电信运营商及关注 2030 年相关用例的中小型企业，代表了"未来连接解决方案的完整价值链"。

6G 智慧网络和业务产业协会（6G-IA）汇聚了电信行业的全球参与者，包括德国电信、Orange（法国电信运营商）、意大利电信（TIM）等电信运营商，以及爱立信和三星等设备制造商、研究机构、大学、中小企业等。其活动相当广泛，涵盖标准化、频谱、研发项目、技术创新、与关键垂直行业部门的合作（尤其是试验的开发）及国际合作。

在国际合作上，欧盟保持相对开放的态度。

欧盟通过贸易和科技委员会（TTC）与美国合作，并通过了 6G 愿景，为下一代通信技术制定了指导原则。6G 愿景如下。

- 可信技术与保护国家安全。

- 安全、有韧性且保护隐私。

- 全球行业主导，包容标准制定和国际合作。

- 实现开放和可互操作的创新。

- 负担得起、可持续、全球化。

- 在频谱和制造方面安全且有韧性。

2022 年 6 月，欧洲 6G-IA 与中国 IMT-2030（6G）推进组签署 6G 合作备忘录，双方将在 6G 通信网络和系统愿景、6G 通信网络和系统需求、系统概念与频谱等领域开展合作。

2022 年 6 月，欧盟 Hexa-X 项目与日本的后 5G 推进联盟签署合作协议，同时，诺基亚与日本运营商 NTT DOCOMO 合作，共同定义和开发 6G 关键技术。

2022 年 8 月，欧洲 6G-IA 与美国的 Next G 联盟签署谅解备忘录，交流有关 6G 通信系统和网络领域共同感兴趣的工作计划，包括 6G 相关主题的讲习班、研讨会和试验。

2022 年 11 月，欧盟和韩国启动了数字伙伴关系，促进双方在半导体、下一代移动网络、量子和高性能计算、网络安全、人工智能、平台、数据和人员技能方面的联合工作。2024 年，SNS JU 的工作计划中与韩国和日本各有两个国际合作项目，从而更好地与这些国家进行协调。

欧洲 6G 研发布局有三点值得关注：一是整合多国力量，由 SNS JU 推进 6G 研发，明确 6G 项目三大研究方向及资金支持，加快 6G 研发进程，旗舰项目 Hexa-X 已进入第二阶段；二是欧盟对于 6G 垂直行业应用的商业闭环设计走在全球前列，重视垂直行业的参与，加大对 6G 行业应用商业验证的资源支持；三是欧盟的国际合作态度相对开放，广泛地与其他国家区域组织开展合作，以爱立信、诺基亚为代表的通信企业巨头不仅引领了欧盟的 6G 研发，而且在其他国家多个区域组织中发挥着重要的作用。

9.1.4　韩国

韩国是全球最早商用 5G 的国家之一。其 5G 发展呈现快速覆盖、快速商用的特征。2019 年 4 月，韩国 SK 电讯、韩国电信（KT）和 LG U+成为全球第一批商用 5G 的运营商。科学与信息通信技术部（MSIT）表示，韩国已实现 5G 全国性人口覆盖，人口覆盖率已超过 90%。截至 2023 年 3 月，韩国 5G 用户数已超 2938 万，5G 用户渗透率高达 45.6%（不含虚拟运营商）。

针对 6G，韩国希望延续其"全球领先"的定位。一方面，韩国 6G 研究顶层设计走在世界前列，政府大力支持并设定 6G 较早商用的目标。另一方面，韩国本土电信设备商、运营商共同发力，快速推进技术迭代更新，并不断开展跨国合作。

1．政府层面：政策资金支持，确保全球率先

在 5G 商用一年多后，韩国政府就开启了 6G 研发布局。2020 年 8 月，MSIT 发布《引领 6G 时代的未来移动通信研发战略》，计划从 2021 年起 5 年内投资 2000 亿韩元研发 6G，聚焦技术与标准研究和产业生态的布局。韩国目标成为全球首个商用 6G 的国家。

2023 年 2 月，MSIT 发布了新的"K-Network 2030"计划，致力将韩国打造成"新一代网络标杆国家"。在"K-Network 2030"计划中，韩国将拨款 6250 亿韩元用于 6G 核心技术研发，主要聚焦于 6G 基础技术、6G 相关材料研发及应用、6G 零部件及设备行业和 Open RAN 技术。此外，MSIT 还将通过强有力的政策牵引和财政支持，希望将未来韩国 6G 专利全球占比提高到 30%以上。在该计划中，韩国政府呼吁科技公司带头开发世界一流 6G 技术和基于软件的网络，并鼓励当地企业在国内生产 6G 技术的材料、零部件和设备。同时，韩国拟在 2028 年推出 6G 服务，比原计划提前两年，且要求 2026 年关键的"预 6G"（Pre-6G）[①]技术准备就绪。

2．重点企业：设备商、运营商共同推进 6G 研发，赋能垂直行业

韩国通信企业包含三星、LG 电子（LG Electronics）、SK 海力士（SK Hynix）等芯片、终端厂商，以及 SK 电讯（SK Telecom）、LG U+、韩国电信（KT）等电信运营商，这些企业均较早启动了 6G 核心技术的研发，共同推进 6G 发展。

三星早在 2019 年就设立了先进通信技术研究中心，着手研发 6G 网络技术，并与 SK 电讯开展了合作。此后，三星发布了《下一代超链接体验》和《6G 频谱：拓展前沿》两份白皮书[②]，介绍了未来 6G 发展的技术趋势、新服务与需求、候选技术及标准化预期时间表，并从频谱角度探讨了如何实现 6G

---

① Pre-6G 概念并未正式定义，可以理解为 5G-A 中包含的可用于 6G 的部分关键技术。

② SAMSUNG. The Next Hyper-Connected Experience for All[EB/OL]. (2020-07-14)[2025-01-18]. 三星官网.

愿景。LG 电子也早在 2019 年与韩国科学技术院（KAIST）联合组建了 6G 研究中心，2020 年与韩国标准科学研究院签订协议共同攻克 6G 难题。

韩国运营商也积极展开 6G 关键技术研究。早在 2019 年，SK 电讯就组建了 6G 研发中心，并于同年 6 月与诺基亚、爱立信共同签署了研发合作备忘录，针对超可靠、低时延无线网络和多输入多输出天线技术、基于人工智能的 5G/6G 网络技术、6G 商业模式等领域开展合作研究。另外，LG U+也积极发力 6G 研发。2021 年 12 月，LG U+与韩国科研机构启动了使用量子计算机优化低轨卫星网络与 6G 架构的联合研究，目的是为卫星通信提供最佳通信质量。

移动通信赋能垂直行业是韩国一直秉承的产业政策。2019 年 4 月，MSIT 发布《实现创新增长 5G+ 战略》，旨在以 5G 商用化为契机带动上下游产业发展。在 6G 领域，韩国同样注重垂直行业布局。2020 年 MSIT 发布的《引领 6G 时代的未来移动通信研发战略》中提出五个 6G 试点领域：数字医疗、沉浸式内容、自动驾驶汽车、智慧城市和智慧工厂。

特别是在自动驾驶汽车领域，2022 年 9 月，韩国现代汽车公司与韩国电信（KT）完成规模达 7500 亿韩元的股权置换，以加强未来在移动出行与自动驾驶汽车领域的合作，聚焦于开发适合无人驾驶的 6G 网络。

3. 国际合作：与美日欧紧密合作

韩国当前虽未牵头成立 6G 区域合作组织，但深度参与了由美日牵头建立的 6G 联盟，提升国际 6G 话语权。

在由美国牵头成立的 Next G 技术联盟中，三星和 LG 都是其重要成员。韩国电信运营商倾向于与日本运营商、欧洲设备厂商进行合作。2021 年 7 月，LG U+宣布与日本运营商 KDDI 扩大合作关系，共同研究 6G 技术。2022 年 7 月，LG U+开启与芬兰诺基亚公司的 6G 合作，聚焦于非地面网络、开放式 RAN、云无线接入网及将 6G 服务扩展到太空的安全技术研究。SK 电讯则从 2022 年 11 月起，与日本运营商 NTT DOCOMO 合作，共同研发视频、元宇宙以及 5G 和 6G 网络，并于 2023 年共同发布了 6G 研究成果。

总之，韩国 6G 研发布局有三点值得关注：其一，韩国政府顶层设计推动，致力于未来成为首个 6G 商用国家，这也是韩国较日美的最大不同点，国家层面推进力度较其他国家大；其二，本土企业在 5G 的竞争优势可能在 6G 继续保持，政府鼓励本土企业在本国进行 6G 研发；其三，韩国虽未牵头成立 6G 区域性组织，但通过与美国等结盟的方式，深度参与由美日牵头建立的 6G 联盟并担任要职，通过国际合作扩大自身优势。

9.1.5 日本

日本在移动通信发展的历程中经历过波折。在 2G 和 3G 时代，日本 NEC、富士通等设备厂商曾经在国际市场占据一席之地。然而由于市场竞争和企业发展战略等原因，日本移动通信设备企业的份额逐渐变小，4G 时代全球份额仅为 2%左右，且主要集中在日本市场。在 5G 和 6G 时代重塑市场格局，是日本政府和相关企业的愿景。

2020 年，日本总务省发布了《6G 综合战略》《Beyond 5G 推进战略》，提出了对 6G 的财政支持和税收优惠政策，设定了全球 6G 设备市场份额 30%、6G 专利 10%的高目标，主要企业如 NEC 也设定了 6G 时代全球 20%市场份额的战略目标，意图重回昔日移动通信市场的主流地位。

日本 5G 提升战略包括研发、知识产权、标准化和 5G 部署。日本政府支持开放架构和最大限度地虚拟化，以发挥其创新优势，促进互操作性。为了支持研发活动，日本政府在 2020 年财政年度投入了相当于 5 亿美元的研究资金和资源。

为落实上述战略要求，日本内政部和交通部组建了"后 5G 推进联盟"（联合产学研用各方而设立的 6G 技术标准推进组织），不仅包含 NTT DOCOMO 和 KDDI 等电信企业，还吸收了诸多垂直行业企业参与，如丰田汽车和松下，让应用方也参与需求研究。该联盟在 2024 年 3 月与"5G 移动通信推进论坛"（5GMF）合并，成立了新的 XGMF 组织，继续开展工作。

日本政府认为，到 21 世纪 30 年代，下一代无线通信将成为日本的主要基础结构，其目标是"社会 5.0"，它将模糊物理和网络世界的界限。日本情报通信研究机构（NICT）描述了这样的场景，人类用户通过脑机接口，利用 6G 网络的高数据吞吐量、低时延和高精度定位能力接收三维触觉反馈。目前，NICT 已经开始研究将 6G 用于月球探索。NICT 发布的《后 5G/6G 白皮书》[①]中称，未来的网络将"消除城市和农村地区、边界等各种障碍和差异"，基础设施资源将"从垄断转向共享"。在日本的网络技术发展方针中，反垄断和促进共享仍很重要。

NICT 将产业界、政府和学术界聚集在一起，实施标准化战略。NICT 在 2021 财年建立了试验性基础设施，支持学术和私营部门在太赫兹传输、光网络和自动化网络管理方面的创新。此外，日本把 5G 网络视为 6G 的前身，并加快光纤网络和基站的部署，做好基础设施建设工作。

日本在 2G 时代采用了与国际标准不兼容的自主标准，从而陷入孤立发展的境地，市场仅局限于本国范围，其国内领先的设备制造商和终端厂商也未在国际通信行业占据主导地位。因此，日本吸取教训，从 6G 研发阶段就大力开展国际合作，积极融入全球产业链、价值链、生态链。日本不仅在政府层面与美国、芬兰、英国、欧盟等达成 6G 合作协议，还在产业和学术层面开展广泛合作。例如，日本东京大学和芬兰奥卢大学合作启动 6G 标准的路线图和相关技术研究，"后 5G 推进联盟"分别与北美 Next G 联盟和欧盟 6G 旗舰项目 Hexa-X 签署合作协议。

日本政府乐观预计，2020 年到 2030 年，5G 和 6G 将为日本经济增加 4000 亿美元的价值。其政府和工业界在 2025 年大阪关西世博会期间也积极展示日本在 5G 和 6G 领域的进展。

9.1.6　印度

印度发布 5G 服务的时间相对较晚，该国运营商直到 2022 年 10 月才推出 5G 服务。尽管如此，该国在 6G 的发展上，也已经发布了自己的愿景、战略和行动计划，并与国际上各个行业组织、标准组织积极联动，期待在 6G 时

---

① NICT. Beyond 5G/6G white paper[EB/OL]. (2023-06-01)[2024-12-27]. NICT 网站.

代，于技术创新方面处于领先地位。

印度总理纳伦德拉·莫迪于 2023 年 3 月发布了"印度 6G 愿景"（Bharat 6G Vision）[①]，并设想到 2030 年，印度成为"6G 技术设计、开发和部署的重要贡献者"。

"印度 6G 愿景"首先介绍了背景情况，阐明了 6G 网络的必要性。它认识到数据消费的指数级增长、蓬勃发展的物联网（IoT）生态系统以及人工智能（AI）和机器学习（ML）日益增长的重要性。这些趋势共同要求建立超越当前网络能力的通信基础设施。

"印度 6G 愿景"提出可负担性、可持续性和普遍性的原则，包含多平台下一代网络、多学科创新解决方案、6G 频谱、6G 设备、国家标准贡献和研发资金六方面工作规划，期待印度"在世界上占据应有的地位，成为价格合理且对全球利益有贡献的先进电信技术和解决方案的领先供应商"。

印度各界期待 6G 技术通过提供一系列先进的能力来"彻底改变通信、连接和各个行业"。愿景文件基于"数字印度运动"以及"自力更生的印度"（Atmanirbhar Bharat）愿景的框架，强调了从 2G 跨越到 6G 的意图，跳过中间几代，以确保印度在技术创新方面处于领先地位。重点将放在新技术上，如太赫兹通信、无线接口、触觉互联网、用于连接智能的人工智能[②]、新的编码和波束方法及用于 6G 设备的芯片组。

印度的 6G 项目分为两个阶段实施，第一阶段从 2023 年到 2025 年，第二阶段从 2025 年到 2030 年。印度政府还任命了一个委员会来监督该项目，并重点关注标准化、确定 6G 使用的频谱、创建设备和服务的生态系统以及确定研发资金等问题。

2023 年 7 月，印度电子和信息技术部牵头成立 Bharat 6G 联盟，这是一个由公共和私营公司、学术界、研究机构及标准开发组织组成的协作平台，目标是开发印度 6G 电信解决方案。该联盟与美国 Next G 联盟签署谅解备忘录，

---

① 纳伦德拉·莫迪. Bharat 6G Vision[EB/OL]. (2023-08-29)[2025-01-13]. IBEF 网站.
② 注：原文为"AI for connected intelligence"。

共同推动 Open RAN 和 5G/6G 技术研发。截至 2024 年 11 月，Bharat 6G 联盟与 NGMN 联盟（全球运营商主导的行业联盟）、韩国 6G 论坛、6G 巴西（6G Brasil）等多个行业组织达成类似的合作。

9.2　产业界的关键参与者与合作模式

在当今的 5G 时代，移动通信的技术进步是广泛的利益相关者共同努力的结果，包括国际电信联盟（ITU）、标准开发组织（SDO）、监管机构、行业联盟、全球的科研机构等。6G 仍然需要各利益相关方的共同努力，促进创新，优化部署和运营，应对社会、经济、环境层面的各项挑战。

9.2.1　国际电信联盟及其无线电通信部门

国际电信联盟（ITU）是联合国的一个专门机构，聚集了 193 个成员国以及各领域的行业成员和学术界专家，负责与信息和通信技术相关的事务。国际电信联盟无线电通信部门（ITU-R）负责无线电通信。

ITU 通过框架建议书确定了新一代 IMT 的总体研发方向、关键性能指标以及标准化、商业化和频谱路线图，并定义了实现框架的技术性能要求。

从 1985 年的未来公共陆地移动通信系统（FPLMTS）和 3G（IMT-2000）研究的相关研究课题开始，ITU 一直致力于标准化每一代无线接口技术，并提出了 4G（IMT-Advanced）和 5G（IMT-2020）的愿景。ITU-R 定义的 4G 和 5G 愿景建议如下。

- 4G 愿景建议：ITU-R M.1645 建议书（2003 年 6 月）——《IMT-2000 和 IMT-2000 后续系统未来发展的框架和总体目标》。

- 5G 愿景建议：ITU-R M.2083 建议书（2015 年 9 月）——《IMT 愿景——2020 年及以后 IMT 未来发展的框架和总体目标》。

国际电信联盟 2023 年无线电通信全会（RA-23）批准了 ITU-R 56 号决议的修订版，确认了下一代 IMT（又名"6G"）的名称为"IMT-2030"。在这些修订中，RA-23 还批准了关于"IMT-2030 框架"的新建议书（ITU-R M.2160 建议书）。

在 ITU 通过建议书之后，3GPP 制定了符合 ITU 定义要求的详细技术规范，并将其作为候选无线接口技术提交给 ITU，以评估该技术是否符合 ITU 的要求。如果它通过了评估，则会被批准为 ITU-R 建议书。ITU 和 3GPP 的协作关系如图 9-1 所示。

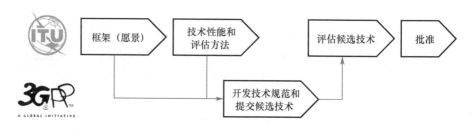

图 9-1　ITU 与 3GPP 的协作关系

9.2.2　标准开发组织

随着移动通信系统的进一步开放，通信产业上下游负责设备制造、网络运营、计算平台和垂直行业方面的利益相关者越来越多。这些利益相关者之间需要更多的合作，以确保 6G 技术满足现有和新兴的需求。

长期以来，移动通信的行业标准由 3GPP 标准组织主导。3GPP 成立于 1998 年，负责制定和维护从 2G 到 5G 的许多标准，包括全球移动通信系统（GSM）、IMT-2000、长期演进（LTE）和 5G 新空口（NR）。在上述标准的制定过程中，已经有很多的标准组织和行业组织深度参与了。

例如，聚焦于网络互操作，3GPP 需要与结构化信息标准促进组织（OASIS）、因特网工程任务组（IETF）和电信行业解决方案联盟（ATIS）等标准组织之间进行合作。6G 标准潜在地影响各个行业，相关的标准组织会更多。

全球标准将是确保全球规模经济和互操作性的关键。在标准的制定过程中，各国电信监管机构的参与很关键。新频段（包括 sub-THz 频段）的协调使用，会有利于 6G 的全球化部署和用户的漫游。在这方面，欧盟更为积极。欧洲电信标准协会（ETSI）围绕 sub-THz 技术成立了行业规范组（ISG）。该 ISG 邀请 ETSI 组织的全球成员分享其标准化工作和见解，为亚太赫兹技术的标准化做好准备。

硬件和软件之间开放接口的激增预计将促使更多 6G 创新（参见本书 1.5.9 节），并且在全球范围内大规模地提供服务，从而产生更多的社会和经济效益。这种全球化平台的成功本质上取决于生态系统中的各利益相关者之间的合作来制定标准。在开放接口方面，在过去的几年中，开放式无线接入网络（O-RAN）联盟是事实上的促进者和主导者。它围绕 RAN 技术的标准化、开放式软件开发和实施测试/集成，联合各利益相关方，聚焦于虚拟化和互操作性的标准定义（参见本书 5.2.4 节）。云网计算论坛（CNCF）是云部署工具的重要提供商，这些工具将成为全球化平台的一部分。电信管理论坛（TM Forum）正在开发自动化工具，而 CAMARA 是 Linux 基金会内的一个开源项目，致力于开发一系列应用程序接口（API）。这些组织内部和组织之间的协作至关重要。

9.2.3　行业联盟

全球移动通信系统协会（GSMA）是蜂窝物联网解决方案[如窄带物联网（NB-IoT）和 LTE 机器型通信（LTE-M）]的合作论坛，为了使用这些技术提供的建议和研究报告，推动物联网的部署和运营，这些物联网解决方案具有时延容忍度。6G 时代，GSMA 的工作同样重要。例如，移动回程（将核心网连接到无线接入网）将影响全球具有不同时延要求的广泛用例中的 6G 部署。通过 GSMA 等组织开展全球合作，聚集全球运营商，有助于培育回程解决方案生态系统，从而提高市场采用率并降低成本。公共安全等关键用例领域的合作论坛也可以推动技术向前发展。

同样，受无线技术影响的行业之间也形成了多个联盟。5G 产业自动化联盟（5G-ACIA）致力于塑造工业领域的 5G，参与者来自运营、信息和通信技术领域。在 5G-ACIA 这个平台上，各方共同努力，将 5G 用于不同目的的行业生态系统，从制造应用到运输应用。工业领域的 5G 应用分为时延敏感和时延容忍两类，像智能电表类型属于时延容忍的案例。5G-ACIA 最近也在考虑时延容忍的多项应用场景。

全球对齐对用于频谱共享的 6G 解决方案也至关重要。成功实施和部署这些解决方案将需要监管机构协调相关技术创新和分享最佳实践。在提供特定于工业应用的频谱方面的国际合作将显著推动市场采用。时延容忍技术也将受到频谱共享全球协调的影响：特别是卫星连接，其频谱和使用方式，都依赖于国际合作。

6G 行业联盟的另一个发力点是协调通过内部网络基础设施连接无线接入点的技术。工业物联网联盟（IIC）成立于 2019 年，由专注于标准化雾/边缘计算的 OpenFog 联盟与工业互联网联盟合并而成，该联盟聚集产业上下游，促进工业互联网技术的参考架构和测试台演示。在 6G 的工业应用场景，显然标准组织和行业联盟之间需要更多的协同。

6G 中，AI 和 ML 技术是重要的使能者、受益者和参与者。在北美，Next G 联盟已将 AI 原生无线网络确定为其六个目标之一。AI 行业与传统的通信行业在标准规范、运作模式、合作伙伴参与方式等维度有显著区别，因此更需要互信和协同。在标准的定义上也需要"克制"，在满足业务要求并符合法律法规和监管要求的前提下，鼓励创新和市场竞争。下一代网络基础设施需要以数据为中心，并且是云原生的，以支持 AI 原生工作负载。6G 作为移动通信的基础设施，将在全球的各行各业中发挥作用。基础设施（含平台、架构、接口）的开放性对实现更好的互操作性，避免封闭市场，推动规模经济的发展至关重要。

9.2.4　科研组织

6G 的发展依赖于许多关键的技术突破，而一些潜在的候选技术仍然存在于高校和研究机构的实验室中。围绕全球 6G 的研究活动，需要在产业相关方之间建立合作伙伴关系。这包括工业和学术研究实验室之间的联系，以及世界范围内不同科研机构的协作。在美国，Next G 联盟通过国家科学基金会（NSF）计划，以及由国防部资助的项目计划，为 sub-THz 频谱的研究提供支持。相关的重点项目有韧性和智能 Next G 系统（RINGS）项目。欧盟为其 6G 旗舰项目 Hexa-X 和 Hexa-X-Ⅱ提供大量资金，将 6G 系统设计、无线技术、网络管理和社会影响等方面的综合研究报告作为其主要交付成果。欧洲的其他科研组织包括芬兰 6G 旗舰项目（Finnish 6G Flagship）和德国 6G "接入、网中网、自动化和简化"（ANNA）项目。

9.3　6G 标准化与规范

在泛在、智慧的数字化世界中，统一标准可以深化全球协作、实现无缝连接，并且有利于推动规模经济的发展。在移动通信发展的进程中，全球统一的 5G 标准已显露出其独特价值。

9.3.1　ITU-T 全球标准

过去的 30 年，在国际电信联盟无线电通信部门（ITU-R）的组织与协调下，各国政府、各行业为发展国际移动通信（IMT）宽带系统付出了巨大努力，ITU-R 也成功引领了 IMT-2000（3G）、IMT-Advanced（4G）以及 IMT-2020（5G）的发展。面向 2030 年及未来，ITU-R 着力于发展 IMT-2030（6G）——这是 6G 标准迈向全球统一化的第一步。

2020 年 2 月，ITU-R 5D 工作组（ITU-R WP 5D）敲定了《未来技术趋势》报告的工作计划，该报告旨在从宏观上指出地面 IMT 系统面向 2030 年及未来的技术演进方向。随后，在来自世界各国专家的积极参与下，该工作组于 2022 年 6 月完成《未来趋势报告》初稿，经修订后，同年 11 月正式发表，即 M.2516 报告。

IMT-2030（6G）的新兴技术趋势（见表 9-1）包括：原生 AI（AI 空口设计和 AI 无线网络）通信、通信感知一体化、太赫兹通信、超维度天线、智能超表面（RIS）、基于分布式账本和量子技术的可信增强，以及非地面网络互联等。

表 9-1　IMT-2030（6G）的新兴技术趋势

类　　别	关　键　技　术
新兴技术趋势与关键推动力	原生 AI 通信技术 通信感知一体化技术 通信与计算架构融合技术 设备到设备通信技术 高效利用频谱的技术 提高能效、降低功耗的技术 原生支持实时服务/通信的技术 增强可信的技术，如分布式账本和量子技术
增强无线空口的技术	先进的调制、编码、多址方案 先进的天线技术，如超维度天线 带内全双工通信 多维度物理传输（RIS、全息 MIMO、OAM） 太赫兹通信 超高精度定位技术
增强无线网络的技术	无线接入网切片 通过弹性网络/软网络保障服务质量 无线接入网新架构 数字孪生网络 非地面网络互联 支持超密无线网络部署 加强无线接入网基础设施共享

ITU-R 于 2022 年 6 月商定了 6G 的总体时间表，主要分为 3 个阶段。

- 阶段 1：2023 年 6 月，在世界无线电通信大会（WRC-23）召开之前，完成愿景定义（已经完成）。

- 阶段 2：2026 年确定需求和评估方法。

- 阶段 3：2030 年输出技术规范。

2023 年无线电通信全会（RA-23）批准了关于"IMT-2030 框架"的新建议书，也就是 ITU-R M.2160 建议书。

该建议书和现有的"未来技术趋势"报告（ITU-R M.2516）的发布，标志着阶段 1 的完成，为 IMT-2030 的发展奠定了基础。下一阶段（2024—2027 年）将定义 IMT-2030 潜在无线接口技术的相关要求和评估标准。

随着信息和通信技术的发展，IMT-2030 有望支持丰富且潜在的沉浸式体验、增强的泛在的覆盖范围，并实现新的协作形式。此外，与 IMT-2020 相比，IMT-2030 预计将支持扩展和新的使用场景，同时提供增强和新功能。

预计 IMT-2030 还将帮助满足日益增强的环境、社会和经济可持续性的需求，并支持《联合国气候变化框架公约》（巴黎协定）的目标。

9.3.2　3GPP 国际标准

3GPP 标准组织于 1998 年成立，发起方是亚洲、欧洲和北美的一些电信标准机构。中国的移动通信标准组织于 1999 年 5 月加入，并在 2003 年改由中国通信标准化协会（CCSA）作为代表。该组织成立时，其业务范围是制定基于演进的 GSM 核心网络及其支持的无线接入技术的 3G 移动系统规范。随着时间的推移，3GPP 对其范围进行了修改，包括维护和开发 3G 之后的各代移动通信的技术规范和技术报告。这些技术规范和技术报告涵盖蜂窝电信技术，包括无线接入、核心网络和服务功能，为移动通信提供了完整的系统描述。

随后，全球数十亿通信服务消费者使用的 3G、4G 和 5G 规范，基本由 3GPP 主导制定。在确保全球的移动通信统一标准，实现良好的互操作性和兼容性的方面，3GPP 发挥了非常关键的作用。

3GPP 制定的技术规范（TS）和技术报告（TR）由各成员公司在工作组和技术规范组（TSG）层面贡献驱动。3GPP 包括无线接入网（RAN）、服务和系统方面（SA）、核心网及终端（CT）三个技术规范组。

在 2023 年 12 月，在 3GPP 的 25 周年庆典期间，3GPP 联合各国标准组织，发布新闻稿[①]，宣布启动 6G 标准的制定。中国国家标准化组织积极参

---

① 3GPP. 3GPP Commits to Develop 6G Specifications[EB/OL]. (2023-12-03)[2025-01-13]. 3GPP 网站.

与。CCSA 理事长闻库先生在致辞中指出："全球标准的协调是移动通信行业成功的基础。3GPP 制定了从 3G 到 5G 的国际标准，为世界创造了重大的经济和社会价值。在合作伙伴的坚定承诺下，3GPP 将继续推动 6G 全球协调标准的成功制定。"

为了践行这一承诺，在 2024 年 3 月的第 103 次全体会议上，3GPP 迈出了一大步：就 6G 标准化时间表达成了一致意见。在大的时间节奏上，2024 年 9 月，启动 6G 业务需求研究；2025 年 6 月，启动 6G 技术预研；2027 年上半年，启动 6G 标准制定；2029 年之前，完成 6G 基础版本标准，即 Rel-21 版本标准。

爱立信在一篇文章中给出了 6G 标准路线图[①]，如图 9-2 所示。3GPP 的 6G 工作于 2024 年 Rel-19 期间开始，开展与需求相关的工作。乐观预计，第一个 6G 技术规范将于 2028 年底在 Rel-21 中完成。3GPP 的时间表使 3GPP 能够在 2030 年之前将初始商业 6G 系统推向市场，并与国际电联（ITU）的时间表保持一致。

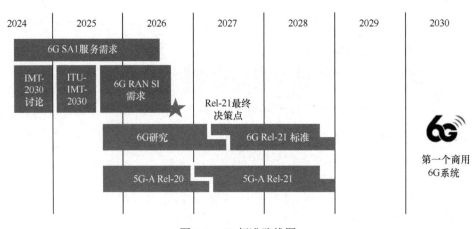

图 9-2　6G 标准路线图

值得一提的是，在 3GPP 开发 6G 的同时，5G Advanced（5G-A）也将在 3GPP 中继续演进几个版本，开发新技术，为全球市场提供服务，直到 2030

---

① Ericsson. 6G standardization–an overview of timeline and high-level technology principles[EB/OL]. (2024-05-22)[2025-01-13]. Ericsson 网站.

年及之后。这不但可以实现 5G-A 在市场上的持续演进，也将确保向 6G 的平稳过渡。

简单地说，3GPP 6G 标准化工作在整体上分为 4 个不同的阶段。

- 用例与需求研究：在 Rel-19 和 Rel-20 期间进行。

- 技术研究：在 Rel-20 期间进行，一直到 Rel-21 开始。

- 规范制定：Rel-21 中的 6G WI（工作项）。

- 自评估：基于规范进行 6G 自评估研究，用于 ITU 的 6G 技术方案认定。

展望 2030 年，尚有时日。不过在 3GPP 标准组织的紧锣密鼓推进下，6G 脚步渐近。

9.3.3　NGMN 行业标准

下一代移动网络（NGMN）联盟于 2006 年创立，是一个开放论坛，旨在评估候选技术，以形成对下一代无线网络解决方案的共同观点。NGMN 联盟主要由移动运营商、服务提供商、设备制造商和研究机构组成，其中约三分之一是移动运营商，这些运营商服务的用户占全球移动用户总数的一半以上。

该联盟由移动运营商主导，与 3GPP、电信管理论坛（TM Forum）、电气电子工程师学会（IEEE）等组织有较密切的合作。

2020 年 10 月，NGMN 联盟启动了 6G 项目以及可持续性项目。此后，NGMN 发布了《6G 驱动力与愿景》《6G 应用场景与分析》《6G 需求与设计考虑》《6G 可信赖性考虑》等白皮书，全面阐述了移动运营商对于 6G 的立场[①]。

---

① DÖHLER A. Report from the next generation mobile networks alliance[J]. IEEE Network, 2021, 35(4): 3-3.

第10章

未来趋势和演进

移动通信技术大致上是十年一代际，面向 2030 年，下一代移动通信将带来有别于 5G 的全新体验，它包含泛在互联、通信感知一体化、分布式通信架构、后量子安全等特征。6G 将实现无处不在的连接，设备之间可以通过各种媒介（如光、太赫兹波）进行通信，形成全方位、无缝的网络环境。通过通信感知一体化技术，6G 能够同时获取环境信息并进行数据传输，提升对周围环境的理解与互动能力。此外，从网络架构演进角度看，6G 将采用更加灵活和动态的网络架构，利用边缘计算和分布式网络技术，支持低时延和高可靠性的通信服务。从安全威胁角度看，为应对未来量子计算带来的安全威胁，6G 将采用后量子密码学技术，确保数据传输的安全性与隐私保护。6G 与 5G 一个显著的区别是更多的能力开放，6G 将通过开放 API 和可编程网络架构，允许开发者为不同使用场景创建定制化解决方案，促进生态系统的创新。

6G 的应用场景丰富，将对生活、生产、娱乐、交通、垂直行业等领域带来深远影响。例如，通过泛在互联和传感器网络，实现城市的智能管理，如交通控制、环境监测和公共安全；通过高带宽和低时延技术支持远程手术及实时健康监测，为患者提供更为精准和及时的医疗服务。未来 6G 将赋能增强现实（AR）与虚拟现实（VR）技术，可改善用户体验，提供更加沉浸的游戏、教育和培训环境。6G 将加速自动驾驶的落地，支持车与车、车与基础设施之间的实时通信，提高交通安全与效率。

然而，6G 的研究也才起步，仍处于需求讨论和共识阶段。在 2024 年 12 月于马德里举行的 3GPP RAN #106 会议上，3GPP 基于 IMT-2030（6G）标准，开始讨论重要需求。预计 3GPP 在 2025—2026 年开始 6G 的立项和标准化，仍存在不少困难与挑战。首先是技术标准化，尚未形成统一的 6G 技术标准，各国在技术路线、频谱分配等方面存在差异，可能导致全球合作的困难。其次是基础设施建设，6G 需要覆盖广泛的基础设施投入，包括千兆级的数据中心和复杂的网络架构，投资和建设成本高昂。而且，6G 还面临安全性挑战，尽管有后量子安全的特性，但如何有效应对更复杂的网络攻击和保障用户隐私依然是重大挑战。另外，6G 网络的广泛部署可能消耗大量能源，如何在提升通信能力的同时保持可持续发展是一项急需解决的问题。

6G 通信技术将深刻改变人们的生活与工作方式，但在推进的过程中，需要克服技术、经济和安全等多重挑战，以实现其价值最大化。

随着移动通信业务的蓬勃发展，每一代通信系统总会逐步接近其能力极限，而下一代系统将逐步诞生，逐渐取代前者。预期 7G 也将遵循十年左右的周期，在 2040 年占据主导地位。即便如此，对预期系统的设想越早，讨论和研究越充分，就越有希望创造出更加理想的系统。

通信领域的科研人员已经投入 6G 之后的下一代网络的研究。部分学术论文中已经提及 "7G"[①]、"XG"，指代 6G 的下一代演进，但这两个术语尚未出现在国际标准、行业标准中。在现有的学术论文中，多数设想的场景与 6G 的目标场景高度相似，而这显然不足以支撑代际演进。

10.1　未来网络的关键特征

将视线投向遥远的 2040 年。"无线" 和 "智能" 的深度融合，大概率是未来的方向。无线将向 "无限速率" 和 "无限连接" 的理想目标迈进，而 "智能" 将向纵向（更深入）和横向（更广泛）进一步扩展。

---

① MIHRET E, HAILE G. 4G, 5G, 6G, 7G and Future Mobile Technologies[J]. J Comp Sci Info Technol, 2021, 9(2): 75.

以现有的 6G 场景、用例、功能、技术推测，其关键特征将包括：

- 更高的数据速率（可能是 6G 的数倍到数十倍）；

- 几乎零时延；

- 非地面网络（NTN）的进一步集成。

将设想中的 7G 功能归类为一系列互有交叉的维度。

首先是"**连**"。预计 7G 将提供进一步的"空天地海"一体化网络。在异质的网络结构中，"连"需要更加泛在，更加无缝。

其次是"**传**"。它包括更高的数据速率和更低时延的要求。

对更高数据速率的要求，隐含着对使用更高频段的可行性研究。亚太赫兹（sub-THz）、太赫兹通信是 6G 的关键技术。如果频段进一步提升，可能将进入超太赫兹（Beyond-THz）通信的范畴。该频段的通信方案和感知方式，尚未深入研究。

对更低时延的具体要求及实现机制，从理论和实践维度的探索均处于早期，在路径和方向上尚无共识。

在这个维度存在颠覆性的技术，可能带来革命性的进步，即量子通信。

再次是"**算**"。未来可能有新型的计算方式出现，能从量级上提升数据处理的效率。神经形态计算[①]仍然处于非常早期，是潜在的候选技术之一。

最后是"**智**"。6G 中将会带来移动网和 AI 的融合，7G 时代的移动通信网络预计会与高度复杂的人工智能，甚至是通用人工智能（AGI）更加深入地交互。

在这些功能支撑的用例上，物理世界与数字世界的高度融合技术，如全息通信、完全自动驾驶，可能得到更广泛的应用。物理世界、数字世界、生物世

---

① SCHUMAN C D, KULKARNI S R, PARSA M, et al. Opportunities for neuromorphic computing algorithms and applications[J]. Nature Computational Science, 2022, 2(1): 10-19.

界的高度融合技术，如脑机接口等，可能是未来的趋势。尽管 7G 网络前景令人振奋，但也存在多种多样的挑战。从信息论的基础研究到技术实践，再到规模化的可实施，每一步都至关重要，而这个进程可能会持续几十年。代际的网络升级，还需要对研发进行大量投资，以及对现有通信基础设施的大规模升级。

10.2 6G 网络的演进

回顾过往的各代移动通信系统，如图 10-1 所示，可以发现一个较为明显的规律：一代通信系统引入的颠覆式创新，往往在下一代系统中才会普及。1G 引入了移动通话，而 2G 则充分发挥了它的能力。移动互联网最早在 3G 实现，但在 4G 时代成为主流。目前，5G 正在引入移动智能，预计 6G 将把移动智能提升到一个新的水平。

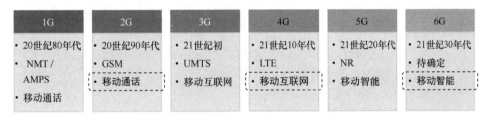

图 10-1 各代移动通信系统

此外，值得注意的演进趋势还包括：6G 中技术难度高、优先级低、尚不成熟的场景、用例、方案会推迟到 6G-A（借鉴 5G-A 的名称）甚至是 7G；AI 会进一步渗透到无线网络的各个方面；量子计算和量子通信将成为 7G 的关键基础设施。7G 的演进性需求将 6G 业务的能力推上新的台阶。6G 中的多数业务将在 7G 中继续演进。

- 量子通信：量子力学和无线通信的集成有望彻底改变无线通信领域。量子密钥分发（QKD）和量子隐形传态将实现安全可靠的数据传输，为基于量子的无线系统的广泛采用铺平道路。

- 太赫兹（THz）通信：太赫兹频段仍有大量未开发的带宽，未来无线系统可能将充分利用。太赫兹通信将实现高速数据传输、低时延通信和更高的频谱效率。

- 超材料和超表面：超材料和超表面的发展将使新型无线电设备和系统的创建成为可能。这些材料将允许更微观地操纵电磁波，从而能够创建高增益天线、高效的能量收集和先进的波束赋形能力。

- 人工智能（AI）和机器学习（ML）的更深度融入：AI 和 ML 将在未来无线系统的进一步发展中发挥至关重要的作用。AI 驱动的算法将优化网络性能，预测和防止网络拥塞，并实现实时流量管理。

- 身联网（IoB）：IoB 将彻底改变我们与周围环境互动的方式。无线通信系统将实现人、设备和环境之间的无缝连接，改变我们生活、工作和互动的方式。

- 天基通信：通信和导航对天基资产的日益依赖将推动能够在恶劣空间环境中运行的先进无线系统的发展。

- 神经网络和脑机接口（BCI）：神经网络和脑机接口的集成将实现新形式的人机交互，彻底改变我们与技术以及彼此交互的方式。

10.3　未来网络的颠覆式创新

7G 作为断代技术，一定存在颠覆式创新。以目前的科技发展趋势预测，可能是"移动超宇宙"（Mobile Hyperverse）。在超宇宙中，物理宇宙和数字宇宙（或"元宇宙"）以孪生方式融合。

"移动超宇宙"依赖三项关键技术，如图 10-2 所示，无限的无线、深度智能（DI）和智联网（IoI，也称智慧互联网、智能体联网、智能代理联网）。

图 10-2　移动超宇宙

　　无限的无线是指在连接、计算、控制、信息、定位、传感和能源等不同维度上几乎具有无限的无线资源。AI 必然进一步将纵向和横向更深入地扩展，而不必再强调"人工"的概念，这种下一代的 AI 可命名为深度智能（DI）。由于深度智能的发展，万物互联（IoE）将向万物智联（智联网，IoI）发展。IoI 可能是一个由各种深度智能体组成的网络。

　　场景上，可能有三类主要的用例：人和 DI 的交互、DI 的世界、互联互通的智能生态系统。对 7G 级别的应用而言，人和 DI 的交互是指人与 DI 体之间各种类型的交互。潜在的用例包括增强人体能力、大脑 DI 接口、个人 DI 和全息世界。DI 的世界是指在级别和规模上由 DI 增强的世界。潜在的用例包括全球智能系统、负责全球监控/管理/预测的实体，以及 DI 社会。互联互通的智能生态系统是指能够综合利用无线、DI 和 IoI 技术，位于地面、空中和海上等多种地域的大型实体。

　　在 6G "移动智能"的基础上，"移动超宇宙"是下一个进化阶段。在移动超宇宙中，实时的、智能的、沉浸式的各种实体互相连接、深度交互。这些实体可以映射甚至集成物理世界、数字世界、生物世界和抽象世界。微观层面，可能有纳米级别的映射和交互；宏观层面，可能是地球或者更大范围的映射和交互。

　　借鉴区块链和云服务的模式，有研究认为移动超宇宙可能分为公共、私有和混合/联盟模式。公共超宇宙用于消费者场景，私有超宇宙用于各类工业和企业场景，混合超宇宙将上述两类混合在一起。但该预测存在高度的不确定性。

　　从全人类的角度来看，移动超宇宙将丰富人与他人、人与智能体、智能体之间的交互，彻底改变人类对宇宙的认识、理解和体验。移动超宇宙显然需要泛在、更高质量、更智能的无线网络基础设施，智能、轻量级且可负担的 XR 设备，流畅易用的人机交互方式，能利用人类所有感官的完全沉浸式应用，以及深度集成到生态系统各个部分的先进 AI。支持 7G 的移动超宇宙将在未来社会的各个层面创造出无数的应用和商业机会。

移动通信自诞生以来，已有四十多年的历史，每代移动通信的诞生都深刻改变了整个社会的发展。移动通信产业正值壮年，未来可期。

移动通信，不仅仅是新时代的参与者，更是新时代的建设者。作为数字化转型的主力军，移动通信将继续改变各行各业，丰富人们的生活与沟通，甚至潜在地影响人类社会的变革。

通往 6G、7G 的旅程并不会一帆风顺，可能曲折，可能布满荆棘，各参与方以及诸多利益相关方之间的分歧、冲突也必然存在。这更需要上下游各相关方以更开放的视野、更包容的态度、更积极的方式、更友善的胸怀，推进移动通信的发展、普及和应用，创造更美好的未来。

术语和缩略语表

附录 A-1　术语表

术　　语	中文及描述
AI Agent	智能体
Backhaul Network	回程网络
Backscattering Communication	反向散射通信
Beyond 5G Promotion Consortium	后 5G 推进联盟
Computation Offloading	计算卸载
Cloudlet	微云
Cyber Resilience	网络韧性
Deterministic RAN	确定性 RAN
Differential privacy	差分隐私
Distributed Ledger	分布式账本
Energy Harvesting	能量收集
Extreme Edge Cloud	超远边缘云（描述设想中 6G 的云计算能力涵盖各类终端设备的计算）
Federated Learning	联邦学习
Fog Computing	雾计算
Hexa-X	欧盟于 2021 年启动，2023 年底结束的 6G 项目
Hexa-X-Ⅱ	欧盟于 2023 年 1 月启动，预期持续 2.5 年的 6G 项目
Hyperverse	超宇宙
Mesh Network	网状网
Meta-surface	超表面
Metaverse	元宇宙
mmWave (millimeter wave)	毫米波
Network Exposure	网络开放
Neuromorphic Computing	神经形态计算
Polar Code	极化码
qubit	量子比特（也称量子位，是量子信息基本单元）
Sandbox	沙盒
Secure Enclave	安全隔区

（续表）

术 语	中文及描述
Self-backhauling	自回程
Sidelink	侧行链路（一种设备间直接通信的技术）
sub-THz	亚太赫兹
Symbol Detection	符号检测
Ubiquitous Connectivity	泛在连接
Ultra-Accuracy Sidelink Positioning	超高精度侧行链路定位
Xn Interface	Xn 接口（基站之间的接口）

附录 A-2　缩略语表

缩 略 语	英 文 全 称	中文及描述
1G	the 1st Generation	第一代移动通信系统
2G	the 2nd Generation	第二代移动通信系统
3G	the 3rd Generation	第三代移动通信系统
3GPP	3rd Generation Partnership Project	第三代合作伙伴计划（该组织负责 3G 及以后的全球移动通信标准的制定）
3GPP2	3rd Generation Partnership Project 2	历史上负责 IMT-2000（3G）标准的制定
4G	the 4th Generation	第四代移动通信系统
5G	the 5th Generation	第五代移动通信系统
5G-A	5G Advanced	5G 网络的演进和增强版本
5G-ACIA	5G Alliance for Connected Industries and Automation	5G 产业自动化联盟
5GMF	5th Generation Mobile Communication Promotion Forum	5G 移动通信推进论坛（日本）
6G	the 6th Generation	第六代移动通信系统
6DoF	Six degrees of freedom	六自由度（三维空间及各方向自由移动）
6G-IA	6G Infrastructure Association	6G 智慧网络和业务产业协会
7G	the 7th Generation	第七代移动通信系统（3GPP 尚未定义 6G 的下一代移动通信系统的暂定名）
AAA	Authentication Authorization and Accounting	身份认证、授权和记账协议
ADC	Analog to Digital Converter	模数转换器
ADN	Autonomous Driving Network	自动驾驶网络
AES	Advanced Encryption Standard	高级加密标准
AF	Application Function	应用程序功能（3GPP 通信协议定义的一种网元）
AGI	Artificial General Intelligence	通用人工智能
AGV	Automatic Guided Vehicles	自动导引车
AI	Artificial Intelligence	人工智能

缩　略　语	英　文　全　称	中文及描述
AmBC	Ambient Backscatter Communication	环境反向散射通信
AMC	Adaptive Modulation and Coding	自适应调制与编码
AMPS	Advanced Mobile Phone System	高级移动电话系统［主要在北美部署，被认为是第一代移动通信系统（1G）］
AoI	Age of Information	信息年龄
AP	Access Point	（无线）接入点
API	Application Program Interface	应用程序接口
AQM	Active Queue Management	主动队列管理
AR	Augmented Reality	增强现实
AS	Access Stratum	接入层
ASIC	Application Specific Integrated Circuit	专用集成电路
ATIS	Alliance for Telecommunications Industry Solutions	（美国）电信行业解决方案联盟
ATM	Asynchronous Transfer Mode	异步传输模式
AUV	Autonomous Underwater Vehicle	自主水下航行器
B2B	Business to Business	企业对企业
B2C	Business to Consumer	企业对消费者
B5G	Beyond 5G	超 5G（日本译为后 5G）
BCI	Brain Computer Interface	脑机接口
BLER	Block Error Rate	误块率
BS	Base Station	基站
CA	Carrier Aggregation	载波聚合
CA	Certificate Authority	认证中心
CAPIF	Common API Framework for 3GPP Northbound APIs	通用的 API 开放框架（在 Rel-15 版本中引入）
CBRS	Citizens Broadband Radio Service	公民宽带无线电服务（美国）
CCSA	China Communications Standards Association	中国通信标准化协会
CDMA	Code-Division Multiple Access	码分多址（2G 和 3G 的一种关键技术）
CF	Cell Free	无小区（组网）
cMTC	critical MTC	关键型机器类型通信（对时延、可靠性有极高的要求）
CN	Core Network	核心网
CNCF	Cloud Network Computing Forum	云网计算论坛
Cobot	Collaborative Robot	协作机器人（支持和人的直接协作）
CoMP	Coordinated Multi-Point	协调多点（传输）
COTS	Commercial Off-The-Shelf	商用部件法（意指使用商用部件而非定制部件构建计算机的方法）

缩　略　语	英　文　全　称	中文及描述
CP	Control Plane	控制平面
CPE	Customer Premises Equipment	用户驻地设备（一般是将 4G / 5G 信号转换为 Wi-Fi 信号，供其他设备连接上网）
CPP	Carrier Phase Positioning	载波相位定位
CPU	Central Processing Unit	中央处理器
CRL	Certificate Revocation List	证书吊销列表
CSI	Channel State Information	信道状态信息〔LTE 及后续的移动通信网络中由用户设备（UE）上报，包含通信链路的信道属性〕
CT	Computed Tomography	计算机断层扫描
	Communication Technology	通信技术
	Core Network and Terminals	核心网与终端（3GPP 工作组之一）
CTIA	Cellular Telecommunications and Internet Association	美国无线通信和互联网协会
CU	Central Unit	中央单元〔5G 基站可以切分两个组成部分：CU 和 DU（分布式单元）〕
CVE	Common Vulnerabilities and Exposures	通用漏洞披露
Cyborg	Cybernetic Organism	赛博格（又称"电子人"）
D-MIMO	Distributed Multi-Input-Multi-Output	分布式多输入多输出
D2D	Device to Device	设备到设备（通信）（在 3GPP Rel-12 首次引入）
DARPA	Defense Advanced Research Projects Agency	美国国防高级研究计划局
DAS	Distributed Antenna System	分布式天线系统
DDoS	Distributed Denial-of-Service	分布式拒绝服务
DetNet	Deterministic Networking	确定性网络
DI	Deep Intelligence	深度智能
DID	Decentralized Identifier	去中心化标识符
DL	Deep Learning	深度学习
DLT	Distributed Ledger Technology	分布式账本技术
DNS	Domain Name Service	域名服务
DOICT	Data Technology, Operational Technology, Information Technology, Communication Technology	数据、运营、信息和通信技术
DoS	Denial of Service	拒绝服务
DoT	Department of Telecommunication	电信部（印度）
DPKI	Decentralized Public Key Infrastructure	分布式公钥基础设施
DPS	Dynamic Point Selection	动态点选择

（续表）

缩 略 语	英 文 全 称	中文及描述
DRX	Discontinuous Transmission	非连续接收
DSA	Digital Signature Algorithm	数字签名算法
DSP	Digital Signal Processor	数字信号处理器
DSS	Dynamic Spectrum Sharing	动态频谱共享
DTN	Delay Tolerant Network	容迟网络
	Digital Twin Network	数字孪生网络
DTX/DRX	Discontinuous Transmission / Discontinuous Reception	非连续发射/非连续接收（节能技术）
DU	Distributed Unit	分布式单元
E-MIMO	Extreme MIMO	超维度 MIMO（天线）
E-UTRAN	Evolved Universal Telecommunication Radio Access Network	演进的通用电信无线接入网
E2E	End to End	端到端
EAP	Extensible Authentication Protocol	可扩展认证协议
EB	Energy Beamforming	能量波束赋形
EC	The European Commission	欧盟委员会
ECC	Elliptic-Curve Cryptography	椭圆曲线密码学
ECN	Explicit Congestion Notification	显式拥塞通知
EDGE	Enhanced Data Rate for GSM Evolution	增强型数据速率 GSM 演进（一种 2G 到 3G 的过渡技术）
eDRX	Extended DRX	扩展型非连续接收
EGPRS	Enhanced General Packet Radio Service	参见 EDGE
eMBB	Enhanced Mobile Broadband	增强型移动宽带（ITU-R 定义的 5G 关键技术之一）
eMBMS	Enhanced Multimedia Broadcast Multicast Service	增强多媒体广播多播业务
ENISA	European Union Agency for Cybersecurity	欧盟网络与信息安全局
eNodeB	Evolved Node B	LTE 基站的正式名称（也称 eNB）
EPC	Evolved Packet Core	分组核心网（4G 核心网）
ESPR	Ecodesign for Sustainable Products Regulation	可持续产品生态设计法规（欧盟）
ETSI	European Telecommunications Standards Institute	欧洲电信标准协会
eURLLC	Enhanced URLLC	增强型 URLLC
FCC	Federal Communications Commission	（美国）联邦通信委员会
FPGA	Field-Programmable Gate Array	现场可编程门阵列

缩　略　语	英　文　全　称	中文及描述
FPLMTS	Future Public Land Mobile Telecommunications System	未来公众陆地移动通信系统
FTC	Federal Trade Commission	（美国）联邦贸易委员会
FWA	Fixed Wireless Access	固定无线接入
GCOT	Global Coalition on Telecommunications	全球电信联盟（由美英等国组织）
GDP	Gross Domestic Product	国内生产总值（衡量一个国家的经济活动的关键指标之一）
GAI	Generative AI	生成式人工智能
GEO	Geostationary Orbit	地球静止轨道
gNB	gNodeB	5G 基站的简称
GPRS	General Packet Radio Service	通用分组无线服务（也称2.5G）
GPS	Global Positioning System	全球定位系统
GPU	Graphics Processing Unit	图形处理单元
GSM	Global System for Mobile Communications	全球移动通信系统
GSMA	Global System for Mobile communications Association	全球移动通信系统协会
GUTI	Globally Unique Temporary Identifier	全球唯一临时标识符
HAPS	High Altitude Platform Station	高空平台通信系统
HARQ	Hybrid Automatic Repeat reQuest	混合自动重传请求
HCS	Human-Centric Service	以人为本的服务
HFC	Hydrofluorocarbons	氢氟碳化物（氢氟烃）
HIBS	HAPS IMT Base Station	HAPS IMT 基站
HetNet	Heterogeneous Network	异构网络
HR	Holographic Radio	全息无线电
HRLLC	Hyper Reliable and Low-latency Communication	超高可靠极低时延通信
HSPA	High Speed Packet Access	高速分组接入
HTTP	Hypertext Transfer Protocol	超文本传输协议
HTTPS	Hypertext Transfer Protocol Secure	超文本传输安全协议
IaaS	Infrastructure as a Service	基础设施即服务
IAB	Integrated Access and Backhaul	集成接入和回程（接入回程一体化）
IBN	Intent-Based Networking	基于意图的网络
ICT	Information and Communication Technology	信息和通信技术
IEEE	Institute of Electrical and Electronics Engineers	（美国）电气电子工程师学会

缩　略　语	英　文　全　称	中文及描述
IETF	Internet Engineering Task Force	因特网工程任务组
IIC	Industry IoT Consortium	工业物联网联盟（美国）
IMSI	International Mobile Subscriber Identity	国际移动用户标志（在移动通信网络中唯一识别一个用户）
IMT	International Mobile Telecommunications	国际移动通信
IoB	Internet of Bodies	身联网
IoE	Internet of Everything	万物互联
IoI	Internet of Intelligence	智联网
IoMT	Internet of Medical Things	医疗物联网
IoT	Internet of Things	物联网
IP	Internet Protocol	因特网协议
IPsec	Internet Protocol Security	互联网络层安全协议
IRS	Intelligent Reflecting Surface	智能反射面
ISAC	Integrated Sensing and Communication	集成传感与通信（通信感知一体化）
ISG	Industry Specification Group	行业规范组
ISO	International Organization for Standardization	国际标准化组织
IT	Information Technology	信息技术
ITU	International Telecommunications Union	国际电信联盟
ITU-R	Radio Communication Division of the International Telecommunication Union	国际电信联盟无线电通信部门
ITU-T	ITU Telecommunication Standardization Sector	国际电联电信标准化部门
JCAS	Joint Communication and Sensing	通信感知一体化（联合通信与传感）（见 ISAC）
JT-CoMP	Joint Transmission Coordinated Multi-Point	协调多点的联合传输
JUMP	Joint University Microelectronics Program	联合大学微电子项目
KAIST	Korea Advanced Institute of Science and Technology	韩国科学技术院
KPI	Key Performance Index	关键绩效指标
KT	Korea Telecom	韩国电信
L4S	Low Latency，Low Loss，Scalable throughput	低时延低损耗可扩展吞吐量

（续表）

缩 略 语	英 文 全 称	中文及描述
LAA	Licensed-Assisted Access	授权频谱辅助接入（技术）
LBT	Listen-Before-Talk	先听后说（用于 Wi-Fi 网络的信道侦听技术）
LDPC	Low-density parity-check code	低密度奇偶校验码
LEO	Low Earth orbit	低地球轨道
LiDAR	Light Detection And Ranging	激光雷达（光探测和测距）
LLM	Large Language Model	大语言模型
LNaaS	Logical Network as a Service	逻辑网络即服务
LoS	Line of Sight	视线线路（视距传输）
LP-WUS	Low-Power Wake-Up Signal	低功耗唤醒信号
LTE	Long Term Evolution	长期演进（技术）（4G 的核心技术）
LTM	Layer 1 / Layer 2 Triggered Mobility	层 1/层 2 触发的移动性
M&O	Management and Orchestration	管理与编排
M2M	Machine-to-Machine	机器对机器
MAC	Medium Access Control	介质访问控制
MCS	Modulation and Coding Scheme	调制编码方案
MDA	Management Data Analytics	管理数据分析
MDAF	Management Data Analytics Function	管理数据分析功能
MEC	Mobile Edge Computing	移动边缘计算
	Multi-access Edge Computing	多接入边缘计算（移动边缘计算的演进）
MEO	Medium Earth Orbit	中高度地球轨道（常简称中地球轨道、中轨道）
MIMO	Multipe Input Multiple Output	多输入多输出
ML	Machine Learning	机器学习
MME	Mobility Management Entity	移动性管理实体（4G 核心网网元之一）
MMS	Multimedia Messaging Service	多媒体消息服务
mMIMO	Massive MIMO	大规模 MIMO
mMTC	Massive Machine Type Communication	大规模机器类型通信
MQTT	Message Queuing Telemetry Transport	消息队列遥测传输（协议）
MR	Measurement Report	测量报告
MSIT	Ministry of Science and ICT	（韩国）科学与信息通信技术部
MTC	Machine Type Communication	机器类型通信
MTD	Machine Type Device	机器类型设备（不需要人机交互的设备）
MU-MIMO	Multi-User MIMO	多用户 MIMO
MVNO	Mobile Virtual Network Operator	虚拟网络运营商
N3WIF	Non-3GPP Interworking Function	非 3GPP 互联功能
NAS	Non-Access Stratum	非接入层
NEF	Network Exposure Function	网络开放功能
NF	Network Function	网络功能

（续表）

缩　略　语	英　文　全　称	中文及描述
NFV	Network Functions Virtualization	网络功能虚拟化
NG-RAN	Next Generation RAN	下一代无线接入网络（特指 5G RAN）
NGA	Next G Alliance	（北美）Next G 联盟
NGMN	Next Generation Mobile Networks	下一代移动网络（运营商联盟）
NICT	National Institute of Information and Communications Technology	情报通信研究机构（日本）
NIST	National Institute of Standards and Technology	美国国家标准与技术研究院
NMS	Network Management System	网管系统
NMT	Nordic Mobile Telephone	北欧移动电话（系统）
NOMA	Non-Orthogonal Multiple Access	非正交多址接入
NPN	Non-Public Network	非公共网络
NR	New Radio	新空口
NSF	National Science Foundation	国家科学基金会（美国）
NTIA	National Telecommunications and Information Administration	国家电信和信息管理局（美国）
NTN	Non-Terrestrial Networks	非地面网络
NTP	Network Time Protocol	网络时间协议
NTT	Nippon Telegraph & Telephone	日本电报电话公司
NWDAF	Network Data Analytics Function	网络数据分析功能
O-RAN	Open Radio Access Network	开放式无线接入网络（Open RAN 的缩写）
OAM	Orbital Angular Momentum	轨道角动量
OASIS	Organization for the Advancement of Structured Information Standards	结构化信息标准促进组织
OAuth	Open Authorization	开放式授权
OFDM	Orthogonal Frequency Division Multiplexing	正交频分复用
ONF	Open Networking Foundation	开放网络基金会
Open RAN	Open Radio Access Network	开放式无线接入网络
OOPT	Open Optical & Packet Transport	开放光纤和分组传输
OT	Operational Technology	操作技术
PaaS	Platform as a Service	平台即服务
PAPR	Peak to Average Power Ratio	峰值平均功率比
PbD	Privacy by Design	隐私融入设计
PDC	Public Digital Cellular	公用数字蜂窝（日本）
PDCP	Packet Data Convergence Protocol	分组数据汇聚协议
PDU	Protocol Data Unit	协议数据单元
PET	Privacy Enhancing Technologies	隐私增强技术

缩 略 语	英 文 全 称	中文及描述
PFC	Perfluorocarbons	全氟碳化物
PFD	Packet Flow Description	数据包流量描述
PKI	Public Key Infrastructure	公钥基础设施
PSTN	Public Switched Telephone Network	公用电话交换网
PTM	Point-to-Multipoint	点对多点
QKD	Quantum Key Distribution	量子密钥分发
QoE	Quality of Experience	体验质量
QoS	Quality of Service	服务质量
RAN	Radio Access Network	无线接入网
RAT	Radio Access Technology	无线接入技术
RED	Radio Equipment Directive	无线电设备指令（欧盟）
RedCap	Reduced Capability	轻量化（终端）
REST	Representational State Transfer	表征状态传输
RESTful	RESTful（API）	符合 REST 架构的应用程序接口
RF	Radio Frequency	射频
RFIC	Radio Frequency Integrated Circuits	射频集成电路
RIC	RAN Intelligent Controller	RAN 智能控制器
RIS	Reconfigurable Intelligent Surface	智能超表面（可重构智能表面）
RMF	Risk Management Framework	风险管理框架
RNC	Radio Network Controller	无线网络控制器
RNN	Recurrent Neural Network	循环神经网络
RRC	Radio Resource Control	无线资源控制
RRH	Remote Radio Head	射频拉远头
RSA	RSA Cryptosystem	RSA 密码体制
RSU	Road Side Unit	路侧单元
RU	Radio Unit	射频单元
SA	Service and System Aspects	服务和系统方面（3GPP 工作组之一）
SaaS	Software as a Service	软件即服务
SAGE	Security Algorithms Group of Experts	安全算法专家组
SAI	Securing Artificial Intelligence	人工智能安全
SAML	Security Assertion Markup Language	安全断言置标语言
SBA	Service Based Architecture	服务化架构
SBI	Service-Based Interface	基于服务的接口
SCEF	Service Capability Exposure Function	网络能力开放功能
SCF	Small Cell Forum	小基站论坛（一个行业联盟）
SDGs	Sustainable Development Goals	（联合国）可持续发展目标
SDK	Software Development Kit	软件开发工具包
SDN	Software-Defined Networking	软件定义网络

（续表）

缩　略　语	英　文　全　称	中文及描述
SDO	Standards Development Organization	标准开发组织
SECaaS	Security as a Service	安全即服务
SeGW	Security Gateway	安全网关
SEPP	Security Edge Protection Proxy	安全边界保护代理
SIC	Self Interference Cancellation	自干扰消除
SIM	Subscriber Identity Module	（GSM）用户身份模块
SLA	Service Level Agreement	服务等级协定
SLAM	Simultaneous Localization and Mapping	即时定位和地图构建（同时定位与地图构建）
SMO	Service Management and Orchestration	服务管理与编排
SMS	Short Message Service	短消息业务（俗称短信）
SNS JU	Smart Networks and Services Joint Undertaking	智能网络和服务联合体（欧盟实施智能网络技术发展任务的主体）
SS7	Signaling System No.7	七号信令系统
SSB	Synchronization Signal Block	同步信号块
SSL	Secure Sockets Layer	安全套接层[协议]
SUPI	Subscription Permanent Identifier	用户永久标识符（5G）
TaaS	Trust as a Service	信任即服务
TACS	Total Access Communication System	全接入通信系统（英国）
TAU	Tracking Area Update	跟踪区（位置）更新
TB	Terabyte	太字节
TCG	Trusted Computing Group	可信计算组织
TD-SCDMA	Time Division-Synchronous Code Division Multiple Access	时分同步码分多址
TDD	Time-Division Duplex	时分双工
TDMA	Time-Division Multiple Access	时分多址
TEE	Trusted Execution Environment	可信执行环境
TFS	TeraFlowSDN	TeraFlow 软件定义网络
TIP	Telecom Infra Project	电信基础设施项目
THz	Terahertz	太赫兹
TLS	Transport Layer Security	传输层安全协议
TM Forum	TeleManagement Forum	电信管理论坛
TN	Terrestrial Network	地面网络
TPM	Trusted Platform Module	可信平台模块
TR	Technical Report	技术报告（3GPP）
TRAI	Telecom Regulatory Authority of India	印度电信管理局
TRxP	Transmission / Reception Point	发射-接收点（也称 TRP）

缩 略 语	英 文 全 称	中文及描述
TS	Technical Specification	技术规范
TSC	Time-Sensitive Communication	时间敏感通信
TSG	Technology Specification Group	技术规范组
TSN	Time-Sensitive Networking	时效性网络（时间敏感网络）
TTC	Trade and Technology Council	贸易和科技委员会
UAS	Unmanned Aircraft System	无人机系统
UAV	Unmanned Aerial Vehicle	无人驾驶飞机（无人机）
UCN	User-Centric Network	以用户为中心的网络
UDM	Unified Data Management	统一数据管理（5G 网元）
UDN	Ultra-Dense Network	超密集组网
UDP	User Datagram Protocol	用户数据报协议
UE	User Equipment	用户设备
UMTS	Universal Mobile Telecommunications System	通用移动通信系统
UN	United Nations	联合国
UP	User Plane	用户平面
UPF	User Plane Function	用户平面功能（5G）
URLLC	Ultra Reliable and Low Latency Communication	超可靠低时延通信
USIM	Universal Subscriber Identity Module	全球用户识别卡
V2P	Vehicle to Pedestrian	车到行人通信
V2X	Vehicle-to-Everything	车对外界的信息交换（车联网）
VC	Verifiable Credentials	可验证凭证
VDR	Verifiable Data Registries	可验证数据注册表
VLAN	Virtual Local Area Network	虚拟局域网
VLC	Visual Light Communication	可见光通信
VoIP	Voice over IP	互联网电话
VP	Verifiable Presentation	可验证展示
VPN	Virtual Private Network	虚拟专用网络
VR	Virtual Reality	虚拟现实
vRAN	Virtual RAN	虚拟化无线接入网
W3C	World Wide Web Consortium	万维网联盟
WCDMA	Wideband Code Division Multiple Access	宽带码分多址（参见 UMTS）
WET	Wireless Energy Transfer	无线能量传输
WHO	World Health Organization	世界卫生组织
WiMax	World Interoperability for Microwave Access	全球微波接入互操作性

（续表）

缩　略　语	英　文　全　称	中文及描述
WUR	Wake-Up Receiver	唤醒接收器
WUS	Wake-Up Signal	唤醒信号
XGMF	XG Mobile Promotion Forum	XG 移动推进论坛
XR	Extended Reality	扩展现实（AR、VR、MR 的统称）
xURLLC	Next Generation URLLC / Extreme URLLC	超高可靠极低时延通信
ZE	Zero Energy	零能耗